Einführung in die Bau- und Wohnökologie

Zum Titelbild:

Das Farbfoto zeigt das bioökologische Haus von Professor Lotz in D-7950 Biberach/Riss. Einen Eindruck von der angenehmen Wohnatmosphäre in diesem Haus gibt das Foto auf Seite 140.

Es ist ein Blockhaus der Firma Massivholzhausbau und Handels GmbH FEWO, D-3510 Hann.-Münden 15, Rischensiek 24–28, Tel. 05546/1082.

*Ökologen wissen,
daß unsere Rechnung darin besteht,
ganzheitlich zu denken –
das ist jedoch etwas,
was wir noch nicht gelernt haben.
Technologie ist dazu völlig unfähig,
da ja der Sinn für Ganzheit
ihr naturgemäß völlig fremd ist.*

George Trevelyan

Konventionelle Bauweise (Hintergrund) und ökologische Bauweise (Vordergrund).

Conventional design (background) and ecological design (front)

Manière habituelle de construction (arrière-plan) et écoconstruction (avant-plan)

Construcción convencional (al fondo) y construcción ecológica (primer plano)

LOTZ / ULMER

Einführung in die Bau- u. Wohnökologie

Building Ecology · L'écoconstruction · Ecoconstrucción

GÜNTER ALBERT ULMER VERLAG

Postfach 1206
7036 Schönaich
Tel. 07031/50659

Autoren:
Karl-Ernst Lotz, Jahnstr. 34
7950 Biberach/Riss

Günter A. Ulmer, Schwabenstr. 97
7036 Schönaich

Graphiken:
Studt.arch. E. Stäblein
7950 Biberach

Fotos, Umschlag, Layout:
G.A. Ulmer, 7036 Schönaich

Übersetzungen:
Englisch:
Anthony Tranter, Königsberger Str. 26
6728 Germersheim

Französisch:
Hans-Otto Freitag, Posthiusstr. 1 a
6728 Germersheim

Spanisch:
Ulla Schröder, M 4, 4
68 Mannheim 1

Satz und Druck:
Druckerei F. Steinmeier
Reutheweg 31
8860 Nördlingen
Tel. 09081/4001

ISBN 3-924191-20-4

Inhaltsverzeichnis

Vorwort zur 1. Auflage

Das zunehmende Bewußtwerden der Bevölkerung für Umweltschutz und Lebensqualität erfaßt auch immer mehr den Bereich des Bauens und Wohnens. So ist die Bau- und Wohnökologie in der Entwicklung begriffen. Bemühungen in dieser Hinsicht erstrecken sich nicht nur auf nationaler, sondern auch auf internationaler Ebene.

In über zwei Jahrzehnten Dozententätigkeit an einer Fachhochschule für Bauwesen wurden in praxisorientierter Forschung und Lehre einschlägige Arbeiten durchgeführt, die in verschiedenen Publikationen bereits ihren Niederschlag gefunden haben. Es schien deshalb gegeben, aus den vielfältigen Erfahrungen, zusammen mit den neuesten Messungen eine Einführung in die Bau- und Wohnökologie zu veröffentlichen.

Dieses Buch richtet sich an Bauinteressenten, Baufachleute, Studenten des Bauwesens, an Ärzte und an alle für bau- und wohnökologische Fragen Interessierte. Die Darstellung erfolgt daher allgemeinverständlich und durch zahlreiche Abbildungen veranschaulicht.

Wegen der internationalen Bedeutung des Themas ergab sich die Möglichkeit, die Unterschriften und Erklärungen zu den Abbildungen in diesem Band nicht nur in Deutsch, sondern auch in Englisch, Französisch und Spanisch zu geben, ebenso auch die Zusammenfassungen der einzelnen Kapitel.

Die zügige Durchführung und Fertigstellung dieser Veröffentlichung ist zu verdanken der Einsatzfreudigkeit von Herrn G.A. Ulmer als Mitautor, Herrn Stud. arch. E. Stäblein, Biberach für das Zeichnen der Abbildungen, Frau E. Weiß, Biberach für die prompten Schreibarbeiten, Frau Dipl.-Dolmetscherin Ulla Schröder, Mannheim, Herrn Dipl.-Übersetzer Hans-Otto Freitag, Germersheim, Herrn Dipl.-Übersetzer Anthony Trauter, Germersheim für die verschiedenen Übersetzungen sowie dem G.A. Ulmer Verlag in Schönaich für das verständnisvolle Eingehen auf die verschiedenen Wünsche. Ihnen allen gebührt unser herzlicher Dank.

Möge dieses Buch eine weite Verbreitung finden und dazu beitragen, unsere Wohnqualität zu verbessern und optimal zu gestalten.

D-7950 Biberach/Riss, im September 1986

Professor K.E. Lotz

Hochhäuser bei Stuttgart

Multistorey buildings near Stuttgart

Buildings près de Stuttgart

Torre de pisos cerca de Stuttgart

1. Was ist Bauökologie?

Seit Beginn des Industriezeitalters ist vor allem durch die technischen Möglichkeiten das Bauwesen von seiner ursprünglichen Art abgewichen und diente mehr oder weniger den Zwecken der Bauproduktion und der Kapitalinvestition. Dabei wurde meist auf biologische Qualität im Wohnbereich verzichtet.

Die künstlichen Wirtschafts- und Kulturformen haben in die vorhandenen natürlichen Systeme eingegriffen und eine stetige Zerstörung des ökologischen Gleichgewichts unserer Umwelt bewirkt. Die Umstände des Bauens stehen in ihren vorausgehenden und nachfolgenden Begleiterscheinungen in engstem Zusammenhang mit den aktuellen und akuten Umweltproblemen.

Hat nicht das Bauen an den katastrophalen Verletzungen des biologischen Fundaments unserer Umwelt einen entscheidenden Anteil?

Niemand kann das Rad der Geschichte zurückdrehen, auch nicht das Rad der Baugeschichte. Es ist deutlich geworden, dass der Betonboom der sechziger und siebziger Jahre auf manchen Gebieten ernste Folgen zeigt. Auch die Wohngifte, die durch Bau- und Behandlungsstoffe in die Häuser hineingetragen wurden, wirken sich verhängnisvoll aus.

Um die Umweltbelastung zu beseitigen und wieder ein harmonisches Gleichgewicht zwischen Natur und Kultur herzustellen, müssen sich daher heute – auch mehr als je zuvor – insbesondere Architekten und Planer um einen ganzheitlichen ökologischen Ansatz beim Bauen bemühen.

Wir Menschen sind ein Teil der Natur, deshalb müssen wir in die Natur hineinhorchen, ihre Gegebenheiten erkennen,sie fördern und nicht sie zerstören. Nicht alles, was machbar ist, darf getan werden, denn die Natur folgt ihren Gesetzmäßigkeiten und lässt sich nicht in die von Menschen geschaffenen Zwänge bringen. Nur wenn wir ökologisch denken lernen, können wir mit der Natur leben und die Umwelt erhalten.

Grundlagen der Ökologie

Die Haushaltskunde der Natur, die Ökologie, zeigt die Wechselbeziehungen und Vernetzungen zwischen Organismen untereinander und mit ihrer Umwelt.

In der Natur bilden die Organismen in ihren Wechselbeziehungen ein umfassendes System, in dem die einzelnen Organismen spezielle Teilfunktionen übernehmen und durch ständigen Austausch mit der Biosphäre in ihren Lebensraum eingegliedert sind.

Es grenzen sich mehr oder weniger eigenständige Teilsysteme ab, die unter dem Namen »Ökosysteme« bekannt sind. Diese Ökosysteme können in jeder spezifischen, klimatisch und topographisch unterschiedlichen Größenordnung entstehen.

Ein Ökosystem besteht in der Regel aus einem Lebensraum, einem sogenannten Biotop, und einer Lebensgemeinschaft, einer sogenannten Biozönose. Es gibt verschiedene Arten von Ökosystemen. So stellen Wald, Wiese, Feld, Fluss, See, Teich, Moor, Meeresküste usw. einzelne Ökosysteme dar. Jeder Biotop ist ein Lebensraum mit einem ganz bestimmten Charakter, der abhängig ist von geographischer Lage, Klima, Wasser, Sonneneinstrahlung, Niederschlag, Beschaffenheit des Bodens und des geologischen Untergrunds.

Man unterscheidet unter anderem zwischen Feuchtbiotopen und Trockenbiotopen, die jeweils einer bestimmten Gruppe von Pflanzen und Tieren die Voraussetzung für ihr Gedeihen bieten.

So hat jeder Biotop seine eigene Prägung und bildet sozusagen den Rahmen für einen ganz bestimmten Inhalt, für die dazugehörige Biozönose, das heisst für die Lebensgemeinschaft von Pflanzen und Tieren.

Eine der wichtigsten Voraussetzungen für Tiere und Pflanzen sind ausreichende Ernährungsmöglichkeiten. Es werden dazu organische Stoffe, also Kohlenstoffverbindungen benötigt, die mit Hilfe von Sauerstoff verbrannt werden, um Energie zu gewinnen. Nur die Pflanzen sind in der Lage, diese Stoffe aufzubauen. Ohne grüne Pflanzen wäre kein tierisches und menschliches Leben möglich.

Der Aufbau eines Ökosystems

Der Aufbau eines Ökosystems erfolgt durch Produzenten, Konsumenten und Reduzenten. Produzenten sind Erzeuger organischer Stoffe, es sind in erster Linie die grünen Pflanzen. Bei den Konsumenten unterscheidet man Konsumenten erster Ordnung, das sind Verbraucher, die sich hauptsächlich von Pflanzen ernähren, und Konsumenten zweiter Ordnung, die sich überwiegend von Fleisch ernähren. Die Reduzenten sind Zersetzer, die Reste von Organismen abbauen und wieder in ihre Grundbestandteile überführen. Diese dienen dann den Produzenten (Pflanzen) wieder als Nährstoffe. Reduzenten sind unter anderem Würmer, Bakterien, Einzeller und Pilze.

In einem natürlichen Ökosystem wird unter möglichst guter Ausnutzung der Sonnenenergie reichlich Nahrung für die Zersetzer produziert, die für eine umfassende Recyklierung (Wiederverwendung) innerhalb des Ökosystems sorgen. Auf diese Weise ist der Regelkreis der Natur geschlossen, und es entsteht ein dynamisches Gleichgewicht zwischen Biotop und Biozönose.

Ein Ökosystem durchläuft vom Beginn der Belebung des Biotops bis zum stabilen Zustand verschiedene Stadien, die man Sukzession nennt. Im Laufe der Sukzession, die zwischen 400 und 5000 Jahren schwanken kann, nimmt in der Regel die Biomasse zu und das biochemische Gefüge des Ökosystems wird stabiler, die Nahrungsketten vernetzen sich und schliessen sich immer weiter bis zu einem stabilen Zustand, den man als Klimax bezeichnet. In diesem Zustand verändert sich das Ökosystem nicht mehr wesentlich.

Treten durch Klimawechsel, Katastrophen oder Umwelteinflüsse Gegebenheiten ein, auf die das Ökosystem nicht eingestellt ist, kann eine neue Sukzession die Folge sein.

Verändert sich der Lebensraum, so reagieren die betroffenen Organismen unterschiedlich durch Adaption oder Emanzipation. Jeder Organismus hat einen gewissen Toleranzbereich, wird die Toleranz überschritten, kann sich die Population nicht mehr halten und dies führt nach einem gewissen Zeitraum zum Verschwinden der Art.

In der Natur gehört der Mensch zu den Konsumenten; er ist nicht wie die Produzenten (Pflanzen) und Reduzenten (Bodenlebewesen) zur Erhaltung des Lebens notwendig. Jedoch durch seine Fähigkeiten und seine Technik kann er den Naturhaushalt gefährden und stören, ja durch seine Grosstechnik ist er sogar in der Lage, die Erde total auszubeuten. Er verbraucht Rohstoffe, plündert Boden und Landschaft aus und führt die Abfallstoffe im Sinne des Ökosystems nicht mehr zurück. Indem er das Naturgleichgewicht stört, gefährdet er selbst seine Existenz. Deshalb ist hier ein Umdenken notwendig.

Die Vernetzung der biologischen Regelkreise in einem Ökosystem muss erkannt und für ein einfaches, gesundes Leben anwendbar und nutzbar gemacht werden.

Die natürliche Ökobauweise

Die in der Natur lebenden Geschöpfe bauen in der Regel ihre Nester mit Baustoffen, die ihrem eigenen Wesen entsprechen. Auch in der Bautechnik früherer Zeit herrschte eine gewisse Harmonie zwischen Natur, Mensch und Bautechnik.

Wenn wir die Ökologie der Natur verstehen, dann können wir so bauen oder umbauen, dass unsere Behausungen humane Ökosysteme werden. Das nach ökologischen Gesichtspunkten gebaute Haus kann im Zusammenwirken mit allen natürlichen Standortfaktoren zu einem lebensfördernden Biotop werden. Mit seinen Bewohnern, den Menschen, Tieren und Pflanzen als Biozönose kann es selbst zu einem Ökosystem besonderer Art werden, welches die Ver- und Entsorgung ohne Umweltbelastung übernimmt.

Ein Ökosystem zeichnet sich vor allem dadurch aus, dass sich die verbrauchten Stoffe regenerieren. Betrachten wir zum Beispiel die Photosynthese: Die grünen Pflanzen liefern für alle Lebewesen zum Atmen Sauerstoff, die Lebewesen wiederum atmen Kohlendioxid aus, das die grünen Pflanzen benötigen. Der »Abfall« pflanzlichen Lebens ist die Grundlage des tierischen Lebens und umgekehrt. Das System ist stabil.

In reifen Ökosystemen ist der Stoffwechsel so perfekt, daß fast nichts ersetzbar aus dem natürlichen Kreislauf ausgegliedert wird.

Ökosysteme funktionieren, weil jeder Vorgang in dezentraler Wechselwirkung geschieht und weil darin das Regulativ für ein ausgewogenes Gleichgewicht besteht.

In diesem Sinne gilt es, Städte, Siedlungen und Häuser zu entwerfen oder vorhandene umzugestalten. So kann sich in ihnen wieder Leben entfalten und bleibt dann dem Menschen der angemessene Freiraum erhalten, den er seiner Persönlichkeit entsprechend ausfüllen kann.

Die ökologische Forderung

Ökologie gibt sich nicht mit der Feststellung zufrieden, dass natürlich ist, was aus natürlichen Stoffen besteht. *Ökologie fragt nach Wirkungszusammenhängen.* Sie sucht auch nach Mitteln und Wegen, um verantwortlich mit der Natur und ihren Rohstoffen umzugehen und die natürlichen Kreisläufe nicht zu sprengen.

Die Bauökologie beschränkt sich beim Bauen deshalb auf das wirklich Notwendige: Energiesparen im Haus, aber auch die Verwendung von Baustoffen, die ohne grossen Energieaufwand und ohne Belastung für die Umwelt hergestellt, bearbeitet und einem Recycling zugeführt werden können.

Durch Energie, Material, Wasser und Luft sind die Bauwerke mit dem ökologischen Gesamtsystem vernetzt. Ein Gebäude tritt aber heute in der Regel nur als Verbraucher von natürlichen Ressourcen und als Verursacher von belastenden Abfallstoffen in der ökologischen Bilanz in Erscheinung. (Siehe Abb.1)

Abb. 1 Fig. 1

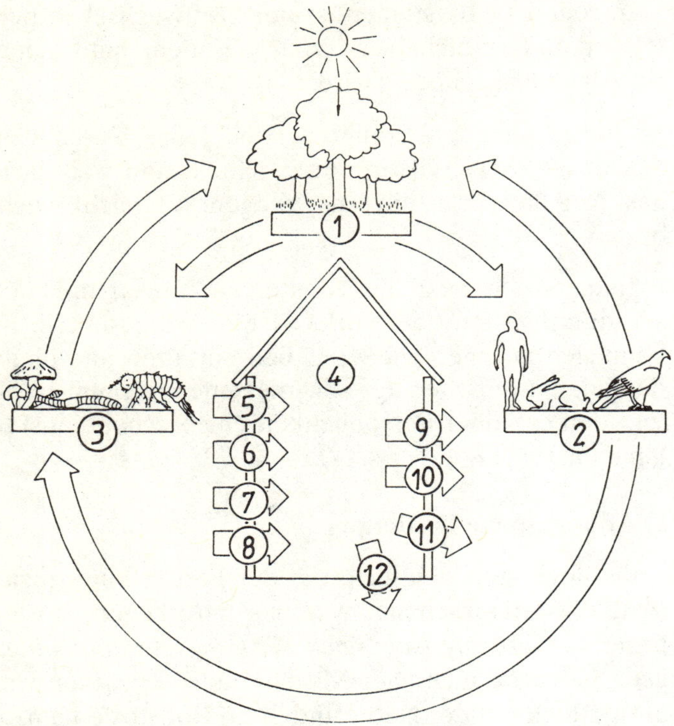

Das normale Haus im Ökosystem:
1 = Produzenten 2 = Konsumenten 3 = Reduzenten 4 = Das Haus als Verbraucher von 5 = Frischluft 6 = Energie 7 = Frischwasser 8 = Material – Das Haus als Verursacher von 9 = Abluft 10 = Abwärme 11 = Abwasser 12 = Abfällen

The normal house in the ecosystem:
1 = producers 2 = consumers 3 = reducers 4 = the house as a consumer of 5 = air 6 = energy 7 = water 8 = material – the house as a cause of 9 = waste air 10 = waste heat 11 = waste water 12 = refuse

La maison normale dans l'écosystème:
1 = producteurs 2 = consommateurs 3 = réducteurs 4 = la maison comme consommateur de 5 = l'air frais 6 = l'énergie 7 = l'éau fraîche 8 = matériau – la maison comme producteur de 9 = l'air évacué 10 = de la chaleur perdue 11 = d'eaux usées 12 = de déchets.

La casa normal en el ecosistema:
1 = productores 2 = consumidores 3 = descomponedores 4 = La casa como consumidor de 5 = aire fresco 6 = energía 7 = agua potable 8 = material – La casa como productor de 9 = aire viciado 10 = calor residual 11 = aguas residuales 12 = basura

In unseren Häusern, in unseren Dörfern und Städten werden Energien und Materialien in Einwegmanier verbraucht. Die Folge davon sind belastete Gewässer, giftige Mülldeponien, Müllverbrennungsanlagen und viele Schadstoffe in der Luft. Stabile Ökosysteme dagegen leben von ihrem »Abfall«.

Umweltschutz als neue Bauaufgabe

Anlässlich der Baufachmesse in Hannover (Constructa 86) wurden deutliche Akzente für das Baugeschehen gesetzt: Politiker, prominente Bauwirtschaftler und zahlreiche Aussteller formulierten Forderungen sozio-ökologischer und ökonomischer Art. Oder sie zeigten, wie sie sich in Erkenntnis eines Strukturwandels bei den Bauaufgaben bereits umgestellt haben. Die relative Verringerung des Neubauvolumens insgesamt, die Forderungen nach mehr Umweltschutz-Baumassnahmen, die Notwendigkeit, überalterte Bausubstanz zu sanieren oder den heutigen technischen Möglichkeiten angemessen und menschengerecht zu renovieren, bestimmten die Diskussion. Während 1970 in der Bundesrepublik Deutschland Bauleistungen für 13 Milliarden D-Mark für die Instandsetzung und Modernisierung der Bausubstanz erbracht wurden, sind es heute rund 45 Milliarden D-Mark. Damit ist ein Teil des Strukturwandels im Baugeschehen charakterisiert.

Ökologisches Bauen

Ökologisches Bauen bedeutet: gesundheitlich richtige und umweltschonende Einfügung der Gebäude in das Landschaftsbild unter Berücksichtigung der Biotoperhaltung oder -neugestaltung; gesundheitlich richtige und umweltschonende Standort- und Bauplatzwahl; gesundheitlich und energetisch richtige sowie umweltschonende Gebäudekonzeption; gesundheitlich und energetisch richtige sowie umweltschonende Baustoffwahl; gesundheitlich richtiges, den Bewohnern gemässes Raumprogramm; gesundheitlich und energetisch richtige und umweltschonende Haustechnik; gesundheitlich und energetisch richtige sowie umweltschonende Inneneinrichtung. (Siehe Abb. 2)

Ökologisches Bauen bedeutet also, dass die gebaute Umwelt sich nahtlos in den Energie-, Material-, Wasser- und Luftkreislauf einfügt, Ressourcen nur sparsam verbraucht und als umgewandelte Rohstoffe wieder in den ökologischen Prozess einbringt. Deshalb gibt es besonders in den Bereichen der Energieversorgung, der Abwasser- und Abfallaufbereitung umsetzbare Möglichkeiten für eine ökologische Infrastruktur.

Es gibt keinen Grund, bei sinkender Bevölkerungszahl städtebaulichen Zuwachs zu betreiben. Hemmungsloses Wachstum ist ein anderes Wort für Krebs und zerstört sich selbst, indem es den Organismus zerstört, in dem es sich eingenistet hat. Was wir brauchen, ist kein städtebaulicher Zuwachs, sondern städtebauliche Qualität.

Das ökologische Bauen hat zum Ziel, die menschlichen Gebäude in das ökologische Gesamtsystem zu integrieren. Das reicht von der Einzelwohnung und dem Einzelhaus über das System Siedlung oder die Stadt bis hin zu den Wechselwirkungen zwischen Stadt und Umland.

Abb. 2 Fig. 2

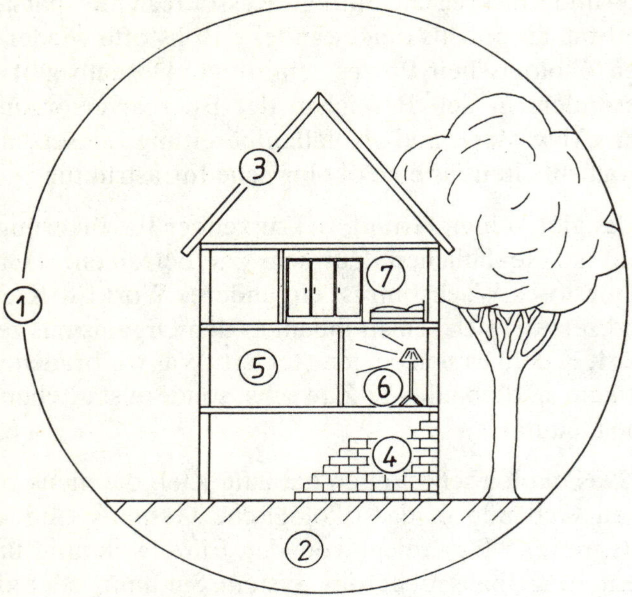

Ökologisches Bauen bedeutet:

1 = gesundheitlich richtige und umweltschonende Einfügung in das Landschaftsbild, Biotoperhaltung bzw. -gestaltung
2 = gesundheitlich richtige und umweltschonende Standort- und Bauplatzwahl
3 = gesundheitlich und energetisch richtige, sowie umweltschonende Gebäudekonzeption
4 = gesundheitlich und energetisch richtige, sowie umweltschonende Baustoffwahl
5 = gesundheitlich richtiges, den Bewohnern gemäßes Raumprogramm
6 = gesundheitlich und energetisch richtige und umweltschonende Haustechnik
7 = gesundheitlich und energetisch richtige, sowie umweltschonende Inneneinrichtung

Ecological building means:

1 = health-promoting, non-pollutive integration in the landscape, conservation and creation of biotopes
2 = health-promoting and non-pollutive site selection
3 = health-promoting, energy-saving and non-pollutive project planning
4 = health-promoting, energy-saving and non-pollutive selection of materials
5 = health-promoting room planning in accordance with requirements of the inhabitants
6 = health-promoting, energy-saving, non-pollutive technical fittings
7 = health-promoting, energy-saving, non-pollutive interior design

Ecoconstrucion signifie:

1 = adaption raisonnable dans le paysage ayant égard aux exigences de l'environnement, préservation et formation du biotope
2 = choix raisonnable de l'emplacement et du terrain à bâtir ayant égard aux exigences de l'environnement et selon les aspects de la santé
3 = conception raisonnable du bâtiment ayant égard aux exigences de la santé, de l'énergie et l'environnement
4 = choix raisonnable des matériaux de construction selon les exigences de la santé, de l'énergie et de l'environnement
5 = disposition raisonnable des pièces sous l'aspect de santé et satisfaisant les besoins des habitants
6 = technique de construction raisonable sous l'aspect de santé et satisfaisant les exigences de l'énergie et de l'environnement
7 = aménagement intérieur raisonnable sous l'aspect de santé et satisfaisant les exigences de l'énergie et de l'environnement

Ecoconstrucción significa:

1 = correcta integración en el paisaje, conservación y configuración del biotopo según criterios de salud y del medio ambiente

2 = correcta elección del emplazamiento y del terreno de construcción según criterios de salud y del medio ambiente
3 = correcta concepción del edificio según criterios de salud, de explotación energética y del medio ambiente
4 = correcta selección de los materiales de construcción según criterios de salud, de explotación energética y del medio ambiente
5 = programa apropiado de disposición de los ambientes según criterios de salud y de la adaptación a las necesidades de los habitantes
6 = técnica doméstica correcta según criterios de salud, de explotación energética y del medio ambiente
7 = correcto amoblamiento de los ambientes según criterios de salud, de explotación energética y del medio ambiente

1. What ist Building Ecology?

Summary

In the course of the industrial age, even building has made a considerable contribution to the catastrophic injuries caused to the biological foundations of our environment. It ist, therefore , more important than ever that both architects und planners are concerned about an integral ecological conception in order to relieve the environment of its burden.

The ecology demonstrates the reciprocal relationships between organisms and each other and with their environment. Ecosystems are formed naturally in the environment. An ecosystem consists of a habitat (biotope) and a symbiosis (biocenosis). In an ecosystem there are producers, consumers and reducers. In this type of natural system, solar energy is exploited to the best possible degree in order to produce nutrition for the reducers which, in turn, provide for comprehensive recycling within the ecosystem. In this way, the natural chain is closed and a »dynamic balance« between biotope and biocenosis ist formed.

The interaction between the biological systems within an ecosystem must be recognized and made practicable for a simple and healthy way of life.

If man understands the natural ecological system, then he can build or renovate so that his dwellings form human ecosystems. For this reason, building ecology is concerned soley with the bare necessities: energy conservation in the home, but also the use of building materials which can be produced, processed and recycled with a minimum of energy and without causing a burden to the environment.

A bulding interacts with the whole ecological system through energy, water and air. Nowadays, however, a building represents primarily a consumer of natural resources and a source of harmful refuse (see fig. 1).

Building ecology has the aim of integrating human dwellings in the whole ecological system (see fig. 2). For this reason, environmental conservation can be regarded as a new demand on modern construction.

1. Qu'est-ce que l'ecoconstruction?

Résumé

Dans l'epoque industrielle, la construction prend une part importante aux violations catastrophiques de la base biologique de notre environnement. Ainsi, aujourd 'hui plus que jamais, même les architectes et les planificateurs doivent se donner la peine d'améliorer les conditions écologiques globales en ce qui concerne la construction de bâtiments afin d'eliminer les charges qui pèsent sur l'environnement. L'écologie démontre les corrélations existant entre les différents organismes, ainsi qu'entre les organismes et leur environnement. La nature crée des écosystèmes. Un tel système consiste en un espace vital (biotope) et une communauté biotique (biocénose). Dans un écosystème il y a des producteurs, des consommateurs et des réducteurs. Un tel système naturel produit, en exploitant au maximum l'energie solaire, de la nourriture en abondance pour les réducteurs dont la fonction est d'assurer le recyclage dans le cadre de cet écosystème. Le circuit de réglage de la nature est ainsi bouclé, ce qui a pour effet la formation d'un »équilibre dynamique« entre le biotope et la biocénose.

Il convient de discerner les interdépendances des circuits de réglage biologiques à l'intérieur d'un écosystème afin de pouvoir en appliquer les résultats et les utiliser en vue d'une vie simple et saine.

Si l'homme comprend l'écologie de la nature, il sera capable de construire ou de reconstruire ses demeures de façon à ce qu'elles deviennent des écosystèmes humains. C'est pourquoi l'écoconstruction se borne à l'essentiel: les économies d'énergie domestiques, mais également l'emploi de matériaux de construction pouvant être fabriqués sans grandes dépenses d'énergie et sans porter atteinte à l' environnement, transformés puis recyclés. Les bâtiments sont reliés au système global écologique par l'énergie, l'air et l'eau. Si l'on observe toutefois le bilan écologique, on s'aperçoit qu'un bâtiment n'y figure actuellement en règle générale, qu'en tant que consommateur de ressources naturelles et producteur de déchets polluants (cf. fig. 1). L'écoconstruction a pour but l'intégration des demeures humaines dans le système écologique global (cf. fig. 2). C'est pourquoi le secteur de bâtiment doit considérer la protection de l'environnement comme une tâche nouvelle.

1. La ecoconstrucción – Concepto

Síntesis

En la era industrial, también la arquitectura debe asumir una gran responsabilidad por los daños catastróficos inferidos en el fundamento biológico de nuestro medio ambiente. De ahí que, a efectos de eliminar la contaminación ambiental, tanto los arquitectos como los planificadores urbanos deban esforzarse, hoy más que nunca, por introducir un enfoque ecológico integral en la arquitectura.

La ecología estudia la interrelación entre los organismos y su medio. En la naturaleza se forman ecosistemas, que constan de hábitats (biotopos) y de poblaciones (biocenosis). En un ecosistema hay productores, consumidores y descomponedores. En un sistema natural de esta índole, procurando el mejor aprovechamiento posible de la energía solar, se produce abundante alimento para los descomponedores, que se encargan de un extenso reciclaje (reutilización) dentro del sistema. De esta forma se cierra el circuito de mando de la naturaleza y se obtiene un »equilibrio dinámico« entre biotopo y biocenosis.

Es menester determinar la interconexión de los circuitos de mando biológicos en un ecosistema a fin de aplicarla y aprovecharla, poniéndola al servicio de una vida simple y sana.

Cuando el hombre comprenda la ecología de la naturaleza, podrá construir o remodelar sus viviendas con miras a transformarlas en ecosistemas humanos. La ecoconstrucción, por lo tanto, se limita a lo verdaderamente importante en la construcción: ahorro de energía en los edificios, así como la utilización de materiales de construcción cuya producción, tratamiento y reciclaje no supongan una gran explotación de energía ni la creacion de cargas ecológicas.

La energía , el agua y el aire interconectan las obras de arquitectura con el sistema ecológico global. Hoy por hoy, sin embargo, en el balance ecológico los edificios generalemente sólo figuran como consumidores de recursos naturales y causantes de materias residuales contaminantes. (Fig. 1)

El objetivo de la construcción ecológica es integrar las edificaciones humanas en el sistema ecológico global. (Fig. 2)

De ahí que la protección del medio ambiente deba ser entendida como una nueva función de la arquitectura.

2. Ökologische Bauplanung

Bis jetzt folgte man bei konventioneller Bauplanung meist ökonomischen und technologischen Gesichtspunkten unter besonderer Berücksichtigung von Rohstoffpreisen und der Einsparung menschlicher Arbeitskraft. Dabei wurde auf die Umweltbelastung unter dem Ziel des wirtschaftlichen Wachstums nicht geachtet. Wichtig war vor allem die Bereitstellung von entsprechend dimensionierten und gestalteten Wohnungen mit Nutzungskomfort und Bequemlichkeit für die unterschiedlichen Einkommen und Haushaltsgrössen .

Diese sogenannte konventionelle Architektur hatte vor allem Interesse am Objekt, weniger am Menschen, Ausserdem hat diese Architektur, nach Bundesbauminister Schneider, in den vergangenen Jahren zur Gleichförmigkeit unserer Städte beigetragen. Sie habe keine Zukunft mehr. Hier kann nur eine grundsätzliche Neubesinnung zu einer menschlichen Wohn - und Arbeitswelt führen.

Probleme der bebauten Umwelt

Heute stehen viele Städte und Gemeinden, insbesondere in den Verdichtungsräumen, durch die anhaltend hohen Umweltbelastungen bei der Planung neuer und der Überplanung beziehungsweise Neuordnung bestehender Wohnstandorte vor zunehmend schwierigen Aufgaben.

Allein die Hochrechnung des täglichen Landschaftsverbrauchs in der Bundesrepublik mit mehr als 150 Hektar für Verkehrs-, Siedlungs- und andere Zwecke bis zum Jahre 2000 zeigt eines der Probleme. Dabei muss noch besonders berücksichtigt werden, dass nicht das quantitative Ausmass allein beängstigend ist, sondern das qualitative Mass, nämlich der zunehmende Verbrauch ökologisch wertvoller Flächen mit seltenen und gefährdeten Tier- und Pflanzenarten.

Die hauptsächlichsten Umweltprobleme in unseren Gemeinden und Städten sind: die hohe Belastung und Gesundheitsgefährdung der Bevölkerung durch Luftverunreinigungen und Lärmbelästigungen, der Verlust von Grünflächen und Biotopen, die Belastung des Bodens und des Wasserhaushalts, die Energieverschwendung, die Belastung des Stadtklimas und das nicht ausreichende Freiraumangebot für die Wohnbevölkerung. (Siehe Abb. 3)

Besonders gravierend ist die Belastung durch die Luftverunreinigung. Dabei ist zu bedenken, dass es sich bei der Stadtluft um ein Aerosol handelt. Es liegt hier eine gasförmige Grundsubstanz aus Stickstoff, Sauerstoff und Kohlendioxid vor, die feste, flüssige und gasförmige Spurenstoffe enthält. Je geringer der Durchmesser der in der Luft enthaltenen festen Bestandteile ist, desto weiter können sie von der Erzeugerstelle wie Schornsteinen, Strassenverkehr usw. transportiert werden. Es treten tägliche und jahreszeitliche Schwankungen bei der Luftverunreinigung auf; vertikal lassen sich drei Maxima feststellen: eines über dem Erdboden, ein anderes in Höhe der durchschnittlichen Haushöhe (etwa 25 Meter) und ein drittes in der Höhe der Fabrik-

Abb. 3 Fig. 3

Umweltqualitätsprobleme in Wohngebieten

1 = großräumige Luftverunreinigung durch Hochschornsteine
2 = kleinräumig wirksame Luftverunreinigungen
3/4 = Schadstoff- und Lärmbelastung durch Verkehr
5 = Belastung der Vegetation, des Bodens und des Wasserhaushalts
6/7 = Belastung des Stadtklimas
8 = Belastung des Wasserhaushalts durch Wasserentnahme
9 = Biotopschädigung
10/11 = fehlende Grünflächen

Environmental problems in residential areas

1 = extensive air pollution from high chimneys
2 = local air pollution
3/4 = exhaust fumes and noise pollution from traffic
5 = pollution of vegetation, soil and water
6/7 = pollution of town climate
8 = strain on water supply by water intake
9 = damage to biotopes
10/11 = no green areas

Les problèmes avec la qualité de l'environnement dans les quartiers résidentiels

1 = pollution atmosphérique de grande dimension par de hautes cheminées
2 = pollution atmosphérique de petite dimension
3/4 = substances nocives et nuisances acoustiques par le trafic
5 = charges sur la végétation, le sol et le régime d'eau
6/7 = charges sur le climat urbain
8 = charges sur le régime d'eau à cause de prises d'eau
9 = détérioration des biotopes
10/11 = manque de zones vertes

Problemas de calidad ambiental en zonas residenciales

1 = extensa contaminación atmosférica debida a las altas chimeneas
2 = contaminaciones atmosféricas localizadas
3/4 = agentes contaminantes y contaminación acústica derivados del tráfico
5 = las cargas ecológicas afectan a la vegetación, al suelo y al balance hídrico
6/7 = alteración del clima urbano
8 = alteración del balance hídrico a causa de la toma de agua
9 = deterioro del biotopo
10/11 = falta de espacios verdes

schornsteine (etwa 100 bis 150 Meter). Das bedeutet, dass Hochhäuser mit ihren oberen Etagen in eine besonders verunreinigte Luftschicht hineinkommen, sofern sie im Emissionsgebiet der Schornsteine liegen.

Eine solche Staubquelle erreicht bei starkem Luftaustausch das Zehnfache der Austrittshöhe, bei mittlerem Austausch das Fünfzehn- bis Zwanzigfache und bei instabilem Wetter (Nebel, Inversionen) das 250fache. An diesen festen Verunreinigungen ist mit der Anlagerung von giftigen Gasen zu rechnen wie Kohlenmonoxid, Kohlenwasserstoffen, Stickoxiden, Schwefeldioxid. Bei einem täglichen Atemvolumen von 12 Kubikmeter Luft verbleiben ca. 20 Milligramm der genannten Schadstoffe in der Lunge; bei schwerer Arbeit tritt eine Verzehnfachung dieses Betrages auf.

Der Stadtdunst, der als Dunstdom weithin sichtbar ist, wird durch die Unmenge der Luftverunreinigungen gebildet. Dadurch werden bis zu 20 Prozent der Sonneneinstrahlung zurückgehalten; besonders der Ultraviolett-Anteil der Strahlung wird abgeschwächt oder sogar aufgehoben. Der Dunstdom verhindert auch die Wärmeabstrahlung und erhöht deshalb die Temperatur in der Stadt.

Bauökologische Planungsprinzipien

Die Antwort des Bauwesens auf die verschärfte Situation unserer natürlichen Umwelt muss die Entwicklung architektonischer Gestaltung nach ökologischen Grundsätzen sein. Ökologisches Bauen ist also eine zeitgemässe Aufgabe für Bauherren, Architekten und Bauausführende. Solche ökologischen Planungsprinzipien gehen vom übergeordneten Ziel »Bauen in Harmonie mit der Natur« aus.

Wenn es um Menschen und Umwelt geht , stellt sich die Frage, ob die Natur vor dem Menschen oder für den Menschen geschützt werden soll. Der Mensch als ein Glied des Ökosystems ist auf natürliche Lebensgrundlagen angewiesen.

Deshalb wollen Bauökologen bei Neuplanungen von Wohnstandorten langfristig wirksame Umweltvorsorge treiben und die Entstehung von Umweltkonflikten vermeiden. Dabei sollen so wenig wie möglich nicht regenerierbare Ressourcen verbraucht und die Anwendung naturorientierter technischer Systeme gefördert werden. Städtisches Leben soll am Ideal des Landlebens orientiert werden.

Die Bauökologie sollte behördlicherseits wie die Ernährung (Lebensmittelgesetz) oder Luft und Gewässer (Immissionsgesetz) als wesentlicher Teil des Umweltschutzes anerkannt werden.

Die Bauökologie ist nicht Teil einer alternativen Naturideologie, sondern ein Programm zur Erfahrung, Entwicklung und Bewahrung unserer naturgegebenen Grundlagen.

In den Siedlungsstrukturen soll auf eine dezentrale Entwicklung hingearbeitet werden. Was an Rohstoffen, Energie und Produkten benötigt wird, soll nach Möglichkeit örtlich gewonnen und hergestellt werden. Weitere Ziele sind die Erhaltung und Erweiterung bestehender Freiräume, die Entwicklung eines zusammenhängenden Freiflächensystems in Stadtrandlagen, die Verhinderung von Zersiedelung im Umland.

Die Architektur soll auf die natürlichen und sozialen Bedürfnisse des Menschen abgestimmt werden und ein maximales Wohlbefinden ermöglichen. Leider gibt es bis jetzt noch nicht genügend ökologisch orientierte Bauten. Einige Pilotprojekte bestehen jedoch bereits.

Hier sei als Beispiel einer biologischen und ökologischen Planung die erste Biosolar-Siedlung im Miet-

Wohnungsbau »Schafbrühl« in Tübingen erwähnt , die von der Karlsruher Lebensversicherung gebaut wurde und 1986 endgültig fertiggestellt werden soll.

Die Biosolar-Siedlung »Schafbrühl«

Die neun Häuser auf dem »Schafbrühl« wurden im Rahmen einer Wohnhofbebauung angeordnet. Mit diesem Konzept wurde eine organisch-lebendige Gesamtgestaltung mit fliessenden Übergängen zur Umgebung erreicht. An den Nordseiten der Häuser bilden heruntergezogene Dächer, Vorrats- und Nutzräume sowie immergrüne Fassadenbepflanzungen schützende Pufferzonen. Wintergärten auf der Sonnenseite tragen nach dem Gewächshausprinzip dazu bei, das aktive Energiesystem zu entlasten. Dieser sogenannten »Biosolar-Konzeption« liegt der Gedanke zugrunde, die notwendige Haus-, insbesondere Heiztechnik durch passive Nutzung von Sonnenenergie auf das erforderliche Minimun zu beschränken. (Siehe Abb. 4)

Die Beheizung der Wohnungen erfolgt über eine Fussleistenheizung im Niedertemperatur-Bereich. Sie erfüllt die baubiologischen Anforderungen an ein gesundes Wohnklima.

Um Beeinträchtigungen durch elektromagnetische Felder nach Möglichkeit auszuschliessen, wurde auf dem »Schafbrühl« die Elektroinstallation weitgehend elektromagnetisch abgeschirmt. Die Schlafzonen sind mit Netzfreischaltern ausgestattet, die bei Abschaltung des letzten Stromverbrauchers (z.B. der Nachttischlampe) automatisch nur noch eine Schaltspannung von wenigen Volt auf der Leitung lassen. Zur Verringerung der elektrischen Felder erfolgte die Verkabelung innerhalb der Wohnungen nicht ring-, sondern sternförmig.

Auf dem »Schafbrühl« wurde streng auf Schadstofffreiheit und Diffusionsoffenheit der verwendeten Materialien geachtet. Ausserdem werden die Baustoffe nicht versiegelt, so dass ein permanenter Luft- und Feuchtigkeitsaustausch stattfinden kann.

Bei der Gestaltung der Wohngrundrisse (knapp die Hälfte der Wohnungen hat drei und mehr Zimmer) wurde insbesondere auf eine familiengerechte Wohnform geachtet, mit einem zentralen, achteckigen Familienraum.

Aus ökologischen Gründen wurde darauf verzichtet, alle Häuser an die Fahrerschliessung anzubinden. Damit der Boden so wenig wie möglich durch Asphalt o.ä. versiegelt wird, sind die Wege als wassergebundene Kieswege ausgeführt, die nur im Notfall befahren werden dürfen.

In den Wohnhöfen soll eine gartenstadtähnliche Atmosphäre entstehen. Wesentliche Bedeutung für diese Atmosphäre und ökologische Qualität der Aussenanlage kommt dem Lebenselement Wasser zu. Eine Folge von Quelle, Bachbett, Virbela-Strömungsschalen, Mäander und Fischteich mit Feuchtbiotop sorgt für optische und ökologische Vielfalt.

Die langfristige soziale Entwicklung innerhalb der Wohnanlage »Schafbrühl« kann heute, 1986, nur erahnt werden.

Die ökologische Wende

Auch von den Architekten wurde Umweltschutz anlässlich der Hannoverschen Baufachmesse intensiv diskutiert, und Lösungsansätze wurden in Sonderschauen vorgestellt: »Grün in der Stadt«, »Strassen zum Wohnen«, »Lebensraum Stadt«, »Dorferneuerung«, »Menschlich Wohnen – Menschengerecht Bauen«.

Biosolar-Siedlung »Schafbrühl«

Biosolar settlement »Schafbrühl«

Habitations bio-solaires à Schafbrühl

Complejo habitacional biosolar »Schafbrühl«

Abb. 4 Fig. 4

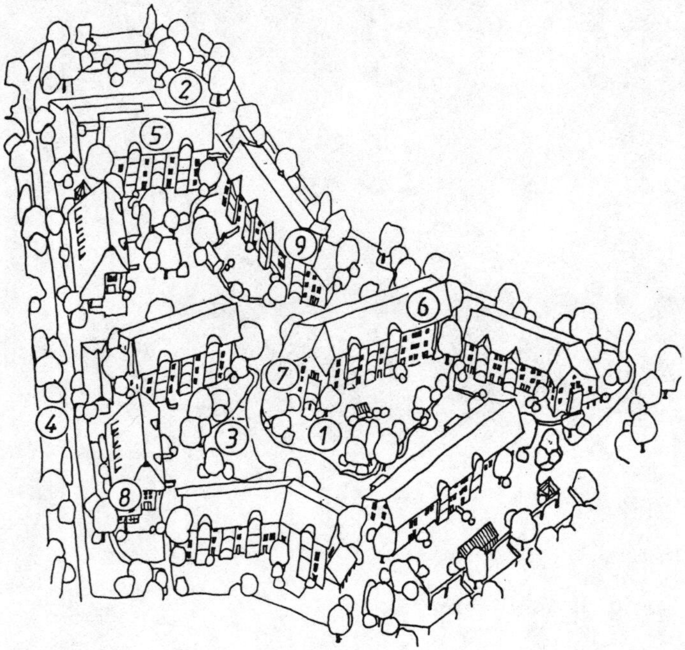

Siedlung »Schafbrühl« (Tübingen)
1 = lebende, organische Wohnhofbebauung
2 = Gartenstadtähnliche Freiraumgestaltung
3 = Gestaltungselement Wasser
4 = Anpflanzung von Hecken und einheimischen Gehölzen
5 = Biosolarkonzeption
6 = familienfreundliche Grundrisse
7 = natürliche Baustoffe
8 = diffusionsoffene Wände (Wohnklima)
9 = Keller und Außenwände aus porosiertem Ziegel, Holzbalkendecken, konstruktiver Holzschutz durch Dachüberstände

Settlement »Schafbrühl« (Tübingen)
1 = natural, organic residential park arrangement
2 = city garden arrangement of open spaces
3 = design element water
4 = planting of bushes and native trees
5 = bio-solar design
6 = planning especially suitable for families
7 = natural building materials
8 = diffusive walls (residential climate)
9 = cellar and outer walls of porous brick, wooden beam ceilings, structural wood preservation by roof hang

Cité »Schafbrühl« à Tübingen
1 = plantations vivantes et organiques entre les bâtiments résidentiels
2 = création d'espace libre apparant sous forme de cité-jardin
3 = élément important pour la création sus-mentionnée: l'éau
4 = plantations de haies et de boqueteaux du pays
5 = conception biosolaire
6 = sections horizontales des bâtiments satisfaisant aux besoins des familles
7 = matériaux de construction naturels
8 = excellente diffusion des murailles (climat de »living«)
9 = caves et paroies extérieures en briques poreuses, planchers en poutres de bois, protection du bois constructive par saillies de rives

Barrio »Schafbrühl« (Tubinga)
1 = configuración orgánica, viviente del parque residencial
2 = configuración de los espacios libres según el principio de una ciudad jardín
3 = elemento integral 'agua'
4 = plantación de setos y árboles autóctonos
5 = concepción biosolar
6 = planta proyectada acorde a las necesidades de una familia
7 = materiales de construcción naturales
8 = paredes abiertas a la difusión (clima habitacional)
9 = sótanos y paramentos exteriores de ladrillos porosos, techos (cielorrasos) de vigas de madera, protección de la madera por construcción de techados sobresalientes

Nach der Zeit der grossen Neubauaufgaben, eine Phase notwendiger quantitativer Expansion, muss nun eine qualitative Nachbesserung folgen, die ein grosses Potential an Handlungsbedarf für alle kreativen Kräfte der Architektur darstellt.

Bei den Städteplanern, die Überlegungen zum Thema menschengerechtes Bauen und Wohnen, Sanierung und »ökologische Stadt« immer mehr anstellen, zeichnet sich gegenwärtig eine »Nach-Ökologische Wende« im Städtebau-Leitbild ab: eine Rückkehr zur traditionellen Stadt im Kontext mit der Informationsgesellschaft.

Die Diskussion um die »ökologische Stadt« zeigt folgendes:

Die Städte sollen Frieden schliessen mit der sie umgebenden Landschaft und Natur. Die heutigen grossen Städte sind nur lebensfähig durch Raubbau an den natürlichen Ressourcen, vor allem an Luft, Wasser und Energie. Dabei werden die ursprünglich sich selbst regelnden Systeme zwangsläufig gestört. Zum Beispiel werden die Abfälle der Städte nicht in die ursprünglichen Kreisläufe zurückgegeben. Bis zu Beginn der Industrialisierung des Wirtschaftslebens waren Städte relativ klein und kompakt in einer Landschaft, deren Vitalität ausreichte, um die Belastungen auszugleichen.

Heute nehmen die Städte nicht nur ungleich grössere Flächen ein und verbrauchen wesentlich mehr an Ressourcen, sondern die umgebende Landschaft wird durch intensive Landwirtschaft kaum weniger belastet als Flächen der Stadt.

Deshalb besteht die Forderung: Hereinziehen artenreichen natürlichen Grüns in die Stadt und Nutzung aller dafür geeigneten Flächen: die Nutzung aller Möglichkeiten, die natürlichen Systeme zu entlasten und zu stabilisieren.

Artenreiches Grün gehört in die Stadt

In der Erhaltung und Neupflanzung von Bäumen und Sträuchern, der Einrichtung und Pflege von Grünflächen hat die Natur selbst uns ein wichtiges Hilfsmittel für die Abwehr der Umweltverschmutzung gegeben. Ihre Auswirkungen auf die Verminderung der festen und gasförmigen Verunreinigungen der Luft bis hin zur Reduzierung radioaktiver Substanzen, auf die Bindung bzw. Verarbeitung von Kohlendioxid, auf die Erzeugung von Sauerstoff, auf die Lärmminderung, auf die Temperaturerniedrigung und anderer kleinklimatischer Folgen sind heute bekannt. Durch Grünflächen, wozu alle bewachsenen privaten wie öffentlichen und bebauten, nicht unmittelbar der landwirtschaftlichen Nutzung dienenden Flächen verstanden werden, wird das gestörte Stadtklima auf Normalwerte zurückgeführt. (Siehe Abb. 5)

Das Stadtklima hat durch die grossen Menschenballungen eine Denaturierung erfahren. Die Beeinflussung durch den Menschen erstreckt sich auf den zwei Meter hohen Luftraum über dem Grund, dessen Klima man Mikroklima nennt sowie auf die unmittelbar anschliessende Zone, die durch Höhenausmasse der Häuser bestimmt wird; hier herrscht das Mesoklima. Mikro- und Mesoklima als Lebensbereichsklima des Menschen unterscheiden sich wesentlich vom Klima und Wettergeschehen in ein Kilometer Höhe. Mit der zunehmenden Bebauung hat sich das Stadtklima gebildet, das man fühlen, riechen und schmecken kann, das jedoch nur von wenigen Stadtplanern in der notwendigen Weise berücksichtigt wird. Das denaturierte Stadtklima ist im Vergleich zu dem Klima auf dem Lande umsomehr verändert, je größer die Stadt ist.

Abb. 5

Wohnumfeldverbesserung durch Grünflächen
1 = Sonneneinstrahlung
2 = Erhitzung durch Asphalt und Hauswände
3 = Grünflächen regenerieren das Stadtklima
4 = Temperaturmäßigung
5 = verminderte Überhitzung
6 = bessere Luft
7 = weniger Staub und Schadstoffe
8 = Lebensraum für Tiere und Pflanzen
9 = Erholungsraum für Menschen

Fig. 5

Improvement of residential environment by means of green areas
1 = sunshine
2 = warmth from asphalt and house walls
3 = green areas regenerate town climate
4 = temperature moderation
5 = reduced overheating
6 = better air
7 = less dust and toxics
8 = biotope for plants and animals
9 = recreation area for people

Amélioration du champ ambiant d'habitations par des zones vertes
1 = irradiation solaire
2 = réchauffage par l'asphalte et les murs
3 = des surfaces vertes font régénerer le climat urbain
4 = modération de la température
5 = surchauffage réduit
6 = meilleur air
7 = moins de poussières et de substances nocives
8 = biotope pour animaux et plantes
9 = zone de récréation pour l'homme

Mejora del entorno habitacional mediante espacios verdes
1 = incidencia de la radiación solar
2 = calentamiento por el asfalto y las paredes de las casas
3 = los espacios verdes regeneran el clima urbano
4 = moderación de la temperatura
5 = reducción del recalentamiento
6 = mejora de la calidad del aire
7 = menos polvo y materias contaminantes
8 = hábitat para animales y plantas
9 = espacio de recreación para el ser humano

Je höher und dichter die Bebauung ist, umsomehr steigen die Temperaturen. Besonders stark erhitzen sich baumlose, breite Strassen, wobei die Überwärmung besonders an windstillen Tagen bemerkbar wird.

Die Überwärmung der Stadtluft kann nur durch grossflächige Grünanlagen gemindert werden. Dabei wächst die temperatursenkende Wirkung mit der Grösse der mit Pflanzen bewachsenen Fläche, aber auch mit dem Blattflächenvolumen. Als höchste Temperaturerniedrigung wurden bei einer nur 50 bis 100 Meter breiten Grünfläche 3,5 Grad C. gemessen, was einer Höherlegung des Messortes um 700 Meter entspricht (nach Bernatzky).

Grünflächen können auch die Luftverunreinigungen, die anfangs des Kapitels schon besprochen wurden, stark beeinflussen, indem in die Grünflächen eingewehter Staub vom Blattwerk festgehalten wird. Legt man ein System von dichten und durchblasbaren Schutzpflanzungen an, so kann man eine relative Säuberung der Luft erreichen. Hierzu einige Messwerte aus Frankfurt: Am Hauptbahnhof wurden morgens 16.830 Teilchen pro Liter Luft gemessen. Die Messwerte im Park betrugen zu gleicher Zeit nur 3.260 Teilchen pro Liter Luft. Auf einer baumfreien Strasse wurden morgens 12.880 Teilchen pro Liter Luft registriert und auf einer baumbestandenen Strasse nur 3.870 Teilchen pro Liter Luft. (Siehe Abb. 6)

Was den Grünflächenbedarf der Bevölkerung anbelangt, so sind nach den Ergebnissen der Pflanzenphysiologie 150 Quadratmeter Blattoberfläche von Bäumen, Sträuchern, Gräsern oder sonstigen Pflanzen erforderlich, um, den winterlichen Ausfall der Vegetation in der Sauerstoffproduktion bereits einschliessend, den Sauerstoffbedarf eines Menschen pro Jahr zu dekken. Bäume besitzen die grösste Leistung, bezogen auf die Grösse der Standfläche, Sträucher und kleinere

Abb. 6 Fig. 6

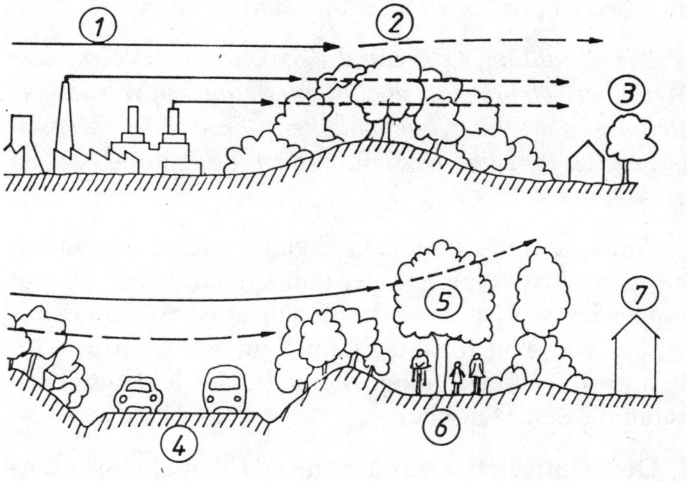

Staubfilterung durch Hecken und Büsche
1 = Gewerbe 2 = Bäume 3 = Wohnen 4 = Straße
5 = Bäume 6 = Rad- und Fußweg 7 = Wohnen

Dust filtering by shrubs and bushes
1 = industry 2 = trees 3 = residential area = street
5 = trees 6 = bicycle and footpath 7 = residential area

Filtrage des poussières par les haies et les arbustes
1 = industrie 2 = arbres 3 = habitations 4 = rue 5 = arbres 6 = chemin pour cyclites et piétons 7 = habitations

Filtración de polvo por setos y arbustos
1 = zona industrial y comercial 2 = árboles 3 = área residencial 4 = calle 5 = árboles 6 = camino para ciclistas y peatones 7 = área residencial

Pflanzen entsprechend weniger. Ebenfalls nach den Erkenntnissen der Pflanzenphysiologie wären 30 bis 40 Quadratmeter Grünfläche erforderlich, um den Sauerstoffbedarf pro Einwohner und Jahr sicherzustellen.

Die Erhaltung, Pflege und Vermehrung des Grüns im Wohnbereich bedeutet die Offenhaltung und Wiederherstellung der Naturmöglichkeiten, deren der Mensch unbedingt für seine Existenz bedarf, um gesund bleiben zu können.

Auf einem in London 1962 gehaltenen Symposium, an dem 27 Nobelpreisträger teilnahmen, wurde darauf hingewiesen, dass nicht das Ernährungsproblem in der westlichen Welt für die Zukunft im Vordergrund stehen werde, sondern möglicherweise der fehlende Freiraum für den Menschen.

Den heutigen Erkenntnissen und Erfordernissen entsprechend ist eine Rangordnung der Ziele neu festzulegen, die gewährleistet, dass ökonomische und ökologische Belange gleichrangig berücksichtigt werden und im Zweifelsfall die Entscheidung zugunsten einer langfristigen Vorsorge für die natürliche Umwelt, als Lebensraum des Menschen getroffen wird.

2. Ecological Project Planning

Summary

The so-called conventional architecture was concerned primarily with the object and less with human beings. Up to now economic and technological aspects were given preference for the sake of economic growth whereby the burden caused to the environment was ignored.

The main environmental problems in the communities and towns are: extensive health hazards due to air and noise pollution, loss of green areas and biotopes, pollution of soil and water, waste of energy, pollution of town climate, insufficient open areas for the population (see fig.3).

Building ecology is not a part of an alternative environmental ideology, but a programme for perception, development and conservation of our natural resources. Architecture should be in tune with the natural and social requirements of man and facilitate his maximum well-being.

The first bio-solar settlement of apartment buildings »Schafbrühl« in Tübingen, built by the Karlsruher Lebensversicherung (Karlsruher Life Assurance) is a pilot project in biological and ecological planning. The bio-solar concept includes the following (see fig. 4): nine houses were laid out in the form of a residential park. An organic-natural overall design with flowing transitions to the environment was achieved. On the north side of the houses, low-hanging roofs, storage and recreation rooms along with evergreen facade plants form protective buffer zones. Winter gardens on the sunny side contribute by passive exploitation of solar energy in accordance with the glass house principle to relieve the active energy system to a minimum.

Careful consideration was given to non-toxic and diffusive qualities in the selection of the building materials used. The building materials were not sealed.

The intention is to create a garden city atmosphere in the residential parks. The element water plays an important role in creating this atmosphere.

Through the preservation and replanting of trees and bushes and the laying out and care of green areas, nature itself has provided man with an important aid against pollution. The town climate is returned to normal values by means of green areas (see fig.5).

Overheating of town air can only be reduced by means of extensive green areas. A maximum temperature reduction of 3,5°C was measured at a green area of only 50–100 metres wide. This corresponds to a raising of the measuring point by 700 metres. Green areas also have considerable influence on air pollution as the leaves act as a dust filter (see. fig. 6).

The preservation, care and increase of green in the residential area means an opening and revival of natural possibilities which are essential to man to remain healthy.

2. Planification de l'écoconstruction

Résumé

L'architecture appelée conventionelle s'est jusqu'à maintenant concentrée d'avantage sur les objets que sur les hommes. Jusqu'à présent la priorité a en effet été donnée aux aspects économiques et technologiques au dépens de l'environnement, ayant pour but la croissance économique.

Dans les communes et dans les villes les problèmes d'environnement les plus importants sont les suivants: une pollution importante et la menace que représentent la pollution atmosphérique et la nuisance acoustique pour la santé, diminution des espaces verts et des biotopes, la sollicitation à laquelle sont soumis le sol et les eaux, le gaspillage de l' énergie, les sollicitations pesant sur le climat atmosphérique de la ville et une offre insuffisante d'espace libre pour la population (cf. fig. 3).

L'écoconstruction ne fait pas partie d'une idéologie alternative de la nature mais il s'agit plutôt ici d'un programme dont le but est de connaître, de développer et de préserver notre base naturelle. ll convient de coordonner aux besoins naturels et sociaux de l'homme, elle doit de plus assurer un sentiment de bien-être maximum. La société d'assurances »Karlsruher Lebensversicherung« a réalisé, à titre de projet-pilote, la planification biologique et écologique ainsi que la construction de la première cité biosolaire dans le cadre de la construction de logements locatifs »Cité Schafbrühl« à Tübingen. Le projet biosolaire comprend, entre autres: (cf. fig. 4) la disposition de neuf maisons dans le cadre de bâtiments residentiels. Une réalisation globale bien intégrée dans la nature a ainsi été obtenue. Des zones tampons ont été formées sur le côté nord des maisons à l'aide de toits surbaissés, ainsi qu'à l'aide de garde-manger, de pièces utilitaires et de façades fleuries toute l'année. Des jardins d'hiver sur le côté soleil permettent, d'après le principe des serres, et grâce à l'exploitation passive de l'énergie solaire, de diminuer au maximum l'utilisation du système d'énergie active. Quant aux matériaux de construction, on a veillé à ce qu' ils soient exempts de toute substance nocive et à ce qu'ils aient une excellente diffusion.

Les matériaux de construction n'ont pas été scellés. Une ambiance de cité-jardin sera créée dans les forums. L'eau, cet élément vital, y revêt une grande importance. La nature elle-même a donné à l'homme un moyen de défense contre la pollution de l'environnement grâce à la préservation et à la nouvelle plantation d'arbres et d'arbustes et grâce à la création et à l'entretien d'espaces verts.

Les espaces verts permettent au climat urbain perturbé de revenir à des valeurs nomales (cf. fig. 5).

Une augmentation excessive des températures atmosphériques urbaines ne peut être évitée qu'à l'aide de vastes espaces verts. La réduction maximale obtenue pour un espace vert de 50 à 100 m de largeur, se situe à 3,5° C, ce qui correspond à une élévation du lieu de mesure de 700 m. Les espaces verts ont une forte influence sur la pollution atmosphérique puisque le feuillage agit comme un filtre sur les poussières (cf. fig. 6). La préservation, l' entretien et la multiplication des plantes au sein de la zone d'habitation assurent la préservation et la sauvegarde des fonctions de la nature indispensables à l'homme.

2. El diseño ecologico de las construcciones

Síntesis

La llamada arquitectura convencional se interesa más por el objeto que por el ser humano. Hasta la fecha, casi siempre respondió a criterios económicos y tecnológicos, sin reparar en la contaminación ambiental, que quedaba supeditada a la meta del crecimiento económico.

Los principales problemas ecológicos que se registran en los municipios y cuidades son: elevadas cargas ecológicas y riesgos para la salud derivados de la polución del aire y de la contaminación acústica, pérdida de espacios verdes y biotopos, alteración del balance del suelo y del balance hídrico, derroche de energía, alteración del clima urbano, insuficiente disponibilidad de espacios libres para la población. (Fig. 3).

La ecoconstrucción no es parte de una ideología ambientalista alternativa, sino un programa destinado a la vivencia, al desarrollo y a la conservación de nuestras bases naturales. La arquitectura deberá considerar las necesidades naturales y sociales del ser humano y posibilitar el mayor bienestar posible.

Un proyecto piloto en el marco de la arquitectura biológica y ecológica es el primer barrio biosolar »Schafbrühl«, un complejo habitacional de alquiler, construido por la Karlsruher Lebensversicherung en Tubinga. El concepto biosolar comprende, entre otros: nueve casas, dispuestas en el marco de un parque residencial (Fig. 4). Se logró una configuración global orgánico-viviente con un pasaje gradual a la naturaleza. En la fachada norte de las casas se forman zonas tampón de protección mediante la incorporación de tejados a dos aguas, en este caso, asimétricos tipo alpino, despensas y recintos funcionales, así como el revestimiento de los muros con plantas de hojas perennes. Los jardines de invierno ubicados del lado del mediodía, al funcionar según el principio de un invernadero, contribuyen a reducir a un mínimo la carga del sistema energético activo gracias al aprovechamiento pasivo de la energía solar.

Los materiales de construcción utilizados fueron seleccionados rigurosamente, según sus propiedades de difusión y observándose que no contuvieran materias contaminantes. No fueron sellados.

En los parques residenciales se prevé la creación de un ambiente similar al de las ciudades jardín. El elemento vital 'agua' reviste una especial importancia para lograr este objetivo.

La naturaleza misma le propociona al hombre un instrumento importante para defenderse contra la contaminación ambiental; dicho instrumento consiste en la conservación y replantación de árboles y arbustos, así como en el establecimiento y el cuidado de espacios verdes. Gracias a los espacios verdes, el clima urbano perturbado nuevamente presenta valores normales. (Fig.5).

El recalentamiento del aire ambiente urbano sólo podrá ser reducido mediante el establecimiento de grandes zonas parquizadas. La mayor reducción de temperatura medida hasta la fecha, en un espacio verde de sólo 50 a 100 metros de ancho, es de 3,5° C. Este valor correspondería a una elevación en 700 metros del punto de medición. Los espacios verdes asimismo tienen un gran impacto sobre la contaminación del aire, pues permiten la filtración del polvo transportado por el viento hasta el follaje.(Fig.6).

Conservar, cuidar y multiplicar las áreas verdes en el ámbito residencial significa preservar y restituir el entorno natural, siendo éste un prerrequisito fundamental para que el hombre pueda conservar su salud.

3. Bauplatzwahl aus ökologischer Sicht

In früherer Zeit wählten die Menschen den Platz, auf dem sie ihr Haus oder ihre Stadt bauen wollten, sehr sorgfältig aus. Das Phänomen einer natürlichen Strahlungsumwelt war beinahe allen Kulturen bekannt.

Aus China sind uns aus dem 2. Jahrtausend vor Christus Gesetze überliefert, die den Bau von Häusern auf gestörten Standorten untersagten. Auch mussten dort die Häuser entsprechend dem erdmagnetischen Feld orientiert werden .

Ein Blick in die Natur lässt uns Zusammenhänge zwischen geobiologischen Strahlungsphänomenen und biologischen Wirkungen erkennen.

Die natürliche Umgebungsstrahlung

Tag und Nacht erreicht uns eine Strahlung aus dem Kosmos, ebenso eine Strahlung aus dem Erdinnern.

Die Wärmestrahlung der Erde entsteht beim radioaktiven Zerfall von Bodenmolekülen in der Erdkruste und wird als Neutronenstrahlung teilweise in Infrarot- und Mikrowellenstrahlung umgewandelt, wobei sie als solche aus dem Boden austritt. Diese Strahlung ist ohne weiteres im Infrarotbereich technisch messbar.

Mikrowellenstrahlung gehorcht entsprechend ihrem Charakter als elektromagnetische Strahlung optischen Gesetzen wie das sichtbare Licht, sie hat nur andere Wellenlängen.

Wirken die Wellenstrahlung aus dem Kosmos und die aus der Erde zusammen, so ergibt sich durch strahlenoptische Resonanzen und Interferenzen das bestimmte Strahlungsfeld unseres Lebensraumes. Dieses Strahlungsfeld durchdringt im grösseren oder kleineren Ausmass jegliche Materie, einschliesslich der Zellen von Pflanzen, Tieren und Menschen. Es ist mitbestimmend für die biologischen Prozesse.

Elektromagnetische Strahlung, vor allem die des Mikrowellenbereichs wirkt auf die elektrischen Eigenheiten biologischer Moleküle ein. Bereits das Wasser, ein Hauptbestandteil organischer Zellen, wird mit der Frequenz einer Mikrowellenstrahlung rein physikalisch entscheidend verändert. Nach den in der UdSSR veröffentlichten Arbeiten von Presmann sind Mikrowellen für die Informationsübertragung zwischen Zellen verantwortlich. Das natürliche Strahlungsfeld kann jedoch durch unterirdische Wasserbewegungen oder geologische Brüche gestört sein.

Das gestörte Strahlungsfeld

Wenn sich im Boden fliessendes Wasser durch die Poren des Gesteins hindurchzwängt, bilden sich Wirbel aus, und es entsteht ein unregelmässiges Pulsieren. *Das im Boden sich bewegende Wasser erzeugt einen sogenannten Strömungsstrom mit elektrischen und magnetischen Feldern.* Es kommt zu einer positiven Ladung der Wassermoleküle und zur Ausbildung eines flussaufwärts gerichteten elektrischen Feldes. *Dieses elektromagnetische Feld rings um die Wasserader bewirkt eine Ablenkung und Bündelung des aus den tiefen Schichten der Erde kommenden »Neutronenstroms«. Die elektro-*

magnetische Strahlung tritt dabei nicht mehr gleichmässig, sondern gequantelt auf, d.h. sie zeigt sich mit hochfrequenten Bündeln oder Streifen. Mikrowellen können gebündelt über grosse Strecken gesendet werden und durchdringen auch Wände.

Senkrecht über einem Grundwasserlauf entsprechend der Breite ergibt sich ein Hauptstörstreifen, der an den Rändern hochwirksam ist, und daneben Seitenstreifen je nach der Tiefe des Grundwasserlaufs. (Siehe Abb.7)

Man nennt diese Zonen geopathogene Zonen (aus dem Griechischen abgeleitet von geo = Erde und pathogen = krankheitserregend). *Eine so veränderte Mikrowellenstrahlung, also eine unphysiologisch gequantelte Strahlung mit erhöhter Intensität kann auf die innere Steuerung der Lebensvorgänge bei Pflanzen und Menschen störend einwirken.*

Auswirkungen der Reizzonen auf Pflanzen und Tiere

Deutlich drücken sich Störfelder bei Bäumen und Sträuchern als für lange Zeit ortsgebundenen Organismen aus. Die vom Wasserlauf abgestrahlten elektromagnetischen Schwingungen zeigen bei Bäumen auffallend starke Wassertriebe, einen Geilwuchs des Holzes, das kein Fruchtholz ist. Zum Teil sieht man auch Schrägwuchs, eine sogenannte Galvanotaxis, bei dem sich die Bäume, vor allem Apfel- und Birnbäume in Richtung zur Quelle des unterirdischen Wasserlaufs, also entgegen der Strömung, neigen.

Auch können Bäume zwieseln oder Mehrfachstämme bilden. Es handelt sich hier um ein an und für sich normales Wachstum, das lediglich in seiner Richtung beeinflusst wird, weil das erdmagnetische Feld an dieser Stelle zerrissen ist. Auch Drehwuchs ist zu sehen, wobei es sich hier um Einflüsse des erdmagneti-

Abb. 7 Fig. 7

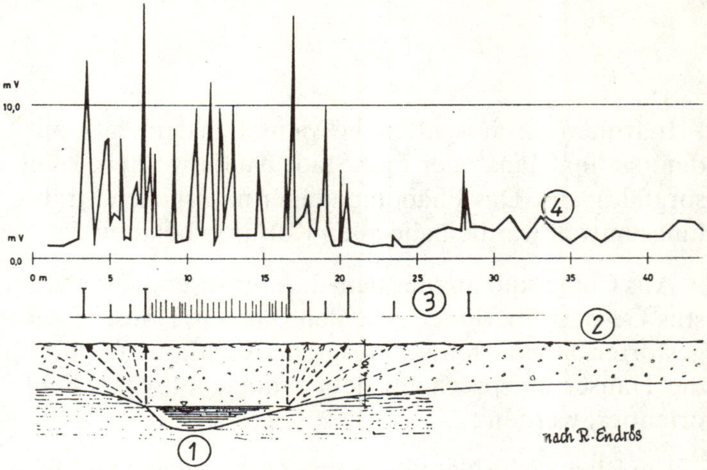

Geopathogene Zone
1 = Grundwasserlauf 2 = Geländeoberfläche 3 = Rutenreaktionen 4 = Elektrische Potentialdifferenzen

Geopathogeneous Zone
1 = ground water current 2 = terrestrial surface 3 = divining rod reactions 4 = electrical potential differences

Zone géopathogène
1 = courant d'eau souterraine 2 = surface du terrain 3 = réactions de la baguette 4 = différences des potentiels électriques

Zona geopatógena
1 = curso subterráneo de agua 2 = superficie del terreno
3 = reacciones de la varilla adivinatoria 4 = diferencias de potencial eléctrico

Abb. 8 Fig. 8

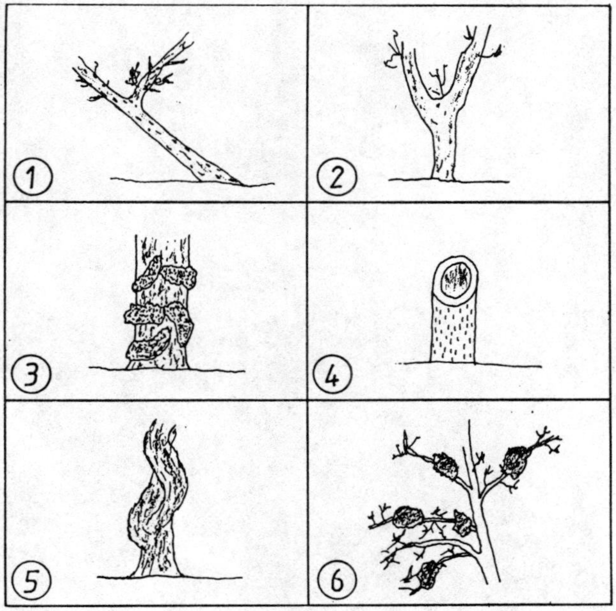

Auswirkungen von Bodenreizzonen auf Bäume:
1 = Galvanotaxis 2 = Zwieselbildung 3 = Baumkrebs 4 = Kernfauler Baum 5 = Drehwuchs 6 = Hexenbesen

Effects of ground irritation zones on trees:
1 = galvanotaxis 2 = bifurcation 3 = tree cancer 4 = heart rot 5 = twisted growth 6 = witches' broom

L'effet des zones de perturbation du sol sur les arbres:
1 = galvanotaxie 2 = formation de bifurcations pathologiques 3 = cancer d'arbre 4 = necrose du cœer du bois 5 = forme de croissance tournante 6 = balai de sorciére

Efectos de las zonas geopatógenas sobre los árboles:
1 = galvanotaxia 2 = formación de bifurcaciones patológicas 3 = cáncer 4 = necrosis de la médula del tronco 5 = crecimiento helicoidal 6 = escoba de bruja

schen Feldes auf das Plasma der Bäume handelt. Es gibt rechtsdrehende und linksdrehende Bäume.

Die markanteste Auswirkung der Bodenausstrahlung ist die Krebsbildung an Bäumen aller Art. Der Botaniker Prof. Nultsch (Marburg) erklärt dies so, dass bei diesen Bäumen die Ladung der Zellen gestört sei. Die Zellen würden depolarisiert und entzögen sich der korrelativen Steuerung. (Hier wäre auch ein Hinweis für die Human-Krebsforscher.)

Es gibt bei den Bäumen wie auch bei den Tieren sogenannte Strahlenflüchter und Strahlensucher. Strahlenflüchter bei den Bäumen sind z.B. Apfel-, Birn- und Nussbäume, Buchen und Linden; Strahlensucher sind z.B. Kirsch-, Pflaumen,- Mirabellen- und Pfirsichbäume, Holunder, Eichen, Fichten, Tannen und Lärchen. Beim Wildwuchs der Pflanzen ist es so, dass der Samen meist ohnehin nur auf dem für ihn geeigneten Platz aufgeht. Bei der Pflanzung durch Menschen weichen die Pflanzen aus durch schiefes Wachstum oder, wo das nicht möglich ist, werden sie krank. (Siehe Abb. 8)

Reizzonen können auch bei Tieren schädlich werden. Es zeigen sich bei ihnen u.a. geringe Milch- und Eiererträge, struppiges Fell, Abmagerung, Appetitlosigkeit, Sterilität, Gelenkrheumatismus, Krämpfe, Lähmungen, perniziöse Anämie bei Pferden und Erblindungen, Kälberruhr.

Wenn wir diese Beobachtungen bei Bäumen und Tieren machen, können wir auch Rückschlüsse für den Menschen ziehen.

Auswirkungen der Reizzonen auf den Menschen

Wirkt eine unphysiologische, gequantelte Strahlung auf den menschlichen Körper ein, so werden wie bei

Krebsbäume bei Schleißheim

Cancer trees near Schleissheim

Arbres, souffrant de cancer près de Schleißheim

Arboles afectados de cancro cerca de Schleißheim

einer Streßsituation von den Drüsen Hormone ins Blut ausgeschüttet. Es kommt zu einer erhöhten Aktivität der Drüsen, vor allem der Nebennieren und der Schilddrüse. Durch die gesteigerte Hormonproduktion läuft der menschliche Motor auf Hochtouren und wird mit der Zeit erschöpft, und die Widerstandskräfte erlahmen.

Der österreichische Arzt univ. med. Dr. Lothar R. v. Kolitscher sagt, daß durch starke Störzoneneinflüsse die Abwehrkraft des Menschen geschwächt wird und mit der Zeit jede Krankheit aufkommen kann.

Durch wissenschaftliche Arbeiten, besonders von Dr. Hartmann, Eberbach, wurden Fälle von Krebserkrankung in Zusammenhang mit gestörten Schlafplätzen bekannt. Einen umfangreichen Nachweis erbrachte schon 1929 Gustav Freiherr von Pohl mit der Wünschelrute. Die Störzonen der niederbayrischen Stadt Vilsbiburg wurden in einen Stadtplan eingetragen und unabhängig davon wurde von amtlicher Seite festgestellt, wo Krebsfälle aufgetreten waren. In einem amtlichen Protokoll gab es eine Übereinstimmung der Krebstodfälle mit den von Freiherr von Pohl eingezeichneten unterirdischen Wasserläufen.

1972 erbrachte Stängle mit einem Szintillationszähler, bei dem als Szintillator Natriumjodid verwendet wurde, welches allgemein zum Nachweis von Gammastrahlen bevorzugt wird, den Beweis, daß alle Stellen, die von Freiherr von Pohl mit der Wünschelrute gefunden wurden, *erhöhte Reizstreifen aufwiesen mit einer mehr als doppelt so großen Strahlungsintensität als über den angrenzenden Stellen.* So konnte er den Beweis für die erbringen, denen die Wünschelrute noch als wissenschaftlich zweifelhaft gilt.

Das Badische Statistische Landesamt hatte 55.000 Krebstodesfälle im Hinblick auf eventuelle Ursachen im Boden untersuchen lassen. In 78 Prozent der Fälle war in den Häusern Schimmel vorgefunden worden.

Aus amerikanischen und englischen Forschungen ist bekannt, daß auch der Schimmel durchaus bei der Krebsentstehung nicht ganz unbeteiligt ist. Der Schimmel braucht gewisse elektrische Verhältnisse, also einen bestimmten pH-Wert im Wasserdampf der Luft oder in den Lösungen, um aktiviert zu werden. *Jeder Schimmelgeruch in einem Haus ist auch ein Hinweis für eine Strahlenbelastung.*

Nach Dr. Werner Kaufmann, Giessen, können auch durch elektrische Ladungsstörungen Bandscheiben austrocknen. Eine Bandscheibe besteht aus Eiweiß, Wasser und Ladung, ist also ein Gel. Dieses Gel kann durch die Ladungsstörung austrocknen und auf die Nervenausgänge drücken. Wenn die Menschen von den Störzonen heruntergehen, kann das Gel durch Aufladung wieder aufquellen.

Geologische Brüche und Verwerfungen

Unter einem geologischen Bruch versteht man die Zerlegung einer Gesteinsmasse in zwei voneinander durch eine Kluftfläche getrennte Teile. Werden die Bruchflächen gegeneinander verschoben, so spricht man von einer Verwerfung.

In manchen Gegenden Deutschlands, z.B. im Schwarzwald, in der Schwäbischen Alb und im Saarland treten vermehrt Brüche, Verwerfungen oder Querverschiebungen in der Erdrinde auf.

An den Verschiebungsstellen tritt eine stärkere Grundstrahlung aus. Es zeigt sich auch eine starke Erhöhung der Intensität des Magnetfeldes. Die Zunahme der Strahlung bei einem Bruch rührt offenbar vom Absatz radioaktiver Mineralien in Quellen oder Grundwasser

Abb. 9 Fig. 9

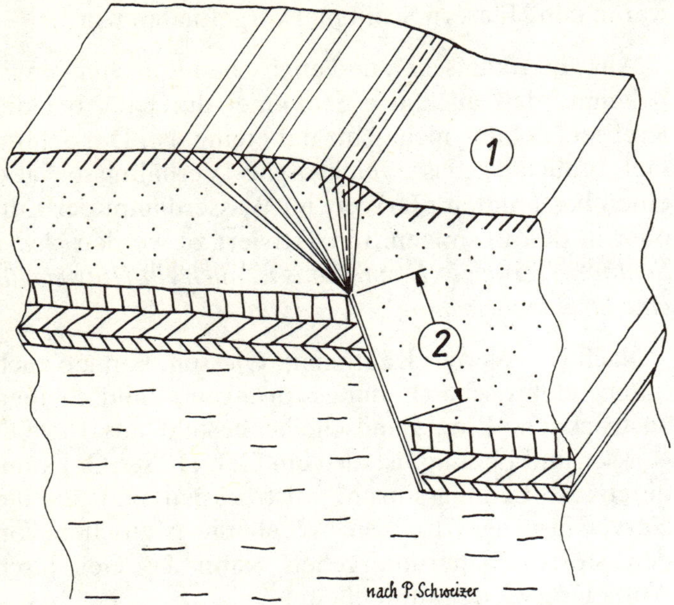

Spektroide einer geologischen Verwerfung (schematisch)

1 = Erdoberfläche mit unsymmetrisch auftretenden, die Verwerfung kennzeichnenden Reaktionsstreifen

2 = Sprunghöhe, welche die gegeneinander verschobenen, ursprünglich miteinander verbundenen Gesteinsschichten kennzeichnet.

Spectroid of a geological fault (schematic)

1 = surface of the earth with unsymmetrical reaction strips identifying the fault

2 = throw of the stone layers which were originally connected

Spectroïde d'un rejet géologique (schéma)

1 = surface terrestre avec des bandes de reaction qui caractérisent le rejet géologique

2 = hauteur du rejet caractérisant les bancs de stériles qui étaient originalement homogènes et qui ont subis le rejet

Espectroide de una falla geológica (esquemático)

1 = Superficie terrestre con franjas de reacción asimétricas, indicando la existencia de una falla

2 = Salto, es decir el desplazamiento vertical de una parte respecto de la otra, identificándose los estratos de roca originalmente unidos entre sí

her, aber auch von der Migration radioaktiver Gase, welche in geologischen Klüften zur Erdoberfläche aufsteigen. (Siehe Abb. 9)

Neueste Messergebnisse

Bis jetzt wurden Störzonen meist subjektiv durch die Wünschelrute nachgewiesen, *doch die Bauökologie fordert den Einbezug objektiver Messungen.* Der Autor bemühte sich in etwa 20jähriger Strahlen- und speziell Mikrowellenforschung um eine Versachlichung des Problems. In letzter Zeit konnte er verschiedene schwer gestörte Standorte mit neuen, jederzeit nachvollziehbaren Messmethoden nachweisen. (Siehe Abb. 10)

So ist man z.B. durch ein geophysikalisches Messgerät, das sogenannte Geo-Magnetometer in der Lage, *messtechnisch zu beweisen, daß über einer Störzone Änderungen der Intensität der Magnetfeldstärke und*

Abb. 10 Fig. 10

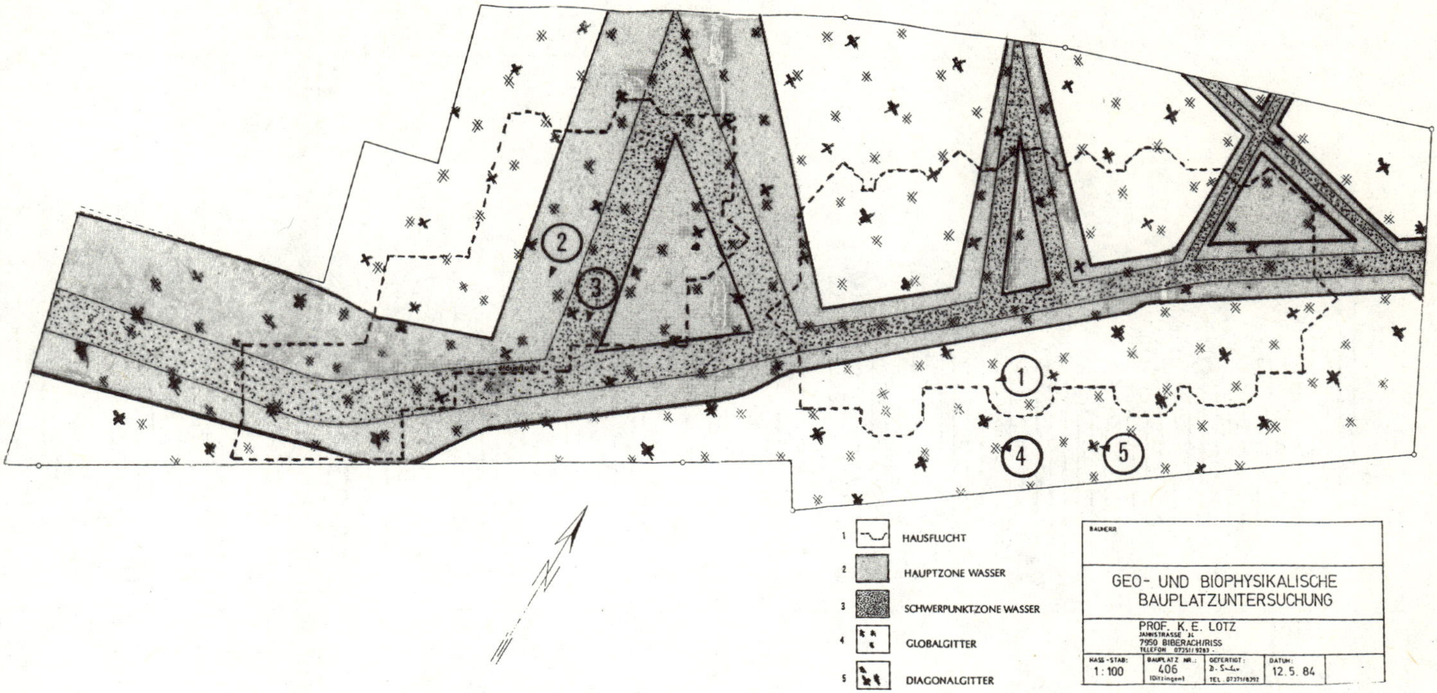

Geo- und biophysikalische Bauplatzuntersuchung auf Bodenstörzonen
1 = Hausflucht 2 = Hauptzone von Grundwasser 3 = Schwerpunktzone von Grundwasser 4 = Diagonalgitter (Kreuzungspunkte) 5 = Globalgitter (Kreuzungspunkte)

Geo- and biophysical site inspection on ground fault zones
1 = buildings 2 = main zone of ground water 3 = centre of gravity zone of ground water 4 = diagonal grid (junction points) 5 = global grid (junction points)

Analyse géophysique et biophysique du terrain à bâtir concernant des zones de perturbation du sol
1 = maisons 2 = zone principale d'eau souterraine 3 = zone barycentrique d'eau souterraine 4 = réseau diagonal (points d'intersection) 5 = réseau global (points d'intersection)

Examen geofísico y biofísico del terreno de construcción a fin de determinar las zonas geopatógenas
1 = edificaciones 2 = principal zona de incidencia de las aguas subterráneas 3 = zona de mayor incidencia de las aguas subterráneas 4 = retículo diagonal (puntos de intersección) 5 = retículo global (puntos de intersección)

Abb. 11 Fig. 11

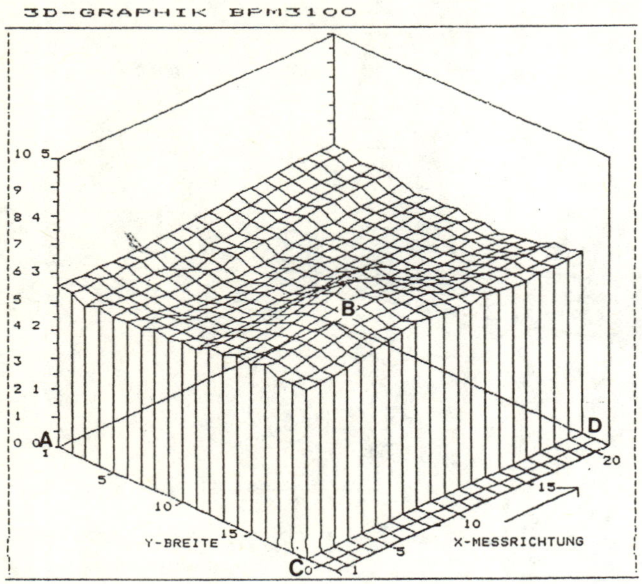

Abb. 12 Fig. 12

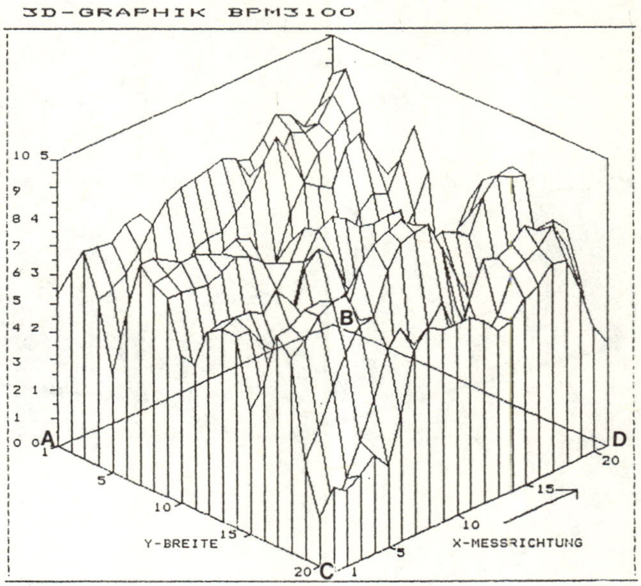

Messung mit dem Geomagnetometer:
Geringe Erdmagnetfeldanomalien zeigen niedrige Intensitäten von Bodenstörzonen an.

Measuring with the geomagnetometer
Small anomalies in the earth's magnetic field indicate low intensities of ground fault zones

Mesurage à l'aide du géomagnétomètre:
De faibles anomalies dans le champ géomagnétique montrent de faibles intensités des zones de perturbation du sol

Medición con el geomagnetómetro:
Anomalías reducidas del campo magnético terrestre indican una reducida intensidad de las zonas geopatógenas.

Messung mit dem Geomagnetometer:
Starke Erdmagnetfeldanomalien zeigen hohe Intensitäten von Bodenstörzonen an.

Measurements with the geomagnetometer
strong anomalies in the earth's magnetic field indicate high intensities of ground fault zones

Mesurage à l'aide du géomagnétomètre:
De fortes anomalies dans le champ géomagnétique montrent de fortes intensités des zones de perturbation du sol

Medición con el geomagnetómetro:
Anomalías pronunciadas del campo magnético terrestre indican zonas geopatógenas de gran intensidad.

somit Anomalien des Erdmagnetfeldes auftreten. Starke Abweichungen gegenüber dem normalen Erdmagnetfeld konnten gemessen werden. (Siehe Abb. 11 und 12)

Anomalien des Erdmagnetfeldes gehen nach Untersuchungen in den USA immer mit einer erhöhten radioaktiven kosmischen Einstrahlung einher.

Das natürliche Magnetfeld ist, wie schon bereits erwähnt, ein wichtiger biologischer Ordnungsfaktor. In einer Universitätsklinik in Deutschland wurde festgestellt, daß es auf Stellen mit erdmagnetischen Anomalien zu Störungen in der elektrischen Membran-Polarisation und in zelleigenen elektromagnetischen Kopplungen kommt. Ebenso kommt es zu einer Änderung der Spin-Oszillation und Protonen-Resonanz der Proteine, Moleküle, Atome und der Wasserstoff-Brückenbindungen. *Medizinisch führt dies zu Verschiebungen im Hormongleichgewicht, sowie zu Verschiebungen des pH-Milieus verbunden mit vegetativen Fehlfunktionen.* Unter anderem wurden auch Änderungen des Melatonin-Serumspiegels (Zirbeldrüsenhormon) und Aufkommen von Augenerkrankungen beobachtet. (nach Dr. Kunibert Krause, Univ. Augenklinik, Münster)

Körperwiderstandsmessungen

Es können auch auf einer Reizzone an Testpersonen Körperwiderstandsmessungen mit einem Ohmmeter vorgenommen werden. Die Testperson muß sich mindestens 15 Minuten vor Beginn auf der Meßstelle eingewöhnt haben. (nach Dr. Hartmann)

Der Körperwiderstand der Messperson steigt auf einer Störzone merklich an. Misst man den Widerstand eines Kranken, so stellt man fest, daß dessen Wert weit über dem Normalwert liegt. Daraus läßt sich schließen, daß eine Erhöhung des Körperwiderstandes ein Anzeichen für einen krankhaften Zustand ist. Störzonen bewirken eine Erhöhung des Körperwiderstandes und verursachen somit einen Zustand, der dem einer Erkrankung ähnlich ist. Entfernt sich die Messperson von der Störstelle, so sinkt der Widerstand wieder auf den Normalwert ab. *Bei längerer Beeinflussung durch Störzonen, besonders am Schlafplatz, sinkt der Wert jedoch nicht mehr ab, und es kommt zu schweren Erkrankungen.*

Das Global- und Diagonalnetzgitter

Bei den bis jetzt erwähnten Störzonen handelt es sich nicht nur um die Auswirkungen unterirdischer Wasseradern, also um terrestrische Reizstreifen, sondern auch noch um ein System von regelmäßig sich wiederholenden atmosphärischen Reizstreifen, um das sogenannte Global- und Diagonalnetzgitter. (nach Dr. Hartmann und Dr. Curry)

Das Netzgitter mit seinen Linien, Zonen und Kreuzungen war früheren Völkern (Ägypter, Kreter, Griechen, Römer, Kelten) bekannt. Sie richteten ihre Bauten und ihre kultischen Heiligtümer und Altäre nach diesen Nord-Süd beziehungsweise Ost-West und diagonal dazu verlaufenden Linien aus. (Siehe Abb. 13)

Ein vollständiges Netzgitter mit den Netzgitterzonen und dem Curry-Netz bilden ein über die Erdoberfläche ausgebreitetes System. Magnetische Netzgitter sind in ca. 20 cm breiten Reizsteifen und einem rechtwinkligen Netz von 2 Metern in Nord-Südrichtung und 2.50 m in Ost-Westrichtung bei uns über dem Boden verteilt. Es breitet sich senkrecht in die Atmosphäre aus und scheint sich auch in dieser zu bilden. An den Kreuzungspunkten, wo sich die Linien dieser Strahlen schneiden, entstehen linksdrehende Tiefpunkte und rechtsdrehende Hochpunkte. Wenn man auf einem linksdrehenden Kreuzungspunkt liegt, kann man sogar

Abb. 13 Fig. 13

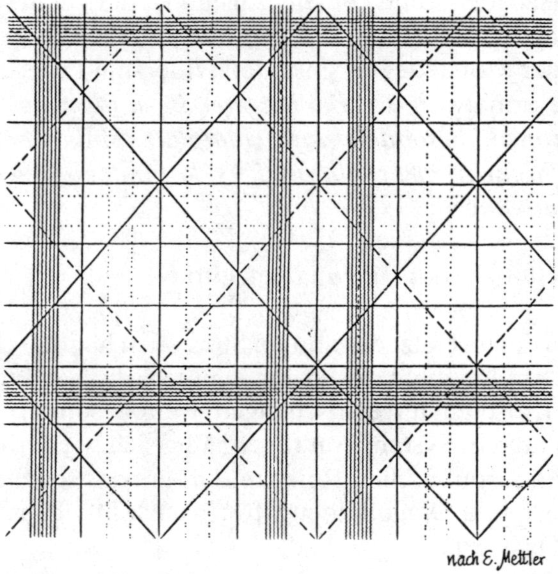

Das vollständige Netzgittersystem:
bestehend aus dem Globalnetzgitter (mit Nord-Süd- und Ost-West Orientierung),
aus dem Diagonalnetzgitter (mit Nordwest- Südost- und Nordost-Südwest-Orientierung)
sowie aus weiteren Grob- und Feingittern.
Gesundheitlich bedenklich sind insbesondere die Kreuzungspunkte, vor allem auch beim Zusammentreffen mit anderen Bodenstörzonen.

The complete network grid system
consisting of the global network grid (with north/south and east/west orientation),
and the diagonal network grid (with northwest/southeast and northeast/southwest orientation),
as well as further coarse and fine grids.
The junction points are particular dangerous to health especially when combined with other ground fault zones.

Le système complet du réseau de quadrillage,
consistant du réseau global (avec orientation nord-süd et est-ouest),
ainsi que d'autres réseaux plus gros et plus fins.
Menacents pour la santé sont surtout les points d'intersection;
spécialement, si ils s'accumulent avec d'autres zones de perturbation du sol.

El sistema reticular completo,
compuesto por el retículo global (de orientación norte-sur y este-oeste),
el retículo diagonal (de orientacińn noroeste-sudeste y noreste-sudoeste),
así como por otros retículos gruesos y finos.
Desde el punto de vista de la salud, son particularmente objetables los puntos de intersección, sobre todo al superponerse éstos con otras zonas geopatógenas.

unter der Decke frieren und es kann Bluttiefdruck auftreten. Über einer rechtsdrehenden Kreuzung kann man schwitzen und es kann Bluthochdruck auftreten. Das hängt allerdings davon ab, wie strahlenfühlig eine Person ist. Vom internationalen Forschungskreis für Geobiologie (Frankfurt) wurde das Diagonalgitter mit einem Geomagnetometer in der letzten Zeit meßtechnisch nachgewiesen.

Der Unterschied zwischen Reizzone und Gitternetzkreuzung im Bereich der Mikrowellen, nach Dr. Aschoff, besteht darin, *daß wir über der Reizzone homogene Mikrowellen, über den Gitternetzkreuzungen polarisierte rechts- oder linksdrehende Mikrowellen haben. Gemeinsam ist beiden, daß Mikrowellen, ob homogen oder polarisiert, Träger einer spezifischen Krankheitsinformation sein können.* Über Gitternetz-

Abb. 14 Fig. 14

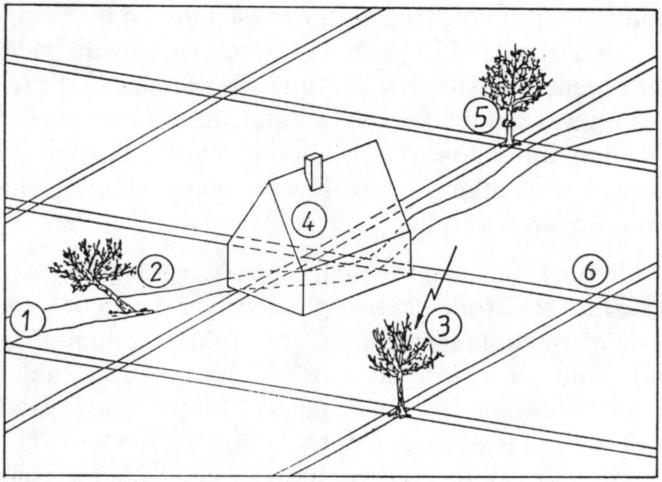

Schematische Darstellung von Bodenstörzonen und ihren Auswirkungen
1 = Projektion von fließendem Grundwasser 2 = Galvanotaxis 3 = Blitzeinschlagstelle 4 = Gestörtes Wohnhaus 5 = Baumkrebs 6 = Netzgitterkreuzung

Schematic representation of ground fault zones and their effects
1 = projection of flowing ground water 2 = galvanotaxis 3 = lightning conductor point 4 = faults in residential building 5 = tree cancer 6 = network grid junction

Dessin schématique des zones de perturbation du sol et leurs effets
1 = projection d'eau courante souterraine 2 = galvanotaxie 3 = endroit oú la foudre est tombée 4 = maison perturbée 5 = cancer d'arbre 6 = pont d'intersection du réseau

Representación esquemática de las zonas geopatógenas y los efectos de las mismas
1 = Proyección de un curso subterráneo de agua 2 = Galvanotaxia 3 = Punto de descarga de rayos 4 = Casa perturbada 5 = Arbol afectado de cancro 6 = Intersección de los retículos

kreuzungen kann als biologische Wirkung eine elektronische Wirbelbildung im Körper zustande kommen, die in der Mitte energetisch ein Null-Potential aufweist und einen elektronischen Sog bewirkt. *Kommen beide Faktoren, Reizzone und Gitternetzkreuz, zusammen, so muß man eine verstärkt krankmachende Wirkung dieser Faktoren annehmen.* (Siehe Abb. 14)

Dr. Dieter Aschoff hat nach neuesten Forschungen festgestellt, daß über Reizzonen eine Mikrowellenstrahlung existiert, die im Falle des Auftreffens auf kristalline Substanzen laserartig auf große Entfernung, auch durch Wände hindurch, menschliche Organismen pathogen beeinflussen kann.

Frau Dr. Carstens, die Gattin des früheren Bundespräsidenten, wies als Ärztin auf die absolute Notwendigkeit einer wissenschaftlichen Aufklärung der Zusammenhänge zwischen Krankheit und geopathischer Belastung hin.

Dr. med. Karl Garter, ein Wiener Arzt, unterrichtete über Versuchsreihen, die er mit Hilfe eines bioelektronischen Diagnosesystems durchführt, um gesicherte Erkenntnisse geopathischer Störzonen zu gewinnen. In letzter Konsequenz müßten die Messungen die Frage beantworten, ob Strahlungen wirksam werden, die zur Entzündung oder aber zur Degeneration führen. Hinter den beiden genannten Begriffen verbergen sich Rheumatismus, Tbc, Infekte, Gicht, Gelenkarthrose und Krebs.

Hochspannungsleitungen und Trafostationen

Außer den Bodenreizzonen, die bei einer Bauplatzwahl zu beachten sind, gibt es außerdem noch von Menschen geschaffene technische Einflüsse, die schädigend wirken können.

Abb. 15 Fig. 15

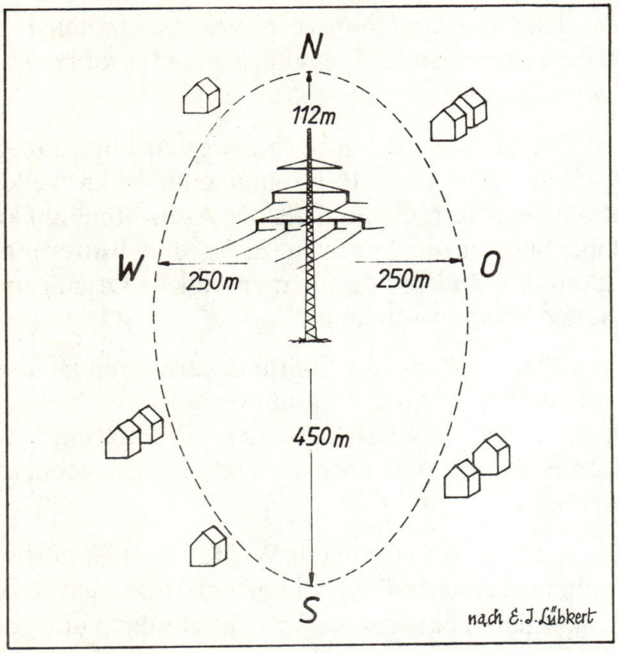

Nötiger Abstand für Wohnungen von Hochspannungsleitungen

Necessary distance of residential buildings from high tension cables.

Distance nécessaire entre les maisons/appartements et les lignes H. T.

Distancia necesaria entre una vivienda y las líneas de alta tensión

Sowjetische Wissenschaftler haben auf die Gesundheitsgefahren von Hochspannungsleitungen hingewiesen und bereits 1970 Normen für die Aufenthaltsdauer unter einer 380-400 KV-Leitung aufgestellt. So dürfen Arbeiter sich nur etwa 180 Minuten unter einer solchen Leitung aufhalten. Nach dieser Norm dürften die Anwohner entlang einer Hochspannungsleitung nur etwa 3 Stunden täglich in ihrem Haus wohnen.

Unter Hochspannungsleitungen entstehen elektrische und elektromagnetische Felder, die durch das irdische Magnetfeld nach Süden abgedrängt werden. Deshalb sollte der Abstand von Wohnungen nach Süden etwa 450 Meter, nach Norden 112 Meter, nach Osten und Westen je etwa 250 Meter betragen. Auch für Trafostationen sollte für Wohnungen ein Sicherheitsabstand gewahrt sein. (Siehe Abb. 15)

Die englische Wissenschaftlerin Frau Dr. Monroe hat zwei Jahre lang die klinischen Effekte der elektromagnetischen Felder studiert und dabei festgestellt, daß diese Felder ähnliche Symptome erzeugen können, wie sie bei Nahrungsmittel-Allergien vorkommen. Die überall gegenwärtigen elektrischen und elektromagnetischen Felder können sich für unsere biologische Synchronisation – fast alle biologischen Vorgänge im Körper sind elektrische Vorgänge – als »Sand im Getriebe« erweisen. Sie haben einen großen Anteil an der neuen Volksseuche Allergie. Über 25 Millionen Bundesbürger sind mittlerweile Allergiker geworden.

Besonders bemerkenswert ist noch eine Erfahrung aus England. Über das Dorf Fishpond wurde eine Hochspannungsleitung gezogen, und die Bewohner klagten danach über chronische Kopfschmerzen, Ohnmachtsanfälle, Erschöpfung und Depressionen. Dr. Cyril Smith von Salford-University hat gezeigt, daß der Strom unter einer Hochspannungsleitung auch dahin

Siedlung unter Hochspannungsleitung

Habitations sous ligne H.T.

Settlement and high tension cables

Barrio debajo de una línea de alta tensión

führen kann, natürliche schmerzstillende Mittel, sogenannte Endophine im Gehirn zu erzeugen. Dadurch entsteht ein Gefühl von Euphorie.

Schlußfolgerungen für die Bauplatzwahl

1. Der Baugrund sollte auf geopathogene Zonen untersucht werden, damit bei Standort und Grundriß des Hauses mit der Planung der Schlaf- und Arbeitsplätze diesen Zonen ausgewichen werden kann. Bevor man den Bauplatz kauft, sollte man sich nach Möglichkeit die Wuchsform der darauf stehenden Pflanzen ansehen.

2. Es sollen große Schlafzimmer geplant werden, um einen Schlafplatzwechsel zu ermöglichen.

3. Das Grundstück sollte sich nicht in unmittelbarer Nähe von Industriebetrieben, Werkstätten, sehr verkehrsreichen Straßen oder Flugplätzen befinden wegen Lärm- und Luftverunreinigungen. Eine Lage am Westrand eines Siedlungsgebietes, besonders in Waldnähe, ist einer Lage am Ostrand vorzuziehen.

4. Ausreichender Abstand von der Straße (Mindestabstand 6-8 Meter) sollte möglich sein. Vorsehen von Heckenpflanzen zum Schutz vor Autoabgasen. Wenn möglich sollte der Bauplatz gegenüber der Straße etwas erhöht liegen. (Siehe Abb. 6)

5. Auf die Hauptwindrichtung achten, was entscheidenden Einfluß auf das klimatische Geschehen haben kann.

6. Wegen des Einfalls des Sonnenlichtes sollte möglichst der Nordhang gemieden werden. Ein Südhang kann eventuelle Abschirmung durch Schutz- und Schattenpflanzen benötigen.

7. Sollte das Grundstück in Tal- und Muldenlagen oder in einer Flußniederung liegen, muß man mit Nebelschwaden und Rauchgasgemischen rechnen, die bei Windstille nicht abfließen. Es gibt Menschen, die diesen Klimabereich besonders meiden müssen.

8. Auf den Abstand von Hochspannungsleitungen, Trafostationen, UKW-Sendemasten und elektrischen Bahnleitungen ist zu achten.

3. Ecological Aspects of Site Selection

Summary

In former times man was very careful regarding selection of a site for a house or a town. Almost all cultures were familiar with the phenomenon of a natural environmental radiation.

At all times we are exposed to cosmic radiation and to radiation from the interior of the earth. The heat radiation from the earth is a result of radioactive disintegration of soil molecules in the earth crust and is converted as neutron radiation partly into infrared and microwave radiation and is emitted from the soil as such. Underground water currents and geological fractures can, however, interfere with the natural radiation field. The water flowing in the ground generates a so-called flow current with electric and magnetic fields. The water molecules become positively charged and an electric field in the opposite direction to the flow of water is formed. This causes a deflection and convergence of the »neutron current« coming from the earth. The electromagnetic radiation is no longer emitted regularly but quantized i. e. it appears in the form of high-frequency bundles or strips (see fig. 7).

With high intensity, this radiation can have a damaging effect on the inner regulation of biological processes in plants, animals and humans. Interference fields can be observed particularly in trees and bushes as these are permanently stationary organisms (see fig. 8).

If the human body is exposed to unphysiological, quantized radiation, increased activity of the glands which can cause conditions of exhaustion. In scientific works by Dr. Hartmann, Eberbach, a connection between cancer and disturbed sleeping places was made apparent.

An amplified ground radiation is also emitted at the displacement point of a fracture. The intensity of the magnetic field is increased.

Up to now, fault zones have mostly been subjectively proved. Building ecology, however, demands objective measuring. In around 20 years of radiation and, in particular, microwave research, the author has been concerned with an objectivization of the problem. In recent times he has been able to identify various heavily disturbed locations by means of new measuring methods which can be repeated at any time (see fig. 10).

Thus it is possible by means of a geophysical measuring device, for example, the geomagnetometer, to prove by measurement that alterations in the intensity of the magnetic field and thus anomalies in the earth's magnetic field occur over a fault zone. Large deviations could be measured (see figs. 11 and 12).

Body resistance measurements can also be carried out by means of an ohmmeter on test persons at an irritation zone. The body resistance of the test persons rises considerably at a fault zone. Apart from the fault zones caused by ground water currents and geological fractures, there is also a system of regularly occuring atmospheric irritation strips, the so-called global and diagonal network grid (Dr. Hartmann and Dr. Curry, see fig. 13). The difference between irritation zone and grid junction in the microwave range according to Dr. Aschoff, is that there are homogeneous microwaves over the irritation zone and polarized clockwise and anticlockwise rotating microwaves over the grid junctions which could act as carriers of specific illness information. If both factors are combined, one can assume a reinforced illness-causing effect of these factors (see fig. 14).

Apart from the ground irritation zones which must be considered in the selection of a building site, there are also technical influences created by man which can have a damaging effect such as high tension cables and transformer stations (see fig. 15).

The site, therefore, should be examined for geopathogeneous zones so that planning of the sleeping and working areas can be arranged accordingly. The site should be at a sufficient distance from the street and, if possible, somewhat higher. It should also be at a reasonable distance from high tension cables and transformer stations.

3. Le choix du terrain a batir sous l'aspect écologique

Autrefois, l'homme choisissait scrupuleusement l'endroit sur lequel il désirait construire sa maison ou sa ville. Presque toutes les cultures connaissaient le phénomène des champs de radiations naturels de l'environnement.

Jour et nuit nous subissons une radiation cosmique et une radiation provenant de l'intérieur terrestre. La radiation calorifique de la terre résulte de la désintégration radioactive des molécules du sol dans la croûte terrestre et, comme rayonnement neutronique elle est transformée partiellement en rayonnement infrarouge et en rayonnement de micro-ondes et c'est sous cette forme qu'elle sort du sol.

Cependant, le champ de radiation naturel peut être perturbé par les mouvements d'eau souterraine ou par des cassures géologiques. L'eau qui se trouve dans le sol provoque par ses mouvements un dit courant d'écoulement avec des champs électriques et magnétiques. Ceci mène à une charge positive des molécules d'eau et au développement d'un champ électrique en amont du courant. Ceci résulte dans une déflexion et focalisation du »courant neutronique« sortant du sol.

Le rayonnement électromagnétique, dans ce cas, n'apparaît plus sous forme homogène mais sous forme quantifié, c'est-à-dire: ce rayonnement se montre en faisceaux d'haute fréquence ou en bandes (df. fig. 7).

Ce rayonnement d'une intensité plus élevée peut affecter la régulation intérieure du processus vital des plantes, des animaux et de l'homme. Des champs parasitaires se montrent nettement aux arbres et arbustes qui sont des organismes stationnaires (cf. fig. 8).

Si un rayonnement quantifié non-physiologique affecte le corps humain, ceci a comme résultat une activité augmentée des glandes, ce qui peut mener aù n état d'épuisement de l'homme.

Par les travaux scientifiques de Monsieur le Docteur Hartmann à Eberbach, des cas d'affection cancéreuses en rapport avec des endroits ou des chambres à coucher sont sous l'influence de champs parasitaires, ont été portés à connaissance.

Aussi aux endroits de dislocation d'une cassure géologique apparaît un fond de rayonnement intensifíe. En plus, se montre une augmentation de l'intensité du champ magnétique.

Jusqu'à présent, les zones parasitaires n'ont pu être prouvées que subjectivement. Mais, l'écoconstruction exige des mesurages objectives L'auteur s'est employé, dans les vingt ans de recherche dans le domaine du rayonnement, spécialement dans le domaine du rayonnement des micro-ondes, à l'objectivation du problème.

Ces derniers temps, il a pu démontrer, à l'aide de méthodes de mesurages qui sont à suivre à tout moment, différents endroits qui sont sous l'influence d'importantes perturbations (cf. fig. 10).

Par exemple: à l'aide d'un appareil de mesurage géophysique, appelé géomagnétomètre, on est capable de prouver, par les méthodes de la métrologie, qu'au dessus d'une zone de perturbation, il y a des modifications dans l'intensité du champ magnétique et qu'apparaissent ainsi des anomalies dans le champ géomagnétique. D'importantes divergences ont pu être mesurées (cf. fig. 11 et 12).

A l'aide d'un ohmmètre on peut aussi effectuer, sur des probands se trouvant sur une zone de perturbation, des mesurages de la résistance du corps humain.

La résistance du corps humain d'un proband, se trouvant sur une zone de perturbation, augmente sensiblement. A part des zones de perturbation provoquées par des cours d'eau souterraine et par des cassures géologiques, il existe encore un système de bandes perturbantes atmosphériques qui se reproduisent avec régularité: le dit réseau de quadrillage global et diagonal (d'après Dr. Hartmann et Dr. Curry), (cf. fig. 13).

La différence entre la zone de perturbation et l'intersection du réseau dans le domaine des micro-ondes, d'après Dr. Aschoff, est qu'au dessus de la zone de perturbation il y a des micro-ondes homogènes tandis qu'au dessus des intersections du réseau il y a des micro-ondes polarisées tournant à droite et à gauche qui peuvent être porteurs d'informations spécifiques de maladie. Si ces deux facteurs se rencontrent, il y a lieu d'admettre un effet pathogène, dû à ces deux facteurs (cf. fig. 14).

A part les zones de perturbation dans le sol, à ne pas négliger lors du choix du terrain à bâtir, il existe des influences techniques crées par l'homme et qui peuvent avoir un effet nuisible; par exemple: les lignes H.T. et les postes de transformation (cf. fig. 15).

Le terrain à bâtir est à examiner sur l'existence de zones géopathogènes afin de pouvoir trouver, lors de la phase de la planification et, concernant la section horizontale du bâtiment ainsi que son emplacemnt, l'endroit convenable pour les chambres de travail et les chambres à coucher.

Le terrain à bâtir devrait être suffisamment distant de la rue et, si possible, un peu élevé. Il devrait en outre se trouver d'une distance raisonnable des lignes H.T. et des postes de transformation.

3. Eleccion del emplazamiento segun criterios ecologicos

Sintesis

En épocas anteriores, el hombre elegía muy cuidadosamente el lugar en que habría de construir su casa o ciudad. Casi todas las culturas conocían el fenómeno de la radiación natural.

Día y noche nos alcanza una radiación proveniente del cosmos y otra emitida por la corteza terrestre. La radiación geotérmica se produce por la desintegración radiactiva de las moléculas presentes en la corteza terrestre y, como radiación neutrónica, es transformada parcialmente en radiación infraroja y de microondas, siendo emitida como tal por el suelo. El campo de radiación natural, sin embargo, puede ser perturbado por corrientes de agua subterráneas o fracturas geológicas. Debido al movimiento de las aguas subterráneas se forma la llamada corriente de flujo, con campos eléctricos y magnéticos. Se produce una carga positiva de las moléculas de agua, formándose, asimismo, un campo eléctrico orientado río arriba. Ello provoca una desviación y concentración de la

»corriente neutrónica« emitida por la tierra. La radiación electromagnética ya no se presenta de manera uniforme, sino cuantificada, es decir que dispone de haces o franjas de alta frecuencia. (Fig. 7)

Tal radiación, en función de su intensidad, puede acusar efectos perturbaderos sobre el reglaje biológico de los procesos vitales de las plantas, los animales y del hombre.

Los efectos más evidentes de tales campos perturbadores se presentan en árboles y arbustos, al ser éstos organismos que permanecen fijos en un lugar durante un tiempo prolongado. (Fig. 8).

En el ser humano, la exposición a una radiación no fisiológica, cuantificada, provoca una intensificación de la actividad glandular, lo que, a su vez, puede conducir a estados de agotamiento.

A raíz de los trabajos científicos de Dr. Hartmann, Eberbach se tiene conocimiento de casos de cáncer en relación con la ubicación de los recintos en que dormían los afectados, ubicados éstos en una zona perturbadora. En las áreas de desplazamiento de una fractura igualmente se registra una radiación terrestre más intensa. Asimismo se constata un incremento de la intensidad del campo magnetico.

Hasta ahora, la existencia de las zonas perturbadoras generalmente se había demostrado por vía subjetiva.

La ecoconstrucción, empero, supone la incorporación de mediciones objetivas. El autor, en el transcurso de 20 años dedicados a la investigación de las radiaciones, y en particular de las microondas, procuró objetivizar esta temática. Hace poco pudo identificar diversos emplazamientos seriamente perturbados, aplicando nuevos métodos de medición verificables en todo momento. (Fig. 10).

Así, por ejemplo, un aparato de medición geofísico, el llamado geomagnetómetro, permite demostrar, por vía de mediciones, que en una zona perturbadora se presentan alteraciones de la intensidad del campo magnético y, por consiguiente, anomalías del campo magnético terrestre. Se pudieron medir importantes desviaciones. (Fig. 11 y 12).

Asimismo se pueden efectuar, mediante un ohmiómetro, mediciones de la resistencia del cuerpo humano en sujetos de prueba ubicados en una zona perturbadora. La resistencia del cuerpo de los sujetos de medición aumenta considerablemente al encontrarse éstos en una zona perturbadora. Además de las zonas perturbadoras provocadas por cursos subterráneos de agua y fracturas geólogicas, existe un sistema de franjas irritantes atmosféricas, el llamado retículo global y diagonal (según los doctores Hartmann y Curry), que se repiten a intervalos regulares. (Fig. 13). En el margen de las micro ondas, la diferencia entre la zona irritante y la intersección de los retículos, según el Dr. Aschoff, consiste en que se dispone de microondas homógenas en las zonas perturbadas y de microondas polarizadas dextrógiras y levógiras en el ámbito de la intersección de los retículos, que podrían ser portadores de una informacion patógena específica. En caso de coincidir ambos factores, cabe esperar una intensificación del efecto patógeno de los mismos. (Fig. 14).

Además de las zonas perturbadoras naturales, que habrán de ser tenidas en cuenta al seleccionar el emplazamiento de la edificación, se registran una serie de influjos técnicos creados por el hombre que podrían tener efectos perjudiciales, como ser líneas de alta tensión y estaciones de transformación. (Fig. 15).

De ahí que debería elegirse el terreno destinado a la edificación teniendo en cuenta las zonas geopatógenas, a fin de poder ubicar convenientemente los ambientes para dormir y trabajar. La edificacion asimismo debería construirse a una distancia suficiente de la calle y, en lo posible, en un sitio un tanto elevado. También debería encontrarse a una distancia prudente de líneas de alta tensión y estaciones de transformación.

Wohnhaus in der Lüneburger Heide
House in the Lüneburg Heath
Maison dans la Lüneburger Heide
Vivienda de la landa de Lüneburg

4. Ökologische Baustoffe

Bei der Auswahl der Baustoffe gibt es biologische und ökologische, technische und ökonomische sowie physikalische und gestalterische Gesichtspunkte. Viele Baustoffe zeigen Vor- und Nachteile. Man muß im jeweiligen Anwendungsfall entscheiden, welche Eigenschaften am wichtigsten sind.

Meist stehen bei der Baustoffauswahl Brandverhütung und niedriger Baustoffpreis im Vordergrund. Durch ständige Verschärfung der Anforderungen an Brand- und Wärmeschutz werden die Baustoffe im allgemeinen nur unter diesem Aspekt gesehen.

Ein umbauter Raum soll den Menschen vor Wind, Kälte und Nässe schützen. Diese schützende Hülle oder sogenannte dritte Haut des Menschen (die Kleidung wird als zweite Haut verstanden), soll ihn nicht von den Wirksamkeiten und Qualitäten der äußeren Welt abschneiden. Wärme, Feuchte, Luft und Licht müssen ihn im umbauten Raum erreichen können.

Baustoffe sind von ausschlaggebender Bedeutung für das Raum- und Wohnklima.

Sie sollen eine möglichst große Atmungsfähigkeit besitzen, die einerseits frische, sauerstoffreiche Luft ins Haus, andererseits sauerstoffarme, verbrauchte Luft ins Freie gelangen läßt. Der damit verbundene Dampfdruckausgleich vermeidet Überfeuchtung bzw. Austrocknung. Baustoffe sollen die Lebensfunktion des Menschen günstig beeinflussen. Zumindest sollen keine negativen Wirkungen von ihnen ausgehen, d.h. die verwendeten Materialien sollen frei sein von unmittelbar schädlichen Stoffen und Abgasen.

Bauen muß als ein Prozeß verstanden werden, bei dem die Gesundheit des Menschen im Mittelpunkt steht, denn 90 Prozent seiner Lebenszeit verbringt der Mensch in geschlossenen Räumen. Aber dieser Prozeß muß auch die betroffene Umwelt mitberücksichtigen.

Nicht nur die biologischen Gesichtspunkte sollen bei der Baustoffwahl berücksichtigt werden, sondern auch die ökologischen. Es stellt sich die Forderung, daß bei der Herstellung, Verarbeitung und Benützung sowie bei der Wiedereingliederung der Baustoffe oder des Produktes in den ökologischen Kreislauf keine oder möglichst nur eine geringe Belastung der Umwelt stattfindet. Vor allem darf dies keine Gefährdung des ökologischen Gleichgewichts zur Folge haben. Gerade hier ergibt sich die Möglichkeit, vom umweltbelastenden Produktionsprozeß zu einem geschlossenen naturnahen Kreislaufprozeß zu kommen. Im weiteren Sinn hängen auch die Gesundheit und das Leben des Menschen von einer gut funktionierenden Umwelt ab.

Ökologische Forderungen an Baustoffe

Bei der ökologischen Bauweise sollen, durch die zunehmende Energie- und Rohstoffverknappung bedingt, natürliche Baumaterialien, deren Gewinnung und Verarbeitung wenig Energie und wenig kapitalintensive Geräte erfordern, eingesetzt werden. Bei der

Abb. 16 Fig. 16

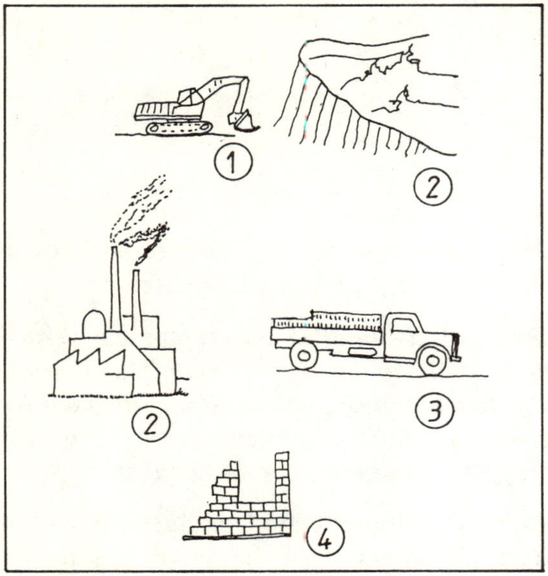

Ökologische Forderungen an Baustoffe
1 = Geringer Energieaufwand 2 = keine zu starke Umweltbelastung bei Abbau, Herstellung und Verarbeitung 3 = regionale Verfügbarkeit 4 = Wiederverwendbarkeit

Ecological demands on building materials
1 = low energy requirements 2 = minimum burden on environment through extraction, production and processing 3 = regional availability 4 = recycling

Exigences écologiques pour les matériaux de construction
1 = faible dépense d'énergie 2 = pas trop de charges pour l'environnement lors de l'exploitation, de la fabrication et du traitement 3 = disponibilité régionale 4 = réutilisation

Exigencias ecológicas que deben cumplir los materiales de construcción
1 = reducida explotación de energia 2 = no producir cargas ecológicas excesivas durante su explotación, fabricación y utilización 3 = disponibilidad regional 4 = deben ser reutilizables

Verwendung natürlicher Baustoffe und Baumethoden liegen jahrhundertealte Erfahrungen vor. Noch bis zum Beginn des Jahrhunderts wurden Häuser mit den örtlich verfügbaren Baustoffen erstellt. Es ist zweckmäßig, sich soweit wie möglich aus nächster Umgebung zu bedienen und sich nicht von langen Transportwegen abhängig zu machen, die zusätzliche Energie und Kosten verursachen. (Siehe Abb. 16).

Die Herstellung unserer heutigen Baustoffe ist teilweise nur durch sehr hohen Energieeinsatz möglich, und es werden dabei verhältnismäßig viele umweltbelastende Stoffe abgegeben. Je mehr ein Baustoff be- und verarbeitet wird bis zur molekularen Strukturveränderung, desto unbekannter werden die weiteren Folgen des Prozesses und des Produktes.

Je mehr Energie ein Baustoff erfordert, desto höher ist die Schadstoffemission. *Viele vitale Ausgangsstoffe können durch den Verarbeitungsprozess in ihren lebensqualifizierenden Eigenschaften geschädigt werden.*

Mit dem Grad der Baustoffveredelung und der industrialisierten Herstellung steigt der Energieaufwand. Außerdem haben vielfach veredelte Baustoffe mit ihren hohen technischen Qualitäten negative Einflüsse auf das Raumklima und die Gesundheit der Bewohner.

Die Auswahl der Baustoffe unter ökologischen Gesichtspunkten berücksichtigt, wieviel Primärenergie in Kilowattstunden je Kubikmeter Baustoff aufzuwenden ist. Zum Beispiel brauchen Fenster aus Holz 8 Kilowattstunden pro Kubikmeter, Fenster aus Kunststoff 250 Kilowattstunden pro Kubikmeter und Fenster aus Aluminium 800 Kilowattstunden pro Kubikmeter. Eine Verwendung von Aluminium bei Fensterrahmen stellt einen ungemein hohen Energie- und Rohstoffverbrauch dar. Holzfensterrahmen haben sich über Jahrhunderte bewährt.

Stahlbeton benötigt die fünffache Energiemenge als porosierter Leichtziegel. Außerdem kann man Beton nicht mehr in den Recycling-Prozess einbringen. *Energieintensive Baustoffe werden an manchen Stellen des Baues nicht zu vermeiden sein. Was aber unnötig ist, ist die Wahl von energieintensiven Baustoffen, wo andere energiesparsamere zur Verfügung stehen.*

Wie in anderen Bereichen des Verbrauchs von Stoffen durch Konsumenten und Industrie *muß auch im Bauwesen die Wiedergewinnung und -verwertung von Altmaterialien in den Vordergrund rücken.* Auch die Verwertung von Altbausubstanz ist von hohem ökologischen Wert.

Bei der von der Bauwirtschaft in der BRD verbrauchten jährlichen Rohstoffmenge von 600 Millionen Kubikmetern ist der Recycling-Prozeß unbedingt erforderlich. Die Rückgewinnung kommt auch für Materialien in Frage, bei denen keine direkte Weiterbenützung möglich ist, die aber durch Einschmelzprozesse (z.B. Glas) eine anschließende Neuproduktion gewähren.

Es sollte zur umweltpolitischen Pflicht gehören, Baustoffe zu vermeiden, die einerseits aus einer nicht erneuerbaren Energiequelle stammen, andererseits sich gar nicht oder nur mit ökologischen Folgeschäden wieder auflösen, wenn sie nicht mehr gebraucht werden. Langfristig muß die Entwicklung energiesparender und umweltfreundlicher Baustoffe erfolgen.

Die Hersteller und Anbieter von Baustoffen und Bauteilen haben sich zum Teil bereits auf die neuen Aufgaben eingestellt oder arbeiten an Lösungen, die in Kürze zur Verfügung stehen. Beispiele dazu: Als Ergebnis eines mit Bundesmitteln geförderten Forschungsauftrages können Kalksandsteine in ihrer Qualität verbessert werden: härtere Oberflächen, zwei- bis zweieinhalbfache Erhöhung der Steindruckfestigkeit, Reduzierung der Schwind- und Kriechmasse gegen Null bei gleichzeitiger Ausnutzung der Energie des für den Produktions-Prozeß entstehenden Rauchgases und der Reduzierung der Schadstoffanteile im Abgang – praktische Entlasung der Umwelt.

Über eine Nutzung von technischen Gipsen für die Eigenproduktion denken Gips-Manager nach: durch die gesetzlichen Auflagen im Bereich des Umweltschutzes zur Entschwefelung von Rauchgas aus Kraftwerken werden schon Ende der 80er Jahre im engeren Ruhrgebiet rund 1,2 Millionen Tonnen Gips je Jahr bei den Steinkohle-Kraftwerken entstehen, bundesweit werden dann 2,5 Millionen Tonnen anfallen. So wird der Neubau eines Werkes für Gips-Kartonplatten in Nordrhein-Westfalen erwogen.

Das hätte mehrere positive Aspekte zur Folge: Die natürlichen Ressourcen in diesem Gebiet würden geschont, die Produktion hätte sich nicht mehr mit lästigen Einspülungen gipsfremder Spurenelemente im natürlichen Rohstoff zu plagen, die bei der Entschwefelung von Rauchgas entstehenden technischen Gipse würden nicht auf umweltschädlichen Deponien landen und außerdem wäre Gips transportwirtschaftlich mitten in einem wichtigen Markt positioniert.

In dem Bemühen, das Vertrauen der Anwender und Benutzer von Baustoffen zu verbessern und in Verfolgung des Gedankens vom menschengerechten Bauen fördert die Industrie die Bestrebungen des »Bundesverbandes für baubiologische Produkte«, der neben vielen anderen Aktivitäten Bauprodukte neutral überprüft und damit »zum körperlichen, psychischen und sozialen Wohlbefinden der Menschen« beitragen soll. Dieser Bundesverband erteilt das »Baubiologische Prüfsiegel«, nach dem für die verschiedensten Produkte entsprechende Kriterien erarbeitet wurden und werden.

Biologische Forderungen an Baustoffe

Baustoffe können bei der Herstellung, bei der Verarbeitung, im eingebauten Zustand und bei der Beseitigung die menschliche Gesundheit gefährden. Auch natürliche Baustoffe können gesundheitsschädliche Nachteile mit sich bringen durch Abgabe von Stoffen oder Gasen. Kein Baustoff läßt sich als völlig unbedenklich bezeichnen, wobei es eine Rolle spielt, ob der Baustoff einen direkten Kontakt zum Wohnraum hat oder hinter anderen Baustoffschichten eingebaut ist. Es gibt besonders stark gesundheitsgefährdende Baustoffe wie z.B. Asbest.

Ob Baustoffe verträglich oder unverträglich sind, erkennt man an bestimmten Eigenschaften: Radioaktivität, Schadstoffabgabe, elektrostatische Aufladung, Sorptionsverhalten, Wärmeverhalten, Feuchteverhalten, Mikrowellendurchlässigkeit etc.

Radioaktivität

Im Erdboden und in Baustoffen sind Uran und Thorium enthalten, in deren Zerfallsreihen das radioaktive Edelgas Radon vorkommt, das an die Raumluft abgegeben wird. Es kann sich an Staubteilchen und Wassertropfen anlagern und so radioaktive Aerosole bilden. Bei ungelüfteten Räumen kann sich eine Strahlenbelastung in der Lunge ergeben.

Wenn in einem Raum dichte Fenster sind, kann die Radonkonzentration stark ansteigen. Messungen ergaben, daß im Durchschnitt in der Bundesrepublik die radioaktive Strahlenbelastung in Häusern 37 Prozent höher ist als im Freien. Der Gehalt an Radon in der Zimmerluft hängt natürlich vom Belüftungsgrad ab. Es sollten deshalb in den Gebäuden die Luftwechselrate nicht zu klein sein und eine Konstruktion gewählt werden, durch die eine bessere Schadstoffabgabe nach außen möglich ist.

Abb. 17 Fig. 17

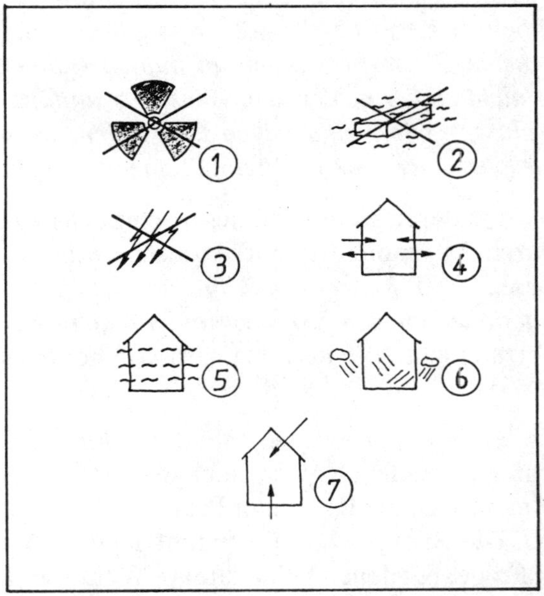

Biologische Forderungen an Baustoffe
1 = keine zusätzliche Radioaktivitätsbelastung
2 = keine Gas- oder Staubabspaltung
3 = keine elektrostatische Aufladung
4 = günstiges Sorptionsverhalten
5 = günstiges Wärmeverhalten
6 = günstiges Feuchteverhalten
7 = Durchlässigkeit für physiologisch günstige Mikrowellen

Biological demands on building materials
1 = no additional radioactivity
2 = no gas or dust segregation
3 = no electrostatic charge
4 = good sorption qualities
5 = good thermal characteristics
6 = good damp resistance
7 = permeability for physiologically beneficial microwaves

Exigences biologiques pour les matériaux de construction
1 = pas de charge radioactive supplémentaire
2 = pas de détachements de gaz ou de poussières
3 = pas de charge électrostatique
4 = propriété de sorption favorable
5 = propriété thermique favorable
6 = comportement à l'humidité favorable
7 = pénétrabilité pour des micro-ondes physiologiquement favorables

Exigencias biológicas que deben cumplir los materiales de construcción
1 = no generar cargas radiactivas adicionales
2 = no provocar una separación de gases o polvo
3 = no provocar cargas electrostáticas
4 = acusar buenas propiedades de sorción
5 = acusar buenas propiedades térmicas
6 = acusar un buen comportamiento a la humedad
7 = transmitancia de microondas fisiológicamente positivas

Die Strahlenbelastung durch Baustoffe kann sehr anwachsen, wenn als Rohmaterial für die Baustoffe industrielle Reststoffe verwendet werden wie Hochofenschlacken (Verhüttungsprozess), Rotschlamm (Aluminiumherstellung) und Chemiegips (Phosphatproduktion).

Hochofenzement, Schlackensteine, Kunstbims, Schlackenwolle, Bimsbeton, Bimshohlblocksteine, Chemiegips und -gipsplatten können mit einer höheren Radioaktivität im Handel sein, da kein amtlicher Grenzwert vorgeschrieben ist. *Baustoffe sollten deshalb auch bezüglich der Radioaktivität überwacht werden.*

Um den Radongehalt in den Wohnräumen gering zu halten, ist ausreichende Lüftung oder Einbau einer konventionellen Lüftung (eventuell mit Wärmerückführung) möglich.

Gasabspaltung und Feinstaubabgabe

Neben der natürlichen Abspaltung von Radongas gibt es noch eine Menge von chemischen Abspaltungen bei neuen Baustoffen, vor allem bei Kunststoffen. Diese Emissionen können schon in geringen Konzentrationen gesundheitsschädigend wirken. Es können in einem Raum von mehreren Stoffen Belastungen ausgehen und sich summieren.

Formaldehyd, als Klebeanteil in kunstharzgebundenen Spanplatten und Dämm-Materialien, aber auch in Desinfektionsmitteln, Lacken und Leimen ist bekanntlich giftig und krebserregend (60 Milliliter gelten als tödlich). In der Atemluft reizt Formaldehyd die Schleimhäute und führt zu Entzündungen der Nasen-, Rachen- und Augenschleimhaut.

Besonders in den Sommermonaten können bei erhöhter Außentemperatur oder auch während Perioden intensiven Heizens die Formaldehyd-Gehalte in der Raumluft deutlich zunehmen.

Außerdem kann Vinylchlorid (VC) in Fußbodenbelägen aus PVC, in Rolläden oder Installationsrohren gesundheitlichen Schaden auslösen. Technisch ist es nicht möglich, PVC herzustellen, das nicht Reste von VC enthält. Dieses wird im Laufe der Zeit vom Kunststoff an die Luft abgegeben. Beim Verbrennen von PVC entweicht vor allem Chlorwasserstoff, der zu Vergiftungserscheinungen führen kann. Er ist nur sehr langsam abbaufähig und gelangt, da er wasserlöslich ist, ins Abwasser und ins Grundwasser.

Einzelne Baustoffe können auch infolge Alterung oder Abrieb Staubpartikel an die Luft abgeben. Sie sind oft so fein, daß sie in die Lunge gelangen können, wie bei offen verarbeiteten Mineralfaserdämmstoffen in Schallschluckdecken oder bei Asbesterzeugnissen.

Wohl die bekannteste, durch faserige Stäube verursachte Krankheit ist Asbestose. Die anhaltende Berührung der Zellen im Körper durch die Fasern führt zu chronischen Reizen, die die Ursache für Tumorbildung darstellen.

Der hohe Schwefeldioxid (SO_2)-Gehalt unserer Luft führt auch zu Verwitterungs- und Erosionsvorgängen bei Asbestzementbauteilen. Bis 1990 soll der in allen Hochbauprodukten verwendete Asbest durch andere (textile) Fasern ersetzt werden.

Elektrostatische Aufladung

Ein gesundes Wohnklima erfordert Baustoffe, Bauteile und Einrichtungsgegenstände, die sich elektrostatisch nicht aufladen. Fast alle Kunststoffe sind elektrische Nichtleiter, also Isolatoren und erfahren bei Reibung bzw. Berührung eine elektrostatische Aufladung. Selbst Schaumstoffe, die als Dämmstoffe verwendet werden, können elektrostatisch aufgeladen werden.

In einer solchen Atmosphäre kann sich der Mensch durch seine Bewegungen selbst auch aufladen und sich dann an geerdeter Materie wieder entladen, wobei er meistens einen 'Schlag' bekommt.

Die Aufladung von Baumaterialien kann dazu führen, daß örtlich stärkere luftelektrische Felder aufgebaut werden und dabei die normale Luftionisation, die von 40% positiven und 60% negativen Luftionen gebildet wird, ungünstig verschoben wird. Dabei werden die für das Wohlbefinden notwendigen negativen Sauerstoffionen abgezogen, und es sind etwa 70% positive Luftionen vorhanden. In der Natur sind die negativ geladenen Sauerstoffionen im Übergewicht. So kann durch elektrostatische Aufladung ein Ionenstreß entstehen.

Holz, Kork, Rinde, Kokosfasern, Lehm, Ziegel etc. laden sich nicht auf und sorgen für eine physiologisch günstige Ionenverteilung.

Sorptionsverhalten

Wie schon bereits erwähnt, kann man den umbauten Raum als unsere 'dritte Haut' ansehen. (Siehe Lotz: Willst du gesund wohnen?) Der Wohnbereich soll imstande sein, an allen Lebensfunktionen teilzuhaben. Die Umschließungsflächen sollen, wenn auch in bescheidenem Maße, eine Dauerlüftung ermöglichen und auch die Fähigkeit haben, die hindurchdiffundierende Luft zu filtern und den biochemischen Abbau von Schadstoffen im Raum mit einzuschließen und aufrechtzuerhalten. Gerade im Raum kann es außer den von Menschen abgegebenen Abfallstoffen auch noch zu Schadstoffabgaben von Klebern, Lacken, Möbeln und Baustoffen kommen.

Eine wichtige Grundkonzeption für den Lufthaushalt ist ein 'atmungsfähiger' Wand-, Decken- und Dachaufbau. Zur Erreichung eines ausreichenden Luft- und Gasaustausches sind außer der Fensterlüftung auch die raumbildenden Bauteile miteinzubeziehen. Da in unseren Breiten Temperatur und Dampfdruckgefälle nach außen laufen, diffundiert die Wand vornehmlich Stoffe nach außen.

Es braucht daher die Verwendung hygroskopischer und diffusionsfähiger Baustoffe wie Holz, Lehm, Ziegel, Kalk mit großer innerer Oberfläche, die Schadstoffe filtern, binden und neutralisieren können. Außerdem dürfen auch keine Mittel verwendet werden, die den Porenraum der Baustoffe verschließen. Porige Materialien sind dichten Materialien vorzuziehen.

Wärmeverhalten

Das 'thermische Wohlbefinden' hat für die Bewohner einen hohen Stellenwert. Für das Temperaturempfinden des Menschen ist in etwa der Mittelwert zwischen Raumlufttemperatur und Oberflächentemperatur der begrenzenden Bauteile anzusehen. Strahlen die Wände kalt ab, so kann die Lufttemperatur auch weit über 20°C liegen, man empfindet es dennoch als kalt. Wichtig ist es, warme Wände zu bauen mit guter Wärmedämmung und Wärmespeicherung der Baumaterialien.

Optimal ist die natürliche Klimatisierung bei Verwendung von Baustoffen wie Holz, Lehm, Ziegel usw. unter passiver Nutzung der Sonnenenergie.

In Verbindung mit Glashäusern oder Fenstern können massive Bauteile mit hoher Speicherkapazität, insbesondere bei direkter Sonneneinstrahlung, wichtige Energiespender werden. Der Energiegewinn einer 36er Ziegelwand an der Südseite eines Hauses betrug ca. 10%, der eines doppeltverglasten Südfensters mit nächtlicher Wärmedämmung 80%.

Die Wärmespeicherung ist weniger von einzelnen Baustoffen zu fordern, sondern vielmehr von der Gesamtkonzeption. Generell ist natürlich eine gewisse Wärmespeicherung für jeden Baustoff wünschenswert.

Auch wird es sicher möglich sein, alternative Dämmstoffe zu entwickeln, deren Anwendung vorteilhaft und umweltfreundlich ist (z.B. Zellulosedämmstoffe).

Die Verwendung üblicher Wärmedämm-Materialien kann zum Teil nicht nur eine Gefährdung des Brandverhaltens bringen, sondern auch eine Beeinträchtigung in Form von mineralischen Faserstoffen. Bei Schlackenwolle (Glas- oder Mineralwolle) können bei Erschütterungen durch Trittschall ungemein feine Teilchen mehr oder weniger leicht durch Decke oder Fußboden dringen und als Staub die Atmungsorgane bedrohen. In mineralischen Materialien können auch durch stehende Feuchtigkeit fäulniserregende und damit krankheitsbildende Mikroorganismen entstehen.

Feuchteverhalten

Zu den wichtigsten Forderungen eines gesunden Wohnklimas gehört die Einstellung der Luftfeuchtigkeit im Raum. Diese sollte in beheizten Räumen nicht unter 30% und nicht über 70% liegen, als angenehm werden 40-50% empfunden. Bei ständig niedriger relativer Luftfeuchte können krankheitserregende Keime in zu trockenen Schleimhäuten und Atemwegen gefördert werden.

Die ersten 3-4 Zentimeter der raumbegrenzenden Fläche sind ein wichtiges Regulativ für die Luftfeuchtigkeit, besonders bedeutsam sind dabei Anstrich und Putz.

Baustoffe sollten hygroskopische Eigenschaften aufweisen, um bei üblichen Raumluftbedingungen nicht völlig trocken zu sein. Sie sollen gegen Feuchtigkeit einigermaßen beständig sein, sie aufnehmen und wieder abgeben können.

Der Wasserdampf in bewohnten Räumen entsteht durch Atmung, Kochen, Waschen usw. und soll auch neben der Lüftung durch die Außenwände hindurch abgeführt werden. Vor allem soll die Atmungsfähigkeit dafür sorgen, daß das Mauerwerk oder Holz in den Wänden nicht erstickt. *Im biologisch gebauten Haus sollten Dampfsperren weitgehend vermieden werden, denn Dampfsperren sind Atmungssperren und verschlechtern das Raumklima.*

Aus diesem Grund sind wasserdampfundurchlässige und luftdichte Baustoffe und Baukonstruktionen zu

Abb. 18 Fig. 18

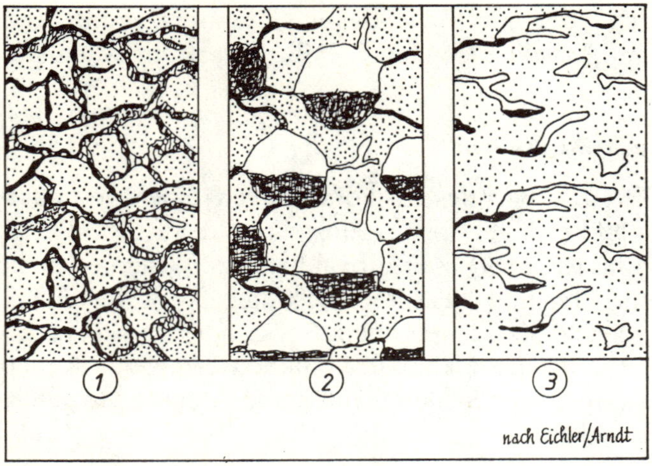

Feuchteverhalten verschiedener Baustoffe

1 = gut ausgebildetes Kapillarsystem = großes Wasseraufnahmevermögen, großes Feuchtigkeitsabgabevermögen – z. B. Ziegel, Gips

2 = geschlossenzellige Struktur mit wenig Kapillaren: großes Wasseraufnahmevermögen, geringes Feuchtigkeitsabgabevermögen – z.B. Gasbeton

3 = Struktur mit kleinen Poren und Kapillaren: geringes Wasseraufnahmevermögen, geringes Feuchtigkeitsabgabevermögen – z.B. Schwerbeton, Blähbeton (nach Eichler/Arndt)

1 = well developed capillary system – high water absorption-high capacity to give off moisture – e.g. brick, plaster

2 = closed cell structure with few capillary tubes: high water absorption, low capacity to give off moisture e.g. gas concrete

3 = structure with small pores and capillary tubes: low water absorption, low capacity to give off moisture e.g. heavy aggregate concrete, expanded aggregate concrete. (Eichler/Arndt)

Comportement à l'humidité des différents matériaux de construction

1 = système capillaire bien développé = grande capacité de réception d'eau, propriété de dégagement d'humidité trés favorable – par exemple: brique, plâtre

2 = structure à alvéoles fermées avec peu de capillaires: grande capacité de réception d'eau, faible propriété de dégagement d'humidité – par exemple: béton-gaz

3 = structure avec peu de pores et capillaires: faible capacité de réception d'eau, faible propriété de dégagement d'humidité (d'après Eichler/Arndt)

Comportamiento a la humedad de diferentes materiales de construcción

1 = sistema capilar bien desarrollado: gran capacidad de absorción de agua, gran capacidad de emisión de humedad – p. ej. ladrillos, yeso

2 = estructura de células cerradas con pocos capilares: gran capacidad de absorción de agua, reducida capacidad de emisión de humedad – p. ej. hormigón de gas

3 = estructura de poros y capilares pequeños: reducida capacidad de absorción de agua, reducida capacidad de emisión de humedad p. ej. hormigón pesado, hormigón expansivo (según Eichler/Arndt)

vermeiden. Um das Feuchteverhalten von Baustoffen zu beurteilen, spricht man von Wasserdampfdiffusionsfähigkeit – damit ist der Transport von Wasserdampf durch den Baustoff gemeint – und von kapillarer Leitfähigkeit – darunter versteht man den Transport von Flüssigkeit (Wasser) durch den Baustoff.

Geeignete Baustoffe können sowohl durch Wasserdampfdiffusion wie auch durch kapillare Leitfähigkeit, zum Beispiel durch Schlagregen oder aufsteigende Bodenfeuchtigkeit, Wasser aufnehmen und wieder abgeben. Grundsätzlich ist von guten Baustoffen zu fordern, daß sie schadlos Feuchtigkeit aufnehmen können und auch schnell wieder austrocknen. (Siehe Abb. 18).

Ziegel, Kalk, Naturgips, Kreide oder Sand sind feuchtigkeitsregulierend durch ihre hohe Dampfdiffusionsfähigkeit und wärmeausgleichend durch hohe Speicherfähigkeit.

Verwendet man Baustoffe mit sehr unterschiedlichen Wärmedämm- und Diffusionseigenschaften in einem Bauteil, so kann es zu innerer Kondensation kommen, die die Bauteile von innen her durchfeuchtet.

Mikrowellendurchlässigkeit

Für das Raumklima sind nicht nur bautechnisch unerlässliche Eigenschaften zu beachten, sondern auch das natürliche, biologische Strahlungsfeld, in das unser Lebensraum eingebettet ist. Wie bereits im 3. Kapitel erwähnt, ist die natürliche Umgebungsstrahlung von größtem Einfluß auf unser Leben. Deshalb sollte sie nicht durch Baustoffe oder Baustoffkombinationen gestört oder gemindert werden. Man weiß noch sehr wenig darüber, welche Wellenlängen für den biologischen Mechanismus des Menschen entscheidend sind. Deshalb sollen Baustoffe für die natürlich auftretenden Wellenbereiche möglichst durchlässig sein. Es ist erwiesen, daß dichter Beton mehr als poröse Ziegel und diese wieder mehr als Holz die biologische Mikrowellenstrahlung abhalten. Bei einem Holzdach mit Betonziegeln beträgt der Verlust an natürlicher Einstrahlung 77%, bei Tonziegeleindeckung 17% und bei einem Holzdach nur 7%. Auch läßt eine Holzdecke 94% der Bodenausstrahlung durch.

Durch die Wahl der Baustoffe und deren richtige Zusammenstellung wird man das gesunderhaltende Bauen fördern können, sobald das Denken hinsichtlich des Mikroklimas zum Allgemeingut wird.

Kurze Betrachtung der Baustoffe nach bio-ökologischen Aspekten

Über die verschiedenen Baustoffe liegen sehr ausführliche Beschreibungen und Tabellen in der einschlägigen Fachliteratur vor, so daß an dieser Stelle darauf verzichtet werden kann. Es sollen hier lediglich die wichtigsten bio-ökologischen Gesichtspunkte und Eigenschaften besprochen werden.

Natursteine

Natursteine sind anorganische Naturprodukte und benötigen bei der Gewinnung und Verarbeitung einen geringen Primärenergiebedarf. Sie sind wiederverwendbar. Sie haben meist eine kalte Oberfläche und der Isoliereffekt der Steine ist gering, Hitze und Kälte werden sehr wenig gedämmt, sie sind aber gute Wärmespeicher und Wärmeleiter. Sie haben ein schlechtes Feuchteverhalten. Elektrostatisch laden sie sich nicht auf, gesundheitlich bedenklich ist in Einzelfällen nur die Radioaktivität.

Gegen Verwitterung von Natusteinen im Außenbereich gibt es keinen wirksamen Schutz. Im Außenbereich kommen sie als Fassadenverkleidung, Treppen, Gehwegplatten und innen als Fußbodenbelag, Wandverkleidung, Treppenstufen, Fensterbänke und Kaminabdeckungen zur Anwendung.

Holz und Pflanzenstoffe

Holz zählt zu den wichtigsten und wertvollsten Naturbaustoffen. Es ist vielseitig verwendbar und könnte am Bau fast alle anderen Materialien ersetzen, doch sollte es im Winter geschlagen werden.

Die Verarbeitung ist im Vergleich mit anderen Baustoffen energiesparsam und mit wenigen Ausnahmen frei von schädlichen Emissionen. Holz hat eine gute Wärmedämmung und mittlere Wärmespeicherung, ist angenehm riechend bis geruchlos, nicht radioaktiv, zeigt keine elektrostatische Aufladung, ergibt guten Schallschutz und ist regenerationsfähig. Im ganzen gesehen ergibt Holz ein gutes Raumklima. Es kann allerdings pflanzlichen (Pilzen) und tierischen (Insekten) Schadorganismen unterliegen.

Zu den Holzwerkstoffen gehören Holzspanplatten, Sperrholz, Holzfaser- und Tischlerplatten. Hier ist besonders auf die Abspaltung von Formaldehyd zu achten.

Außer Holz werden noch Pflanzenstoffe wie Kork, Kokos, Seegras, Rindenschrot, Stroh, Schilfrohr usw. verwendet. Diese Materialien sind neutral und wurden lange Zeit hauptsächlich als Dämm-Materialien verwendet. Wegen ihrer leichten Entflammbarkeit müssen sie zum Teil heute mit feuerhemmenden Zusätzen versehen werden.

Sie sind atmungsaktiv, haben eine gute Wärmedämmung, wirken feuchtigkeitsregulierend und klimaausgleichend. Sie haben nur eine geringe elektrostatische Aufladbarkeit. Um das Raumklima zu verbessern, können sie auch noch nachträglich in das Haus eingebracht werden.

Lehm – Ton – Ziegel

Lehm ist einer der ältesten und natürlichsten Baustoffe des Menschen und ist in ausreichender Menge vorhanden. Er ist eine Mischung aus Ton, Schluff und Sand. Der Ton wirkt im Lehm als Bindemittel.

Zur Gewinnung und Verarbeitung ist nur ein minimaler Aufwand an Energie notwendig, und die Umwelt wird nicht belastet. Das Material ist immer wieder verwendbar. Mit dem Lehm können Stroh und andere Faserstoffe vermischt werden. Lehmwände schaffen ein ausgeglichenes Raumklima, im Winter warm und im Sommer kühl. Lehm ist schalldämmend, besitzt eine hohe biologische Regenerationskraft und verhält sich elektrostatisch neutral.

Allerdings reagiert Lehm kritisch auf Durchfeuchtung, deshalb sollen Lehmwände durch Dachüberstände, Verputz oder Holzverschalungen geschützt werden.

Durch Brennen bei 900 bis 1.100°C werden aus Lehm Ziegel, bei 1.300°C entstehen Klinker. Als positiv sind niedrige Temperaturen anzusehen, denn mit steigenden Temperaturen wird der Ziegel härter, ja fast glasartig und die vielen Mikroporen schmelzen zu wenigen Makroporen zusammen. Für die Herstellung von Ziegel ist sehr viel Primärenergie aufzuwenden.

Ziegel liegen auf der neutralen Seite, doch durch bestimmte Zusatzstoffe können ganz erhebliche Belastungen auftreten. Werden der Lehmmasse Polystyrolkugeln oder Holzspäne zugesetzt, so bilden diese bei der Verbrennung durch Lufteinschlüsse sogenannte Poren- oder Leichtziegel. Eine Porosierung der Ziegel mit Kunststoffen ist aber abzulehnen, denn durch die Verbrennung von Kunststoffen entstehen giftige Gase.

Ziegel sind feuerbeständig, wärme- und feuchtigkeitsregulierend. Sie geben ein gutes Raumklima und haben bei der Verarbeitung keine nachteiligen Folgen für Mensch und Natur, auch sind sie wiederverwertbar. Je nach Ziegelart, besonders bei Ziegeln aus Rotschlamm, kann allerdings höhere Radioaktivität auftreten.

Kalk – Zement – Beton

Kalk ist ein wertvolles Naturprodukt und kommt gelöscht oder ungelöscht in den Handel. Kalk ist naturgemäß biopositiv. Er dient vor allem als Bindemittel von Steinen und Putzen, als Zuschlag für Beton oder auch als Basis für Kalkfarben.

Kalkmörtel sind nach der Erhärtung elastisch und ergeben atmungsaktive Fugen. Der erhärtete Kalkputz ist auch atmungsaktiv und ist der ideale Schutz für jedes Haus.

Kalksandsteine bestehen aus Kalk und Quarzsand, die zusammen mit Wasser unter hohem Druck bei 200°C–300°C zusammengebacken werden. Sie bedürfen hinsichtlich der Anwendung des Quarzsandes der Überprüfung auf Radioaktivität.

Biologisch hochwertige Produkte beinhalten Kalksand statt Quarzsand. Kalksandsteine sind schwerer als Ziegelsteine und haben einen größeren Diffusionswiderstandsfaktor. Sie werden wegen ihrer Wärmespeicherfähigkeit auch im biologischen Sonnenhausbau geschätzt. Sie haben eine lange Austrocknungszeit, das ist wohl ihr Hauptmangel. Die Herstellung und Verarbeitung sind unbedenklich, und sie sind wiederverwendbar.

Zement wird durch Vermahlung von Kalk und Ton im Verhältnis 3:1 und Brennen bei ca. 1.450°C gewonnen. Portlandzement hat 100% Kalkzementanteil, Eisenportlandzement 70% Kalkzement- und 30% Hochofenschlackenanteil, Hochofenzement hat 15% Kalkzement- und 85% Hochofenschlackenanteil und Ölschieferzement hat 70% Kalkzement- und 30% Ölschiefermehlanteil. Entsprechend den Anteilen an Hochofenschlacke und Schiefermehl ist mit erhöhter Radioaktivität zu rechnen. Zement ist von seiner Herstellung aus sehr energieverbrauchend.

Betonsteine werden aus Zement und Sand durch Beimengung verschiedener Zuschlagstoffe hergestellt. Ihre wärme- und feuchtigkeitstechnischen Werte richten sich weitgehend nach den verwendeten Zuschlagstoffen. Das schlechte Feuchteverhalten kann durch Zuschlagstoffe verbessert werden, doch es bleibt immer schlechter als beim Ziegel, da der 'wasserdurstige' Zement das Bindemittel zwischen den Steinen bildet. Sie haben deshalb eine lange Austrocknungszeit und ergeben ein schlechtes Raumklima. Die Herstellung ist energieaufwendig.

Beton hat positive Eigenschaften für Schallschutz, Festigkeit und Resistenz gegen Feuchtigkeit, aber eine schlechte Wärmedämmung. Er hat kalte Oberflächen und eine schlechte Dampfdiffusionsfähigkeit. Einmal aufgenommenes Wasser wird nur langsam abgegeben, was lange Austrocknungszeiten der Bauteile zur Folge hat. Beton ist für Strahlen undurchdringlich. Der Abbruch von Beton ist schwierig, und es ist keine Wiederverwendung möglich.

Falls sich in einem Gebäude die Verwendung von Beton nicht vermeiden läßt, kann man einen sogenannten 'Biobeton' nehmen. Er setzt sich aus folgenden Bestandteilen zusammen: aus hochhydraulischem Kalk oder aus einem Trasskalk (einem Gemisch aus Kalk und Vulkangestein) oder aus weißem Zement und aus Kalksand und Kalksplitt.

Gasbeton ist ein Kalk- oder Zement-Sandgemisch, das mittels Aluminiumpulver oder Calciumfeilspänen durch Wasserstoffgasentwicklung aufgebläht wird. Als Stabilisatoren werden vielfach Wasserglas oder andere Erhärtungsmittel zugesetzt. Gasbetonsteine besitzen durch die feinzellige, geschlossen porige Struktur, die aber nicht kapillar ist wie beim Ziegel, eine sehr gute Wärmedämmung, Wasserdampfdurchlässigkeit und Absorptionsfähigkeit. Sie haben bei hoher Festigkeit ein sehr geringes Gewicht, doch längere Austrocknungszeit. Sie sind unverputzt nicht witterungsbeständig.

Bims – Gips

Bims besteht aus meist blasigem, gellgrünen, glasharten vulkanischen Trachytgestein, das aus einer Alkali-Tonerde-Silikat-Schmelze entstanden ist. Bims kommt bei uns im Koblenz-Neuwieder Becken vor. Gerade bei diesen Bimskiesvorkommen wurde eine erhöhte Radioaktivität gemessen.

Bims wird zu Schwemmsteinen, Hohlblocksteinen und Bauplatten verarbeitet. Heute wird sehr viel Hüttenbims (porosierte Hochofenschlacke), der auch mit starker Radioaktivität belastet ist, verarbeitet. Obwohl Bims eine gute Wärmedämmfähigkeit, gute Wasserdampfdurchlässigkeit und gute Absorptionsfähigkeit hat, sollte er doch wegen seiner hohen Radioaktivität vermieden werden. Bimsbeton hat auch eine lange Austrocknungszeit. (Siehe Abb. 19)

Abb. 19 Fig. 19

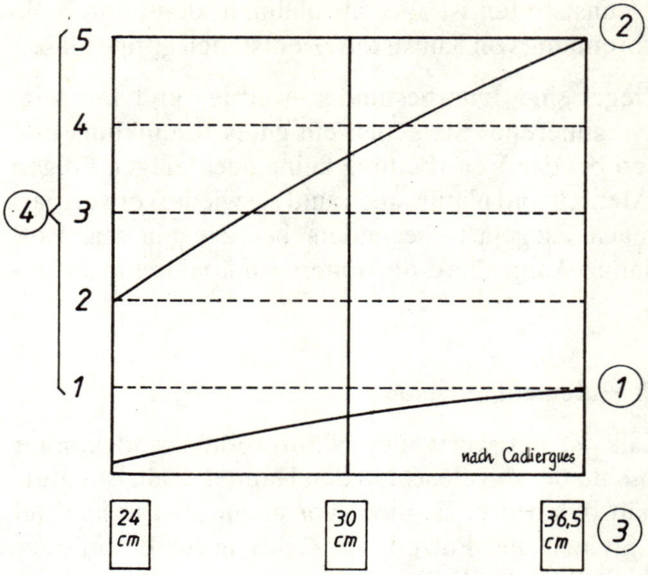

Austrocknungszeiten bei Wänden:
Ziegel und Bimsbeton im Vergleich
1 = Ziegel 2 = Bimsbeton 3 = Wanddicke 4 = Jahre

Drying times for walls
comparison between brick and pumice stone concrete
1 = brick 2 = pumice stone concrete 3 = wall thickness
4 = years

Temps de dessèchement pour murs:
En comparaison: brique et béton de ponce
1 = brique 2 = béton de ponce 3 = épaisseur du mur
4 = ans

Tiempos de desecación de dos tipos de paredes:
Comparación entre paredes de ladrillo y de hormigón pómez
1 = ladrillos 2 = hormigón pómez 3 = espesor de la pared 4 = años

Gips ist ein Naturstein (Kalziumsulfat), der stofflich mit dem Kalk (Kalziumkarbonat) verwandt ist. Naturgips ist gesundheitlich ein unbedenklicher Naturbaustoff. Baugips entsteht dadurch, daß Gipsstein gebrannt wird und sein Kristallwasser verliert. Gips erhärtet, indem er aus dem Anmachwasser das Kristallwasser wieder aufnimmt. Gips wird als Stuck, Verputz und in Form von Platten verwendet. 1 cm Gips entspricht in Wärme- und Schalldämmung 3 cm Ziegelmauerwerk. Gips hat ein besonders hohes Wasseraufnahmevermögen und reguliert die Raumfeuchte, ist allerdings für Feuchträume nicht geeignet.

Der im Handel befindliche Industriegips und die Platten daraus können Schadstoffe mit radioaktiven Bestandteilen enthalten.

Glas – Metalle

Glas wird aus Quarzsand, Kalksteinmehl und alkalischen Stoffen wie Soda oder Pottasche hergestellt. Diese Stoffe werden, je nach dem gewünschten Glas, gemischt und geschmolzen. Glas ist somit eine erstarrte Flüssigkeit, allerdings ohne Kristallbildung. Es ist ein abgeschlossener, für Flüssigkeit und Gase undurchlässiger Baustoff.

Glas bringt Licht und Wärme ins Haus und stellt die Verbindung zwischen Innenraum und Außenwelt her. Normales Glas ist nur etwa 3% für UV-Licht durchlässig. UV-Strahlen haben die Eigenschaft, Luftkeime zu töten und die Luft zu ionisieren und gewisse Funktionen im Körper zu steuern, besonders die Bildung von Vitamin D. Deshalb wäre es günstig, einige Südfenster mit Bioglas auszustatten, das 85% für UV-Strahlung durchlässig ist, am besten in Verbindung mit Normalglas. Geeignet sind Kastenfenster, um das UV-Licht nur nach Bedarf ins Haus zu lassen, da UV-Licht für Teppiche und Möbel weniger günstig ist.

UV-Licht durchlässiges Glas (Bioglas) ist bleifreies Quarzglas, das jedoch teuer ist. Man kann auch Floatgläser nehmen, Acrylglas oder Plexiglas. Acrylglas und Plexiglas laden sich aber elektrostatisch auf und sind nicht kratzfest.

Metalle finden auch im Baubereich Anwendung, besonders Eisen, Kupfer, Aluminium, Zink und Blei. Die Gewinnung der Metalle ist energieaufwendig und umweltbelastend. Die hohe Dichte macht die Metalle zu guten Wärmeleitern und Wärmespeichern, wobei Kupfer noch zehnmal besser leitet als Eisen. Die Metalle finden Verwendung bei der technischen Installation, bei Dachdeckung und Wasserleitung. Bei einer Metalleindeckung eines Holzdaches mit Kupfer können 91% der biologischen Einstrahlung passieren, während es bei Aluminiumblech nur 17% sind. Der Einsatz von Metallfolien sollte im Haus wegen des negativen Einflusses auf das Elektroklima vermieden werden.

Bitumen – Teerstoffe – Kunststoffe

Eine Vielzahl von Destillationsprodukten aus Steinkohle und Erdöl sind Teer, künstliche Peche, Bitumen, Asphalt usw. Sie werden als Sperrstoffe bezeichnet. Sie schützen das Gebäude gegen das Eindringen von Feuchtigkeit. Aber Sperrmaßnahmen beeinträchtigen auch immer den Austausch zwischen Innen- und Außenraum. Deshalb sollte die Anwendung von Sperr- und Dichtstoffen auf ein notwendiges Minimum begrenzt werden. Sowohl bei der Herstellung wie auch bei der Verarbeitung treten Dämpfe auf, die gesundheitsschädlich sind.

Kunststoffe werden ebenso aus Erdöl und Kohle hergestellt. Es wurden hier ganz neue, sonst in der Natur nicht vorkommende makromolekulare Strukturen erzeugt. Zur Herstellung von Kunststoff ist viel Energie erforderlich. In der Bundesrepublik Deutschland werden jährlich mehr als 6 Millionen Tonnen Kunststoffe hergestellt, davon gehen etwa 25% in die Bauindustrie.

Die meisten der am Bau verwendeten Kunststoffe unterliegen einem permanenten Abbauprozess, sie können mehr oder weniger bedenkliche Gase an die Raumluft abgeben. Sie können sich auch stark elektrostatisch aufladen, Ionen abgeben und binden und sich bionegativ auswirken.

Prof. Eichmaier (TU München) hat festgestellt, daß sich zwischen einer Glasscheibe und einer Kunststoffwand elektrostatische Felder bis zu 6.000 Volt aufbauen können.

Bei Verbrennung gewisser Kunststoffe kann sich Chlorwasserstoffgas bilden, das sich mit Wasser zu Salzsäure umwandelt. Beim Verschwelen von Polyurethanschaum kann Blausäuregas entstehen. Von ökologischer Seite ist jede Verwendung von Kunststoff im Bau abzulehnen, nicht nur wegen des hohen Energieaufwandes, sondern auch wegen der Schadstoffemission. Sie sollten nur dort eingesetzt werden, wo sie langfristig erhebliche Vorteile gegenüber anderen Materialien bieten. Es ist auch denkbar, daß bioneutrale Kunststoffe entwickelt werden können.

4. Ecological Building Materials

Summary

The selection of building materials is based on biological, ecological, technical, economical, physical and design considerations. The materials selected are of utmost importance for the room and domestic climate. They should possess a high breathing capacity to allow fresh, oxygenrich air into the house and to allow the used air to escape into the open. This allows equalization of vapour pressure, thereby avoiding excess dampness or drying out. Building materials should have a positive influence on the biological functions of the human body. They should, at least, have no negative effects, i.e. the materials used should be free from toxic substances and fumes (fig. 17).

It is impossible to avoid the use of energy-intensive building materials at some points of the building. It ist however, unnecessary, to use energy-intensive materials when other, energy-saving building materials are available (fig. 16).

The building industry must give precedence to reclamation and recycling of old materials. Recycling of old materials is of high ecological value.

It should be compulsory environmental policy to avoid the use of building materials which are derived from a non-recyclable energy source or which cannot be disintegrated without damaging ecological consequences when they are no longer required. In the long term, it is necessary to develop energy-saving, non pollutive building materials. Building materials should be monitored for radioactivity.

As well as the natural separation of radon gas, there are a number of other chemical separations which occur in modern building materials, particularly plastics. Even in small concentrations, these emissions can represent a health hazard.

Formaldehyde, used as an adhesive in resinoid-bonded chipboard, insulating material, lacquers and glues, is toxic and carcinogenic.

Vinyl chloride in PVC floor coverings etc. can cause damage to health.

Individual building materials can release particles of dust into the air as a result of ageing or wear. These particles ar so fine that they can penetrate into the lungs as in the case of loose mineral fibre insulation materials in sound absorption roofs or asbestos products.

A healthy domestic climate requires building materials, building elements and fittings which cannot be charged with static electricity. Almost all plastics, being nonconductors, are charged with static electricity in the case of friction or contact.

Wood, cork, bark, coconut fibre, clay, brick etc. cannot be charged and provide for a physiologically positive ion distribution.

It is necessary to use hygroscopic building materials and materials with good diffusion characteristics such as wood, clay, lime with high internal surface in order to filter, bind and neutralize toxics (fig. 18).

The use of building materials such as wood, clay, brick etc. with passive exploitation of solar energy provides the ideal natural air conditioning.

One of the most important requirements for a healthy domestic climate is the correct ajustment of the air humidity in the rooms. This should lie between min. 30% and max. 70% in heated rooms. 40–50% is generally regarded as ideal. The first 3–4 cm of the room surfaces are an important regulative factor for the air humidity. Paint and plaster play a particularly important role.

Vapour barriers should be avoided in the biologically designed house as these also act as breathing barriers and impair the room climate. For this reason, impermeable and airtight materials and designs should be avoided.

Brick, lime, natural gypsum, chalk or sand act as humidity regulators due to their high vapour diffusion qualities and as heat equalizers due to their high storage capacity (fig. 19).

Not only the essential building characteristics must be considered in order to ensure the correct room climate, but also the natural, biological radiation field in which our environment is embedded. The natural environmental radiation has an enormous influence on our lives. For this reason, it should not be reduced or disturbed by building materials or combinations of building materials.

Building materials should be, as far as possible, pervious for naturally occuring frequency ranges. It has been proved that dense concrete is more impervious than porous brick and this in turn mor impervious than wood for biological microwaves.

4. Les materiaux ecologiques de construction

Résumé

Le choix des matériaux de construction est soumis aux points de vue biologiques, techniques, économiques ainsi que physiques et de la conception. Les matériaux de construction ont une importance décisive pour le climat intérieur de living. Ils doivent être perméables à l'air (c'est-à-dire: avoir une grande »capacité de respiration«) permettant d'une part l'accès d'air frais et enrichi d'oxygène à la maison et, d'autre part, la sortie de l'air vicié avec seulement peu d'oxygène vers l'extérieur. L'égalisation de la pression de vapeur qui s'en suit, évite une humidité excessive ou le dessèchement. Les matériaux de construction doivent avoir une influence favorable sur la fonction vitale de l'homme. Tout au moins, ils doivent être exempts de tout effets négatifs, c'est-à-dire: les matériaux employés doivent être exempts de toute substance nocive et d'émanations (Fig. 17).

A certains endroits du bâtiment l'emploi de matériaux de construction qui entraînent une consommation intensive d'énergie sera inévitable. Cependant, il est inutile de choisir des matériaux de construction consommant beaucoup d'énergie lorsqu'il y a des matériaux économisant de l'énergie à disposition (Fig. 16).

Dans le domaine de la construction, la récupération et la réutilisation des substances d'anciens bâtiments devraient gagner de plus en plus d'importance. L'utilisation de matériaux de construction anciens est d'une haute valeur du point de vue écologique.

La tâche politique concernant l'environnement exige d'éviter d'une part des matériaux de construction de provenance d'une ressource d'énergie qui n'est pas régénérable et qui, d'autre part, quand on en a plus besoin, n'ont pas la propriété de se décomposer ou alors seulement en entraînant des dégâts consécutifs.

A la longue il s'agit de développer des matériaux de construction économisant plus d'énergie et étant plus favorables à l'environnement.

Les matériaux de construction devraient être contrôlés à l'égard de la radioactivité.

A part du détachement naturel du gaz de radon, il y a encore un grand nombre de détachements chimiques en ce qui concerne les nouveaux matériaux de construction, surtout en ce qui concerne les matières plastiques. Déjà en faible concentration ces émissions peuvent être nocives à la santé.

Le formaldéhyde, ingrédient dans la résine synthéthique à l'aide de laquelle sont collés les panneaux de particules, et ingrédient aussi dans les matières isolantes, dans le vernis et dans la colle, est délétère et cause le cancer.

Le chlorure de vinyle dans les revêtements-CVP de plancher, etc., peut être nocif à la santé.

Des matériaux particuliers de construction peuvent, dû au vieillissement ou à l'abrasion, dégager des particules de poussière dans l'air. Ces particules sont souvent tellement fines qu'elles peuvent pénétrer dans les poumons, comme c'est le cas concernant les matériaux isolants en fibre minérale, ouvertement incorporés dans les plafonds insonores ou concernant les produits d'asbeste.

Un climat de living sain requiert des matériaux de construction, des pièces de constructions et des objets d'aménagement qui ne sont pas susceptibles de dégager des charges électrostatiques. Presque toutes les matières plastiques étant non-conductibles sont susceptibles de dégager, lors d'une friction, respectivement d'un contact, des charges électrostatiques.

Le bois, le liège, l'écorce, les fibres de coco, la glaise, les briques, etc., ne sont pas susceptibles de dégager des charges électrostatiques et ont pour effet la répartition d'iones physiologiquement favorables.

Il est nécessaire d'employer des matériaux avec une bonne propriété de diffusion hygroscopique, comme le bois, la glaise, les briques, la chaux, ayant une grande surface intérieure, capables de filtrer, de lier et de neutraliser des substances nocives (Fig. 18).

La climatisation naturelle sera optimale lorsque l'on emploie des matériaux de construction comme le bois, la glaise, les briques, etc., sous l'exploitation passive de l'énergie solaire.

Le réglage de l'humidité de l'air dans les chambres fait part des exigences les plus importantes pour un climat de living sain. Dans les chambres chauffées, l'humidité ne devrait pas être inférieure à 30% et ne pas dépasser les 70%. Une humidité d'air de 40% à 50% est considérée comme agréable. Les premiers 3 à 4 centimètres de la surface limitant les chambres représentent un régulatif important pour l'humidité de l'air. La peinture et le crépi ont une signification particulière.

Dans les maisons bâties d'après le principe biologique, des barrières de vapeur devraient être évitées le plus que possible parceque celles-ci représentent des barrières respiratoires et empirent le climat de la chambre.

Pour cette raison, les matériaux de construction ainsi que les constructions de bâtiments imperméables à la vapeur d'eau et hermétiques sont à éviter.

Les briques, la chaux, le plâtre naturel, la craie ou le sable règlent l'humidité par leur propriété élevée de diffusion de vapeur et compensent la température par leur capacité d'accumulation élevée (Fig. 19).

Non seulement les propriétés indispensables dans la technique de construction sont à prendre en considération pour le climat de la chambre, mais aussi le champ de rayonnement naturel biologique qui entoure notre biotope. Le rayonnement ambiant naturel exerce une influence extraordinaire sur notre vie. Par conséquent, il ne devrait pas être perturbé ou réduit par les matériaux de construction ou par leurs combinaisons.

Les matériaux de construction doivent avoir la meilleure perméabilité possible pour les gammes d'ondes naturelles apparaîssantes. Il est un fait avéré que le béton épais empêche plus que les briques poreuses et celles-ci plus que le bois la pénétration du rayonnement des micro-ondes biologiques.

4. Materiales de construcción ecológicos

Síntesis

Al elegir los materiales de construcción habrá que tener en cuenta criterios biológicos y ecológicos, técnicos y económicos, así como físicos y estéticos. Los materiales de construcción tienen una incidencia decisiva en las condiciones ambientales y la habitabilidad de la casa. Deberían presentar la mayor permeabilidad al aire posible, pues la misma permite, por una parte, la entrada de aire fresco y rico en oxígeno en el edificio y, por otra, el paso del aire viciado y pobre en oxígeno al exterior. La compensación de la presión del vapor de agua derivada de este intercambio previene la excesiva humectación o desecación del aire. Los materiales de construcción deberían incidir positivamente en la función vital del ser humano, o bien, como exigencia mínima, no acusar efectos negativos, es decir, los materiales que se empleen no deberían contener sustancias, ni provocar emanaciones, que tengan un efecto perjudicial inmediato. (Fig. 17)

En ciertas áreas del edificio será inevitable el uso de materiales que conlleven un gran consumo energético, pero no será necesario emplear este tipo de materiales en los casos en que se disponga de otros que impliquen una menor explotación de energía. (Fig. 16)

La recuperación y reutilización de materiales reciclables deben pasar a ocupar un lugar destacado en el ámbito de la construcción. El aprovechamiento de material edilicio antiguo asimismo reviste un gran valor ecológico.

En conformidad con criterios ecológicos, debería convertirse en una obligación evitar el uso de materiales de construcción que, por un lado, procedan de fuentes energéticas no renovables y que por otro, una vez llegado el momento de removerlos, resulten no ser degradables o que, al degradarse, provoquen daños ecológicos ulteriores. A largo plazo se deberán desarrollar materiales de construcción no contamintantes y económicos en términos energéticos.

Los materiales de construcción deberían ser controlados en cuanto a radiactividad.

Además del desprendimiento natural de gas de radón, en los nuevos materiales de construcción, y sobre todo en las materias plásticas, se registra toda una serie de emisiones químicas que pueden ser perjudiciales para la salud aun en caso de presentarse en concentraciones reducidas.

El formaldehído, que interviene en las resinas sintéticas usadas como aglutinante en la fabricación de madera aglomerada y en la elaboración de materiales para protección calorífuga, así como en la fabricación de pinturas sintéticas y pegamentos, es tóxico y cancerígeno.

El cloruro de vinilo, presente en pavimentos de PVC etc. puede tener efectos perjudiciales para la salud.

En algunos materiales de construcción se podrán presentar emisiones de partículas de polvo a causa del envejecimiento o desgaste de los mismos. A menudo las partículas emitidas son tan diminutas que pueden llegar hasta el pulmón, como sucede en el caso de los productos a base de amianto o de los materiales aislantes a base de fibras minerales, trabajados en sistemas abiertos, que se emplean en cielo rasos antiacústicos.

La obtención de buenas condiciones ambientales en la casa dependerá del uso de materiales y elementos de construcción así como de enseres y demás componentes que no sean susceptibles de presentar campos de electricidad al estado estático. La casi totalidad de los plásticos, al ser dieléctricos, se electrizan por contacto o fricción.

Madera, corcho, corteza, fibras de coco, adobe, ladrillos, etc. son materiales que no se electrizan y que, a la vez, aseguran una distribución de iones fisiológicamente positiva.

Se deberán emplear materiales de construcción de buenas propiedades higroscópicas y de difusión, como ser madera, adobe, ladrillos o cal de superficie interna grande, que estén en condiciones de filtrar, fijar y neutralizar las sustancias contaminantes. (Fig. 18)

Se obtiene un grado óptimo de climatización natural al emplearse materiales de construcción tales como madera, adobe, ladrillos, etc., aplicándose el sistema pasivo de la captación de energía solar.

Uno de los criterios más importantes a ser tenidos en cuenta para disponer de condiciones ambientales saludables, es el de la regulación de la humedad del aire en el edificio. La misma en los recintos calefaccionados no debería ser inferior al 30% ni superior al 70%; se tiene una sensación agradable ante una humedad del 40% a 50%. Los primeros 3 cm a 4 cm de la superficie que limita el recinto cumplen una importante función de regulación de la humedad del aire; en este contexto revisten especial importancia la pintura y el revoque.

En una casa construida conforme a criterios ecológicos debería evitarse, dentro de lo posible, la incorporación de barreras cortavapor, ya que éstas afectan la »capacidad respiratoria« del edificio y, por lo tanto, deterioran las condiciones ambientales dentro del mismo. De ahí que se deberá evitar el empleo de materiales y tipos de construcción que sean impermeables al vapor de agua y al aire.

Ladrillos, cal, yeso natural, creta o arena actúan como reguladores de la humedad y equilibradores térmicos en función de su alta capacidad de difusión de vapor y de acumulación de calor, respectivamente. (Fig. 19)

Las condiciones ambientales imperantes en un recinto no sólo dependen de ciertas cualidades insoslayables de los materiales de construcción, sino asimismo del campo de la radiación biológica natural propio del espacio vital en el que nos desempeñamos. La radiación ambiental natural tiene una gran influencia sobre nuestra vida. De ahí que se debería cuidar de que los materiales de construcción o las combinaciones de los mismos no supongan una interferencia o un debilitamiento de la radiación natural.

Los materiales de construcción empleados deberían presentar la mayor transmitancia posible a las gamas de ondas naturales. Se ha demostrado que el hormigón denso representa un obstáculo mayor al paso de las microondas biológicas que los ladrillos porosos, mientras que éstos, a su vez, ofrecen una resistencia mayor que la madera.

5. Ökologische Baukonstruktion

Für eine ökologische Baukonstruktion gibt es kein spezielles Patentrezept, aber verschiedene Lösungsansätze. Es besteht ein ganzes Spektrum von Möglichkeiten, die zu einer kostensparenden und bioqualitativen Bauweise führen. Es kann eine Art symbiotische Architektur von hoher Sozialverträglichkeit im Dienste der Menschen und der Natur entstehen, die durchaus die Verarbeitung historischer Bauerfahrungen einschließt.

Der Trend zum Einfachen und Selbstverständlichen darf sich einer Weiterentwicklung im Bauen nicht verschließen. Durch Denken und Handeln in ökologischen Kreisläufen kann die Architektur bedürfnisgerechte und humane Lebensbedingungen schaffen. Wohn- und Lebensqualität hängen weder vom verstärkten Konsum noch von überhöhtem Energiebedarf ab, sondern von einer intakten Umwelt, der sich auch die Architektur anpassen muß.

Wichtige Kriterien für jede Architektur

Nach Rolf Disch sollten folgende 10 Punkte grundsätzlich für jede Architektur gelten:

1. Berücksichtigung der Bedürfnisse der Bewohner, sowohl junger als auch alter Menschen. *Architektur ist für den Menschen da.*
2. Richtige Einfügung der Gebäude in die Natur und in die Umgebung.
3. Sparsamer Umgang mit der nicht vermehrbaren Landschaft durch bessere Nutzung der Baufläche und bessere Nutzung und Umnutzung der Bausubstanz.
4. Gemeinschaftsförderndes Wohnen. Die Bewohner sollen sich sowohl mit dem Ort als auch mit der Gemeinschaft identifizieren können.
5. Die Gestaltung der Bauten soll so sein, daß das Äußere eines Hauses mehr ist als eine nüchterne Hülle für die Innenräume. Sie ist Teil des öffentlichen Raumes, der Straße, des Platzes. Regionale Eigenarten müssen berücksichtigt werden.
6. Die Einbeziehung der Nutzer in den Planungs- und Bauprozeß.
7. Ungestörtes Wohnen durch Wahrung der Privatsphäre. Sie muß ebenso gewährleistet sein wie auch die Möglichkeit der persönlichen Gestaltung des Hauses und des Gartens.
8. Anpassungsfähige Wohnungen, die den Bewohnern ermöglichen, Veränderungen innerhalb der Wohnung sowie Vergrößerungen oder Verkleinerungen durchzuführen.
9. Energiesparendes Bauen und Wohnen.
10. Ökologie in Haus und Garten (z.B. Speicherung von Regenwasser, Ausnutzung der Sonnenenergie, Wiederverwendung von Abfall usw.)

Alter Bauernhof in Bayern
Old farmhouse in Bavaria

Vieille ferme en Bavière
Antigua casa de campesinos en Baviera

Sehr wichtig ist ein grundsätzliches Verständnis für natürliches, klimaabhängiges Planen und Bauen. Früher kannte jede Landschaft ihren eigenen Haustyp, welcher der jeweiligen Klimazone entsprach. Mikroklimatische Bedingungen, je nach Landstrich und Höhenlage, bestimmten, ob leichte oder schwerere Bauweisen gewählt wurden.

Nach dem 2. Weltkrieg prägten neue Baumaterialien den Baustil. Die wirtschaftlich fetten Jahre förderten eine energieverschwendende Bautechnik. Von Nord bis Süd und von Ost bis West baute man eine Vertikalarchitektur mit monoton gearteten Betonfassaden. Es entstanden Hochhausklötze, wahre Technosaurier aus Stahlbeton und Glas, die die Stadtbilder gleichförmig erscheinen lassen. Diese Gebäude wurden nicht mit, sondern trotz oder gegen die Natur gebaut.

Die Lehmhäuser der Wüstenbewohner oder die Iglus der Eskimos mit ihrer effizienten Klimatisierung sind bei weitem intelligentere architektonische Leistungen als die großen Glaspaläste, die nur durch kostspielige und aufwendige Klimaanlagen bewohnbar gemacht werden können. *Wenn wir den Menschen als Teil der Natur betrachten, dann müssen auch sein Haus und seine Stadt eine Art erweiterter Teil des Ganzen sein.*

Städtebauer und Architekten beginnen langsam zu begreifen, was sie angerichtet haben. Sie suchen nach neuen Wohnformen. *Nicht das technisch Machbare, sondern das naturgemäß Notwendige ist heute gefordert.* Wenn wir die Kenntnisse und Erfahrungen der Vorfahren und alter Baumeister mit dem technologischen Wissen von heute kombinieren, sind wir sicher auf dem Weg zu einer brauchbaren ökologisch orientierten Architektur, wenn es auch verschiedene Vorurteile gegen neue Konzepte gibt.

Vernünftige Baukonstruktionen alter Bauernhäuser

Die alten Schwarzwald-Häuser waren Energie-Sparhäuser, ebenso wie Bauernhäuser in der Alpen-Region oder an der Küste. Bei diesen Bauernhäusern diente der große Dachraum als Trockenspeicher für Getreide und Heu. Er wurde so zur Wärme-Pufferzone. Die hohe Körpertemperatur des Viehs in den Ställen an der Außenfassade bildete eine thermische Pufferzone. Die Körperwärme des Viehs heizte das Gebäude von unten auf und der Futterspeicher hielt die Kälte von oben ab. (Siehe Abb. 20)

Abb. 20 Fig. 20

Historisches Energie-Haus der Bauern (Schwarzwald) 1 = Ställe (Thermokonvektion) 2 = Wohnräume 3 = Futterspeicher (Isolierung) 4 = Einfahrt

Historical peasant energy-house (Black Forest)
1 = stalls (thermal convection) 2 = domestic rooms 3 = feed store (insulation) 4 = entrance

La maison historique rurale d'énergie (Forêt-Noire)
1 = les étables 2 = les pièces de living 3 = grenier à fourrage 4 = entrée

Casa energético-económica de los campesinos de la Selva Negra
1 = establos (termoconvección) 2 = ambientes habitables 3 = granero (aislamiento) 4 = acceso

Der Wohnbereich befand sich im innersten Teil des Hauses. Die Küche lag im Erdgeschoß, hier wurde die meiste Wärme erzeugt und sie beheizte auch die darüberliegenden Räume mit. Die Küche wirkte wie eine »Wärmflasche« und als thermischer Puffer für den Wohnbereich.

Das Bauernhaus des Alpenraums ist eine Beweisführung, daß vernünftige Architektur zugleich auch schöne Architektur sein kann. Charakteristisch ist das flachgeneigte Satteldach. Die tiefstehende Wintersonne erwärmt das Haus, die hochstehende Sommersonne wird abgehalten.

Schon vor 2.500 Jahren berechnete Sokrates aus Kenntnis der unterschiedlichen Sonnenstände ein geneigtes Dach mit Überstand, *so daß die Wintersonne maximal ausgewertet werden konnte, die Sommersonne dagegen vollkommen abgeschirmt wurde.* (Siehe Abb. 21)

Abb. 21 Fig. 21

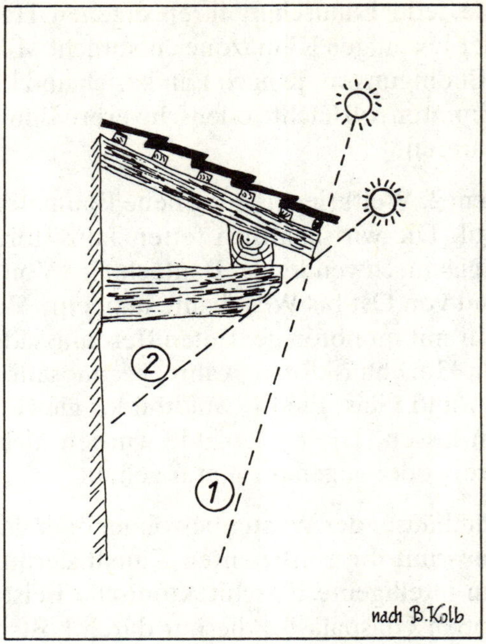

Weit vorspringendes Dach
1 = schützt im Sommer vor zu starker Sonneneinstrahlung
2 = behindert die Wintereinstrahlung nicht

Wide roof projection
1 = shields from strong sun radiation in the summer
2 = does not hinder radiation in winter

Toit à longue saille
1 = protège en été contre insolation excessive
2 = n'empêche pas l'irradiation en hiver

Techado prominente
1 = en el verano brinda protección contra una incidencia excesiva del sol
2 = no obstaculiza la incidencia de los rayos solares en invierno

Auf dem flach geneigten Satteldach bleibt außerdem der Schnee liegen und dient zusätzlich als Wärmeschutz. Außerdem dient ein genügender Dachüberstand auch als Wandschutz gegen Regen. Die umlaufenden Balkone sind thermische Pufferzonen. Auf der Südseite lassen die Fensterflächen tagsüber viel Sonne hinein, welche die Zimmer erwärmt. Nachts werden die Fensterläden geschlossen, um den Wärmefluß zu verhindern.

Für die Architekten vergangener Jahrhunderte, in denen der Mensch noch mit dem Energierhythmus der Sonne lebte, war die Optimierung des Energiehaushalts eine Frage des Überlebens. Man verspürte am eigenen Leib, *wie eng Klima, Bauform und körperliches Wohlbefinden miteinander verflochten sind.*

Die biosolare Konzeption

Um den Wärmefluß nachts und im Winter noch wirkungsvoller zurückzuhalten, wurden aus Balkonen schließlich verglaste Erker. Bei dieser halbrunden Bauweise scheint die Sonne von morgens bis nachmittags in den Wohnraum oder noch besser in einen Pufferraum, der vor dem Wohnbereich liegt. Ein so attraktiver Pufferraum außerhalb des aktiven Wohnbereichs kann das ganze Jahr vielfältig z.B. als Wintergarten oder als Gewächshaus usw. benutzt werden.

Die Vorteile dieser ungemein nützlichen Bauweise werden heute bei der Anwendung der sogenannten passiven Systeme zur Nutzung der Sonnenenergie wieder entdeckt. Das kurzwellige Sonnenlicht durchdringt das Glas, wird von Wand und Fußboden absorbiert und in langwellige Wärmestrahlung umgewandelt. Durch die Verglasung kann die so eingefangene Wärme nicht abfließen, es kommt zum Wärmestau, dem sogenannten Treibhauseffekt.

Das Ziel der passiven Solararchitektur ist, daß das ganze Haus als Sonnenkollektor arbeitet. Glashausvorbauten, mit denen man den Treibhauseffekt für das Gebäude nutzbar machen kann, sind mittlerweile ein wichtiger Teil moderner Energiespararchitektur und sollten auf der Wunschliste eines jeden Bauherrn stehen.

Je mehr Wärme ein Haus von der Sonne mitbekommt, desto weniger Heizenergie braucht es. *Deshalb sollte das Haus so gebaut werden, daß es möglichst lange von der Sonne beschienen wird.* (Siehe Abb. 22) Die passive Energieausnutzung beginnt mit einem zu den Himmelsrichtungen richtig orientierten Grundriß, geht weiter über das Öffnen der Fassade nach Süden mit einem Glashaus als Wärmepuffer und das Schließen des Hauses nach Norden mit einem festen Hauskern als Wärmespeicher.

Grün am Haus

Das Grün am Haus kann auch eine ganz spezielle Rolle für die Energiebilanz spielen. Die Bepflanzung von Fassaden erzeugt ein Luftpolster an der Außenwand und bewirkt damit eine Reduktion des Wärmebedarfs.

Im Sommer heben sich die Blätter nach dem hohen Sonnenstand und wirken als Lüftungsjalousien, sie kühlen also mit Kaminwirkung zwischen Pflanze und Gebäude, unterstützt durch die Verdunstung der Pflanze. Im Winter senken sich die Blätter der Immergrünen aufgrund des geringeren hydrostatischen Drucks nach dem niederen Sonnenstand und bilden einen stehenden, isolierenden Luftraum durch die Überschuppung der Blätter an der Außenwand. (Siehe Abb. 23)

Abb. 22 Fig. 22

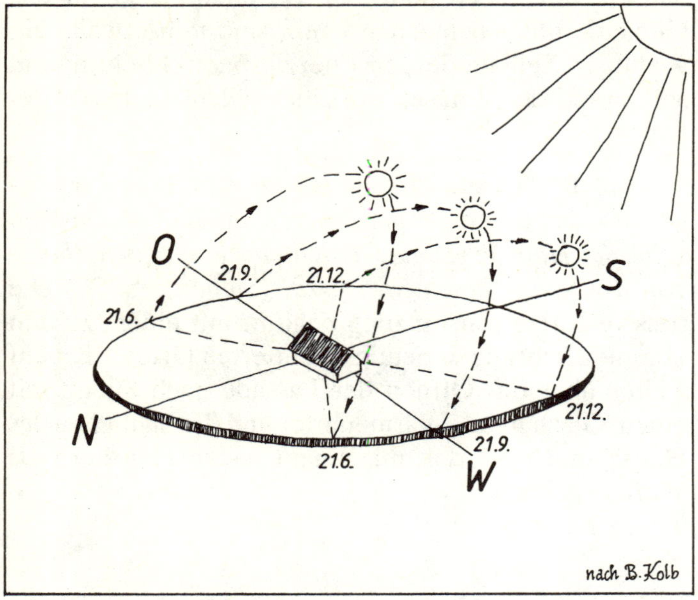

Ausrichtung des Hauses nach der Sonne

Coordination of house with the sun

L'orientation de la maison vers le soleil

Orientación de la vivienda en función del sol

Wichtig ist, daß man für die Südseite, die ja die Wintersonne besonders einfangen soll, Pflanzen nimmt, die im Herbst ihre Blätter verlieren. Dann kann in der kalten Jahreszeit die Sonne ungehindert die Wände aufheizen. Geeignet sind Knöterich, Wilder Wein, Geißblatt und gewisse Sorten der Kletterrosen.

Für die Nordseite, aber auch für die Ost- und Westseite eignen sich immergrüne Pflanzen, die ganzjährig eine dichte Schutzmauer bilden. Efeu klettert an jeder Wand ohne Spalier hoch. Ein Spalier muß nicht sein, hat aber den Vorteil, daß die Luftschicht zwischen Pflanze und Wand sich klimatisch günstig auswirken kann, dadurch wird auch die Gefahr, daß der Putz verschmutzt oder angegriffen wird, reduziert.

Die Fassadenbepflanzung zerstört an und für sich nicht den Putz, es sei denn, er ist ohnehin schon rissig. Im Gegenteil, durch den Feuchtigkeitsentzug der Pflanzen und den Wetterschutz, den sie bieten, besonders auch bei Schlagregen, kann der Putz von begrünten Fassaden eine weitaus längere Lebensdauer haben, nachweisbar 60 bis 70 Jahre.

Pflanzenwuchs kühlt also im Sommer, immergrüner Bewuchs hält im Winter die Wärme. Nach Messungen in Australien wurde eine Heizkosteneinsparung pro m^2 bewachsener Außenwand mit bis zu 30% gemessen.

Die Begrünung erweist sich aber nicht nur energetisch positiv, sondern auch ökologisch sinnvoll, da sie Kohlendioxid in Sauerstoff umsetzt. *Jeder Quadratmeter Freifläche sollte in grüne Lungen umgewandelt werden.* Um wieder ein gesundes Stadtklima zu schaffen, würde es bereits genügen, wenn 5% aller geneigten und horizontalen Gebäudeflächen in der Stadt begrünt würden.

Ein dichtes Pflanzenkleid erweist sich durch das Mitschwingen der Blätter als Schalldämpfer, als Staubfilter und Virentilger. Die bauphysikalischen Eigenschaften einer begrünten Fassade wirken auch positiv auf das Innenraumklima und somit auf das Wohlbefinden der Bewohner.

Die Furcht vor Insekten und Ameisen aus Pflanzenteppichen ist meist übersteigert, denn viele Vogelnistplätze in der Fassade sorgen für die Balance. Damit Nutzvögel auch in der Stadt nisten und Früchte finden können, sind vertikale Grünsysteme notwendig.

Abb. 23 Fig. 23

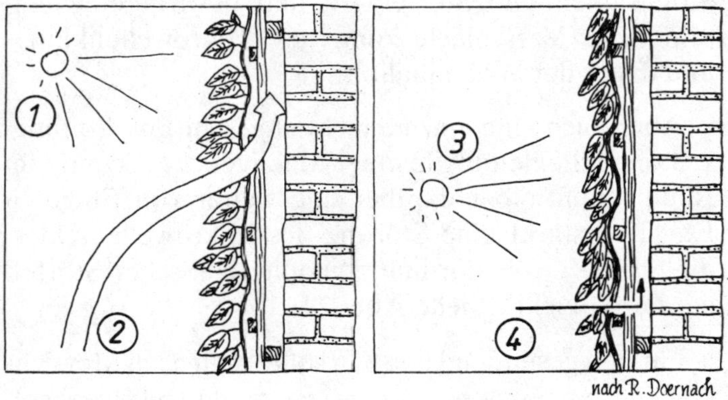

Die grüne Wand
1 = hoher Sonnenstand 2 = Luftstrom 3 = niedriger Sonnenstand 4 = Luftschicht dämmt

The green wall
1 = sun high 2 = air circulation 3 = sun low 4 = air layer acts as insulation

Le mur avec des plantations
1 = position élevée du soleil 2 = courant d'air 3 = position basse du soleil 4 = couche d'air isolante

El muro verde
1 = posición alta del sol 2 = corriente de aire 3 = posición baja del sol 4 = capa de aire que actúa como amortiguador

Dachbegrünung

Eine ähnliche Wirkung wie eine grüne Mauer um das Haus hat auch eine Begrünung von Flachdächern. Der an sich unerwünschte Wärmeauftrieb wird dadurch entscheidend gemindert. Gründächer wirken als Wasserspeicher, da Niederschlagswasser im Bodenaufbau einer Dachbegrünung zurückgehalten wird und dann größtenteils wieder durch Verdunstung in den natürlichen Wasserkreislauf eingebracht wird.

Besonders im Sommer wirken begrünte Dächer ausgleichend auf das Innenklima der darunterliegenden Räume. Durch die feuchte Substratschicht erwärmt sich die Dachdichtung unter der Begrünung auch bei starker Sonnenstrahlung nur auf 30°C, während ungeschützte dunkle Dachflächen Spitzentemperaturen von 80°C erreichen. Während der Heizperiode wirkt die Begrünung wie eine zusätzliche Wärmedämmschicht.

Mikroklimatisch ergeben sich positive Auswirkungen durch die Minimierung von Temperaturextremen, eine Erhöhung der Luftfeuchtigkeit und der Bindung von Staubteilchen.

In skandinavischen Ländern haben begrünte Dächer eine jahrhundertealte Tradition. Auch bei uns werden Dachbegrünungen als Baustein einer ökologisch orientierten Architektur und Stadtplanung an Bedeutung gewinnen.

Bauen mit Beton

Noch keine 100 Generationen wohnt der Mensch in festen Häusern und erst knapp zwei Generationen lebt er im Normhaus unter einer Massivdecke. 1929 verkündete Le Corbusier: 'Heute empfehle ich ein einziges Baumodell für alle Länder und alle Witterungen'.

Der Wohnbau unserer Zeit setzte sich tatsächlich über alle Landschaften hinweg und zeigt sich in Form des innen und außen verputzten Massivbaus. Man sah im vielgeschossigen Beton-Haus die Lösung des Wohnungsproblems und die optimale Flächennutzung. Doch es ist erwiesen, daß ein freundlicher Wohnhof mit drei Geschossen auf gleicher Fläche ein Fünftel mehr Wohnraum bietet als eine zehngeschossige Wohnscheibe. Die Wohnscheibe spart keineswegs Platz, denn zur Sicherung des Lichteinfalls müssen Mindestabstände bis zu zweieinhalb Gebäudehöhen zwischen den emporragenden Gebäuden eingehalten werden.

In Chicago erreichte ein Hochhaus 337 Meter und in Köln brachte man es auf 46 Obergeschosse.

Inzwischen wurde von Experten ein mangelndes Wohlbefinden im Hochhaus und eine Zunahme von Erkrankungen mit der Geschoßzahl nach oben festgestellt. Schon 1971 brachte die Zeitschrift 'Umschau in Wissenschaft und Technik' in Heft 15 gesundheitstatistische Ergebnisse, daß im Reihenhaus auf 1.000 Einwohner 101,1, im Erdgeschoß von Beton-Etagenwohnungen 193,7 und in der 3. Etage 246,0 Neuerkrankungen registriert wurden.

Die vom Bautechniker geschätzte höhere Dichte und Härte des Betons ist aus baubiologischer Sicht sehr bedenklich. Die Atmungsaktivität von Beton ist praktisch gleich null. Beton mit den netzartigen Stahleinlagen bei Decken und Wänden schirmt lebenswichtige kosmische Impulse ab oder verzerrt sie. Die pathogenen Auswirkungen von Verzerrungen des erdmagnetischen Feldes wurden im 3. Kapitel beschrieben.

Eine Massivdecke kann das Strahlungsfeld entscheidend verändern. Unter ihr fällt die biologisch günstige Mikrowellenstrahlung aus dem Kosmos fast völlig aus. Befinden sich im Untergrund des Gebäudes Bodenreize durch Grundwasserströme, Verwerfungen oder geologische Brüche, so überträgt sich die biologisch ungünstige Strahlung immer stärker nach oben.

Beim Durchgang durch den Beton wird die gebündelte Mikrowellenstrahlung nicht abgebremst, sondern noch verstärkt. Es tritt ein sogenannter Maser-Effekt auf, also ein optisches Pumpen. So entsteht nach Durchgang durch einige Geschosse ein Gewirr von Störstrahlen und Störfeldern und bewirkt eine empfindliche Verschlechterung des Mikrowellenklimas und damit der Wohnqualität.

Aber auch eine einzige nicht abgeschirmte Leitung, z.B. eine Stegleitung in einer Massivdecke, erzeugt im Raum unmittelbar darüber und weiter von Etage zu Etage verstärkt eine Störung des Mikrowellenfeldes, die an die Größenordnung geophysikalischer Störfelder heranreicht. (Siehe Abb. 24)

Für den gesunden Hausbau sollte man nach Möglichkeit eine eingeschossige Bauweise wählen oder eine solche mit möglichst wenig Etagen, wobei eine gehäufte Anordnung von Decken, insbesondere von Massivdekken zu vermeiden ist.

Modernes Hochhaus

Modern multistorey building

Building moderne

Moderno edificio de pisos

Abb. 24 Fig. 24

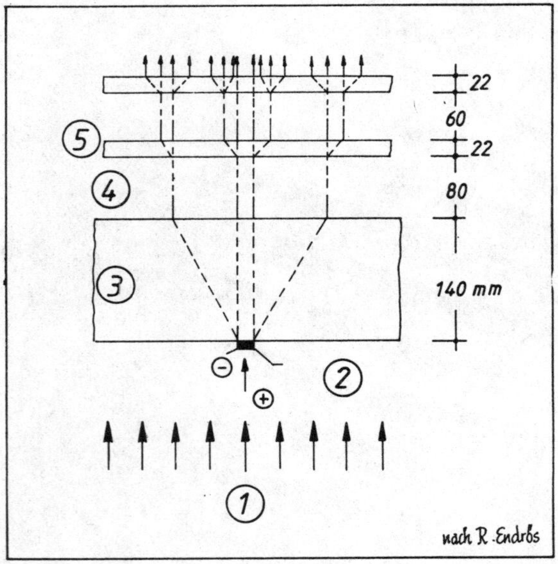

Schematische Darstellung zum Hochhausphänomen:
(Modellversuch)
Aufspaltung der nach Quanten gebündelten Kraftlinien in Obergeschossen
1 = Magnetfeld der Erde 2 = Leiter nach Norden 3 = Marmor 4 = Luft 5 = Granit

Schematic representation of the tower block phenomenon:
(model experiment)
Splitting of quantized lines of force in the upper storeys.
1 = earth's magnetic field 2 = conductor to north 3 = marble 4 = air 5 = granite

Démonstration schématique du phénomène de building:
(essai-modèle)
La séparation des lignes de champs en faisceaux quantifiés aux étages supérieures
1 = champ magnétique terrestre 2 = conducteur vers le nord 3 = le marbre 4 = l'air 5 = le granit

Representación gráfica del fenómeno del edificio-torre
(ensayo de modelo)
Desdoblamiento de las líneas de fuerza concentradas y cuantificadas en las plantas superiores
1 = campo magnético terrestre 2 = conductor hacia el norte 3 = mármol 4 = aire 5 = granito

Bauen mit Stein

In Europa findet man im Norden überwiegend Holzbauten, im Süden überwiegend Steinbauten. Dazwischen liegen Regionen, in denen die wichtigsten beiden Naturbaustoffe untereinander und nebeneinander angewandt werden.

In 4.000-jähriger Geschichte *haben Ziegelbaustoffe ihre Qualität für ein wohngesundes Haus durch erstaunliche Wärmespeicherfähigkeit und Temperaturstabilität bewiesen.* Sie machen es möglich, daß man in solchen Wohnbauten in unserem Klima 6 bis 7 Monate ohne Heizung auskommt und die Innentemperatur nicht unter 19°C sinkt. Dafür sollte ein Haus, wie bereits bei der Biosolarkonzeption besprochen, soviel wie möglich nach Süden und so wenig wie möglich nach Norden ausgerichtet sein. Im Norden können Nebenräume liegen, Treppenhaus, Flur, Hobbyraum, WC usw. Die wichtigsten Räume aber müssen nach Süden, Westen und Osten ausgerichtet sein.

Man darf vor allem die Außenwände eines Hauses nicht an der Energieaufnahme hindern und die Sonne nicht 'aussperren'. Bei allen mit üblicher Wärmedämmung versehenen Fassaden ist dies der Fall.

Will man die bauphysikalischen Vorteile des Vollziegels nutzen (nach Architekt Hermann H. Wiechmann), so sollen die Außenwände nach Norden aus 49 Zentimeter starken Vollziegelmauern bestehen, um die Übertragungswärme zu nützen. Hier kann man nach außen noch dämmen. Nach Süden, Ost und West reichen 36.5 Zentimeter Vollziegelwände ohne Dämmung, wenn Keller und Dach über eine ausreichende Wärmedämmung verfügen. Die Innenwände sollen ebenfalls aus wärmespeichernden Vollziegelwänden gemauert sein.

Ein willkürlicher Materialwechsel in einem Mauerwerk, das aus vielen Gründen Homogenität erfordert, führt immer zu Nachteilen und damit zu Ärgernissen für den Bauherrn. *Mischmauerwerk läßt durch unterschiedliches Dehnungsverhalten Mauern und Außenputz reißen.*

Das Ziegelmauerwerk sollte sich bei kühlen Temperaturen nicht nur weit über die Außentemperatur aufheizen, sondern es sollte auch viel langsamer auskühlen. Die richtige Stärke hat die Ziegelwand dann, wenn der Wärmedurchfluß im Winter etwa im 12-Stunden-Rhythmus zwischen innen und außen erfolgt. Die nachts abgestrahlte Wärme wird tags eingeholt, die tags eingeholte Wärme wird nachts abgestrahlt.

Durch Einbeziehung von Glasflächen, die zur Ausnützung der Sonnenenergie beitragen, kann eine individuelle harmonische Architektur entstehen.

Bauen mit Holz

Seit Urzeiten wird mit Holz gebaut, und in einem Holzbau kann jeder gesund leben. Mit dem Holz verbindet sich der Inbegriff von Wohlbefinden, Wärme und Behaglichkeit. Aus lebenden Organismen stammend, ist *das Holz grundsätzlich biopositiv,* es *tauscht aktiv Sauerstoff und Feuchtigkeit aus und stabilisiert das Ionengleichgewicht im Raum.* Holz ist ohne Energieeinsatz praktisch unbeschränkt produzierbar. Statistisch wächst in den Wäldern der Bundesrepublik das für den Bau eines Einfamilienhauses erforderliche Holz in einer Minute.

Besonders in Schweden, Norwegen und in der Schweiz finden sich kunstvolle und ansprechende Holzhäuser.

Holzbau ist Trockenbau und weist wegen keiner Trocknungszeit verkürzte Bauzeit auf. Holzhäuser sind ausbau- und anbaufähig. Holz dämmt Wärme zehnmal besser als Beton. Seine konstruktive Effizienz, gemessen am Gewichts- und Festigkeitsverhältnis, liegt über der des Stahls.

Unter baubiologischen Gesichtspunkten können alle Massivholzprodukte unbedenklich im Hausbau eingesetzt werden, sofern sie nicht mit einem giftigen Holzschutzmittel imprägniert wurden. (Holzbalken können mit einem Gemisch aus Borax, Wurzelteer, Leinöl und Kräuterzusatz eingelassen werden, die sie vor Witterung und Insektenbefall schützen und zugleich farblich abtönen.)

Die ursprüngliche Art, mit Holz ein ganzes Haus zu bauen, ist die alte Blockbauweise.

Blockhausbau hat sich in verschiedenen Ländern bestens bewährt. Ganze Baumstämme werden als tragende Wände übereinandergeschichtet und durch kunstvolle »Verkämmung« stabilisiert. Heute erhalten die Balken zusätzlich gefräste Nuten und Federn in den Stoßfugen. Blockhäuser lassen sich auch in Fertigbauweise herstellen. Am schönsten ist ein mit Holzschindeln gedecktes Dach, das sich besonders gut in die Landschaft einfügt.

Fachwerkbau ist bei uns aus konstruktiven Gesichtspunkten entstanden. Die Holzkonstruktion übernimmt die tragende Funktion. Die Räume zwischen den Hölzern werden mit anderen Materialien gefüllt. Früher war es hauptsächlich ein Lehm-Stroh-Gemisch. Der Lehm konservierte die Holzbalken auf natürliche Weise, und die Stroh-Lehm-Mauern schufen ein gesundes Raumklima.

Fachwerkbauten, bei denen die Holzkonstruktion sichtbar bleibt, stellen hohe fachliche Anforderungen an den Zimmermann. Aus dem Fachwerkbau hat sich die wirtschaftliche Form des Holzskelettbaus entwikkelt.

Holzskelettbau ermöglicht leichtes und massives Bauen. Die Zwischenräume zwischen den Konstruktionshölzern können mit Dämmstoffen gefüllt und mit Platten und Brettern verkleidet werden. Sie können auch mit schweren Baustoffen wie Ziegeln oder Lehm ausgemauert werden.

Es hat sich vorwiegend die Leichtbauweise durchgesetzt. Auch die meisten Fertighäuser werden nach diesem Prinzip erstellt. *Wichtig ist, daß die Bausätze mit emissionsfreien Spanplatten, biologischem Dämm-Material und giftfreien Anstrichmitteln ausgeführt werden.*

Bauen mit Lehm

Lehm als Baustoff ist in den 'entwickelten Ländern' Westeuropas weitgehend in Vergessenheit geraten, obwohl es bei uns mit Lehm gebaute mehrstöckige Häuser gibt, die vor 150 Jahren erstellt wurden und immer noch bewohnt sind. Ein großer Teil der Erdbevölkerung lebt in Lehmhäusern.

Lehm ist ein natürlicher Baustoff, der direkt verarbeitet werden kann. Bei seiner Verwendung entstehen keinerlei schädigende Einwirkungen auf den Menschen. *Er ist ein biologischer Baustoff mit einem einmaligen Diffusions- und Resorptionsvermögen ohne elektrische Aufladung.*

Lehm gilt seit Anfang der 70er Jahre nicht mehr als genormter Baustoff, da er kein tragendes Material ist. Er bedarf zur Ableitung der horizontalen und vertikalen Kräfte einer Holzkonstruktion. (Ein ausgereiftes Holzskelett mit Zangenkonstruktion ist die primäre Tragstruktur.)

Im Selbstbau ist Lehm immer interessant, aber sehr zeitaufwendig. Man ist heute bemüht, geeignete Maschinen zu entwickeln, die die Lehmbautechnik auch konkurrenzfähig machen sollen.

Die drei wichtigsten Lehmbautechniken sind:

1. Der *Lehmziegelbau:* das Bauen mit luftgetrockneten Lehmziegeln, die mit Mörtel vermauert werden.
2. Der *Lehmstampfbau:* das Einstampfen von Lehm in Schalenwände, die eine Holzkonstruktion verlangen. Durch pneumatische Stampfer, die eingesetzt werden können, kann er wirtschaftlich werden. Die Lehmwände kann man nach Abzug der Schalung weiterhin noch bearbeiten.

3. Das *Lehmstrangverfahren:* das sind wie bei einem Fleischwolf plastische Lehmstränge von 8 x 16 Zentimeter. Die Lehmstränge werden aufeinandergelegt, ohne daß man Mörtel oder Schalwände benötigt. Es ist eine Massivlehmbauweise, die erlaubt, auch Plastisches zu gestalten.

Wichtig ist die Fertigstellung der Lehmbauten in den Sommermonaten, damit für die Austrocknung genügend Zeit bleibt, sonst ist die Gefahr der Schimmelbildung gegeben.

Die fertig getrockneten Lehmwände müssen unter mitteleuropäischen Verhältnissen gegen aufsteigende Bodenfeuchte und gegen Wettereinflüsse (Regen, Frost) geschützt werden. Eine hinterlüftete Holzschalenwand nach außen ist wohl die preiswerteste und beste Lösung. Man kann auf die Wände eine Oberschicht aus Kalkputz mit Marmormehl oder aus Magerquark und Molke aufbringen. *Es gibt verschiedene Möglichkeiten, den Lehm wischfest zu machen und trotzdem seine natürliche Wirkung zu erhalten.*

Prof. Dr. Ing. Gernot Minke, Gesamthochschule Kassel, entwickelte eine neue Leichtlehmmischung, die bei richtiger Zusammensetzung kein Trockenschwindmaß aufweist. Sie enthält geschäumte mineralische Zusätze, die eine wesentlich höhere Wärmedämmung ergeben und den Lehm frostsicher machen.

Sicher wird sich die Lehmbauweise bei manchen Bauherren durchsetzen, da Lehm nicht nur billig, sondern auch der geeignete bioökologische Baustoff für Räume ist, in denen Menschen sich ständig aufhalten.

Einzelne Bauteile des Hauses

Nach Architekt Richard J. Dietrich soll ein gesundes Haus wie eine ökologische Insel sein. Beim biologischen Bauen muß schon vor Ausführungsbeginn eine Planung bis ins letzte Detail erfolgen.

Plan und Bau eines jeden Hauses ist ein völlig neues und einmaliges Problem und muß von Grund auf neu entwickelt werden. Das harmonisch abgestimmte Bauwerk bedarf des Zusammenklangs der aufeinander ausgerichteten Bauteile.

Außen- und Innenwände

Außenwände müssen standfest sein, statisch belastbar, müssen Wind und Wetter und vor allem Feuchtigkeit abhalten, sollen aber dennoch atmen können, sie müssen gegen Schall schützen und sollen Wärme speichern.

Das Mauerwerk der Umfassungswände ist oft Gegenstand widersprüchlicher Meinungen. Ist Wärmedämmung oder Wärmespeicherung wichtiger? Wärmedämmung und Wärmespeicherung eines Stoffes hängen im Wesentlichen von seiner Rohdichte, dem Porenanteil und der Wasseraufnahme- und Abgabefähigkeit ab.

Die Frage nach der besten Dämmwand läßt keinen Bauherrn oder Hausbesitzer kalt.

Man unterscheidet drei grundsätzliche Außenwandsysteme: (Siehe Abb. 25) Zuerst die *homogene massive Außenwand,* die aus baubiologischer Sicht aus Ziegel bestehen kann. Darüber wurde bereits im Abschnitt 'Bauen mit Stein' gesprochen. Bei einer Mauerdicke von 49 Zentimetern braucht eine Vollziegelwand keinen weiteren Dämmstoff, denn sie erreicht einen K-Wert von 0.61 W/m^2 K. Nur die Nordseite kann gedämmt werden, denn die Wärmegewinne stehen hier nicht im Verhältnis zum auftretenden Wärmeverlust.

Untersuchungen des Dietikoner (Schweiz) Bauingenieurs Bossert haben bewiesen, daß die alten Gebäude mit ihren dicken Außenmauern ohne zusätzliche Dämmung nur ca. 3 bis 5 Liter Öl für die Beheizung eines Kubikmeters Raum benötigen. Die neuen, mit Dämmstoffen dick verpackten Bauten verbrauchen dagegen bis zu 15 Liter Öl pro Kubikmeter.

Wärmedämmstoffe an den Außenwänden reflektieren die natürliche Wärmestrahlung der Sonne und verhindern eine Wärmespeicherung im Mauerwerk. Vom medizinischen und bauhygienischen Standpunkt aus ist die Wärmespeicherfähigkeit eine der wichtigsten Eigenschaften der Wände eines Hauses.

Das zweite System ist die *mehrschichtige Außenwand* aus leichten und schweren Schichten. Es ist eine tragende Massivschicht, zu der noch eine leicht poröse Schicht zur Wärmedämmung hinzukommt. Die Wärmedämmschicht kann sowohl innen wie außen angebracht werden. Nachteil ist, daß durch die hochwärmedämmende Außenschicht die Energieeinstrahlung der Sonne nicht genutzt werden kann. Eine Wärmedämmung auf der Innenseite ist wegen einer notwendigen Dampfsperre, da sonst im Grenzbereich zwischen Wärmedämmung und schwerer Außenwand mit Wasserdampfkondensat zu rechnen ist, baubiologisch abzulehnen. Sie könnte eventuell bei Sanierung eines Gebäudes aus Gründen der Fassadenerhaltung (Denkmalschutz) die einzige Lösung sein.

Eine Wärmedämmung sollte in jedem Fall außen angebracht werden. Im ungeschützten Flachland und bei entsprechend heftigen Schlagregen empfiehlt sich ein zweischaliges Mauerwerk.

Abb. 25 Fig. 25

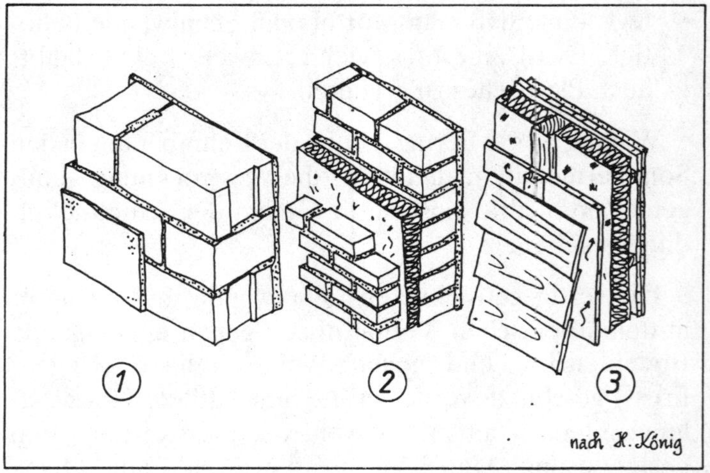

Außenwandkonstruktionen
1 = homogen massiv 2 = mehrschichtig 3 = Rahmen und Füllung

Outer well structures
1 = homogenously solid 2 = multilayer 3 = frame with filling

Constructions de murs extérieurs
1 = homogène massive 2 = à plusieures couches 3 = le cadre et le remplage

Tipos de paramentos exteriores según su construcción
1 = macizo homogéneo 2 = de varias capas 3 = marco y relleno

Ein drittes System ist die *rahmen- oder sprossenbereifte, verschalte Außenwand.* Hier ist ein Rahmen der tragende Teil, die Füllung besteht aus Wärmedämmung, und das Ganze wird innen und außen verschalt. Hier bestehen die gleichen Möglichkeiten wie bei der mehrschaligen Konstruktion.

Bei Einfamilienhäusern machen die Wandbaustoffe nur etwa 4% der Gesamtbaukosten aus, so daß eine Vollziegelmauer nicht wesentlich verteuert.

Wichtig sind bei allen Wandkonstruktionen die Wandverkleidungen. Am besten ist bei Ziegelwand Kalkputz, der mit Mineralfarben angestrichen wird. *Auf alle Fälle ist darauf zu achten, daß nicht durch diffusionshemmende Anstrichschichten der Außenfassaden die ganze Wohnhülle baubiologisch verdorben wird.*

Für tragende Innenwände gelten sinngemäß auch dieselben Hinweise wie für Außenwände. Im Einfamilienhaus ist die massive, einschalige Innenwand allgemein üblich. An die Innenwände werden besondere Anforderungen hinsichtlich des Schallschutzes gestellt. In Naßräumen sollten keramische Fliesen nur etwa 2/3 der Wandhöhe bedecken und etwa 1/3 frei lassen für einen gut saugenden Putz.

Decken und Fußböden

Geschoßdecken haben die Aufgabe, gebaute Räume nach unten und nach oben abzuschließen, die erforderlichen vertikalen und horizontalen Lasten aufzunehmen und vor Wärmeverlust, Luft- und Trittschall, Feuchtigkeit und Feuer zu schützen. Geschoßdecken bestehen aus der Unterkonstruktion, aus der Zwischenschicht und aus der Nutzschicht.

Bei allen Decken ist die Schalldämmung ein wichtiges Gebot. Eine Regel beim Schallschutz ist die Trennung und Dämmung der festen Deckenkörper, wo Schallübertragung verhindert werden soll.

Der Trittschallschutz hängt von der Trennung der tragenden Deckenkonstruktion und dem Gehbelag ab. Der Luftschallschutz verlangt eine zusätzliche Deckenbeschwerung, die durch einen schwimmenden Estrich erreicht werden kann. Es kommen dafür Trasskalkestrich, Anhydritestrich, Magnesitestrich und Romankalkestrich in Frage.

Die drei wichtigsten Arten von Geschoßdecken sind Stahlbetonmassivdecken, Ziegelhohlkörperdecken und Holzbalkendecken. (Siehe Abb. 26)

Bei der Stahlbetonmassivdecke muß man wegen des hohen Betonanteils mit langer Austrocknungszeit rechnen. Sie hat eine schlechte Diffusionsfähigkeit, und durch die Stahlbewehrung verursacht sie eine Beeinträchtigung des kosmischen Strahlungsfeldes und eine Verstärkung der negativen Erdstrahlung, die sich nach oben von Geschoßdecke zu Geschoßdecke noch zusätzlich verstärkt. Darüber wurde bereits im Abschnitt 'Bauen mit Beton' berichtet. Sie sollte also weitgehend vermieden werden.

Die Ziegelhohlkörperdecke erreicht eine Reduzierung des hohen Beton- und Stahlanteils durch Trennung von Träger und Füllkörper, aber auch bei ihr werden in Tonschuhen Stahlarmierungen mit Beton vergossen und die vorgefertigten Träger auf die Mauer aufgelegt. Es gibt neuerdings auch Ziegelhohlkörperdekken, die statt Trägern aus Stahlbeton solche aus Holz haben.

Die Ziegelhohlkörperdecke kann zur Anwendung kommen, wenn eine brandbeständige Ausführung aus

Abb. 26 Fig. 26

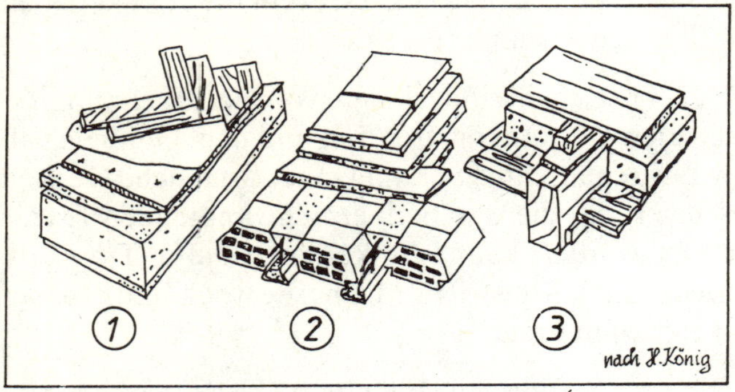

Deckenkonstruktionen
1 = homogen massiv 2 = massiv mit Träger 3 = Holzträger mit Füllung

Roof structures
1 = homogenously solid 2 = solid with beams 3 = wooden beams with filling

Constructions de plafonds
1 = homogène massive 2 = massive avec poutres 3 = poutres en bois avec remplage

Tipos de forjados según su construcción
1 = macizo homogéneo 2 = macizo con vigas 3 = vigas de madera con relleno

Gründen baurechtlicher Vorschriften erforderlich ist, denn oft müssen Decken über Kellern oder Decken in Mehrgeschoß-Wohnhäusern als Massivdecken ausgeführt werden. Von baubiologischer Seite aber ergeht die Forderung bei allen Geschoßdecken, also auch bei Kellerdecken, auf Stahlarmierung und auf Stahlträger zu verzichten.

Die Holzbalkendecke stellt eine baubiologisch günstige Lösung dar. Bei ihr übernehmen die Holzbalken die Trägerfunktion. Die Zwischenräume können mit unterschiedlichem Material gefüllt werden. *Holzbalken, die als tragende Deckenbalken Verwendung finden, müssen nach Möglichkeit schon 2 bis 3 Jahre trocken sein.*

Um die Decke schalltechnisch gut auszubilden, sollten die Balken auf druckfesten Dämmstoffen liegen, ebenso soll eine Zwischenschicht bei der Auflagerung der Sturzschalung auf den Balken sein. Eine ausreichende Luftschallisolierung ist primär durch ein hohes Deckeneigengewicht zu erreichen, das heißt durch Sand, Ziegelsplitt, Lehm usw.

Die Holzbalkendecke kann so geplant werden, daß die Balken sichtbar bleiben, was den Vorteil hat, daß die Deckenbalken ständig unter Kontrolle sind. Man kann sie aber auch verschalen. Bei 5,5 bis 6 Metern endet die Spannweite einer normalen Holzbalkendecke. Bei größeren Spannweiten sind Holzleimträger-Unterzüge oder Sonderkonstruktionen erforderlich.

Fußböden sollen zu einem für den Menschen günstigen Raumklima beitragen. Hierfür ist ein strahlungsfreier Aufbau, der die natürliche Erdstrahlung nicht unterbindet, erforderlich.

Der Kellerfußboden bildet den Übergang vom gewachsenen Boden zum Haus. Wenn Räume im Kellergeschoß nicht geheizt werden, ist eine Dämmung nicht nötig, werden sie aber geheizt, ist Wärmedämmung erforderlich.

Für Obst- und Gemüsekeller eignet sich ein Boden aus gestampftem Lehm, der nach alten Erfahrungswerten mit Rosmarin, Johanniskraut und Wacholder noch verbessert werden kann. Die Vorratskeller sollen möglichst tief im Erdreich und an der Nordseite des Hauses liegen. *Hier dürfen Wand und Boden keine Isolierung erfahren.* Die dem Vorratskeller anschließenden Bauteile müssen vor unerwünschter Durchfeuchtung allerdings geschützt werden.

Im Keller sollte man nach Möglichkeit keinen armierten Beton oder Zementboden verwenden, sondern einen reinen Kalk- oder Ziegelaufbau. Eine strahlungsneutrale Kalkschotterfüllung als kapillarbrechende Schicht wird bevorzugt. Abgelehnt wird Hochofenschlacke oder Quarzsand.

Für die Lagerräume können Ziegelpflaster oder keramische Platten in Sand oder Mörtel verlegt werden. Für Heizräume allerdings wird ein 3 bis 6 Zentimeter starkes Mörtelbett empfohlen. Wird in einem Aufenthaltsraum Holzfußboden gewünscht, muß der Erdboden wegen der Gefahr von Pilzbildung gut trocken sein. In besonderen Fällen ist hier Isolierung vorzusehen. Zum Schutz gegen von unten aufsteigende Feuchtigkeit kann zur Zeit mit biologisch unbedenklichem Material noch nicht gearbeitet werden.

In allen Fällen, in denen in etwas feuchtem Gelände ein Gebäude erstellt wird, sollte zur Ableitung von Sikker- und Hangwasser eine Hausdrainage angelegt werden. (Siehe Lotz: 'Willst du gesund wohnen?' Seite 68–69)

Für die anderen Fußböden im Haus gilt wie für die Decken, daß die Fußbodenkonstruktionen von den angrenzenden Wänden sauber zu trennen sind durch schalldämmende Streifen, damit keine Schallübertragung in die Wände hinein stattfindet. Man kann gegen Trittschall und Kälte, wie schon erwähnt, als Unterboden für den Fußbelag einen Estrich nehmen oder Isoliermatten aus Kokosfaser, Torf, Kork o.ä. Der Fußbodenbelag selbst sollte fußwarm, leicht zu reinigen, abriebfest, angenehm begehbar, eindrucksfest, rutschfest, wärmeisolierend und trittschalldämmend sein.

Fenster und Türen

Fenster sollen die wichtigsten Bioenergieträger, nämlich Sonnenlicht und Sauerstoff, in das Haus bringen.

Die Fensterfläche eines jeden Raumes sollte mindestens 1/10 der Grundfläche sein, um eine ausreichende Belichtung zu ermöglichen. Früher dachte man, je kleiner das Fenster ist, desto größer ist die Energieeinsparung. Aber ein Fenster muß keine thermische Schwachstelle sein, vielmehr können durch Sonneneinstrahlung erhebliche Wärmegewinne entstehen. Das Problem besteht im Ausgleich zwischen sommerlichem Wärmeüberangebot und winterlichem Wärmedefizit.

Fenster der Süd- und Westseite weisen im Winter eine positive, die der Nord- und Ostseite eine negative Wärmebilanz auf. Fenster der Süd- und Westseite können deshalb eher größer und die der Nord- und Ostseite eher kleiner gewählt werden. Nebenräume an der Nordseite sollten möglichst Fenster nach Osten oder Westen bekommen, die man auch als Erkerfenster planen kann.

Die Wärmebilanz wird einerseits vom Wärmedämmwert des Fensters (3 Scheiben sind dafür besser als 2 Scheiben) und andererseits von der Wärme-(Sonnen)-Einstrahlung durch das Fenster bestimmt.

Hervorragend hat sich eine Kombination von Kastenfenster und Verbundfenster, die mehrere Öffnungen aufweisen kann, bewährt. Der Kastenfensterabstand sollte 15-20 Zentimeter betragen. Außen kann das Fenster Einfachverglasung mit Quarzglas

(UV-Licht durchlässiges Bioglas) haben, das innere Verbundfenster dann 2 Normalglasscheiben. Öffnet man nur den inneren Flügel kann man sich voll der UV-Strahlung aussetzen und hat so seine eigene Höhensonne, wobei zu bedenken ist, daß je nach atmosphärischer Verschmutzung ein geringer Anteil an UV-Strahlung hindurchdringt. Nutzt man das Kastenfenster als »Wärmefalle« während der Heizzeit, so hat man die Wärmedämmung von drei optimal angeordneten Scheiben. Zudem schützt die innere Normalverglasung vor den UV-Lichtstrahlen, die durch das Bio-Glas hindurchtreten und die Teppiche und Möbel ausbleichen können.

Nachts sollte man das Fenster von außen mit Rolläden oder Klappläden gegen Wärmeverlust schützen. In Gebäuden früherer Zeit findet man bei großen Fensteröffnungen häufig inliegende Fenstertüren, die geschlossen wurden, sobald die Sonne unterging.

Wird die Südseite eines Hauses vollständig verglast, dann muß sie unbedingt im Sommer zu beschatten sein, sonst entsteht aus dem Treibhauseffekt wirklich ein unerträgliches Treibhaus. Als Sonnenschutz eignen sich Balkone, große Dachüberstände und zusätzlich Lamellen oder Stores. Auch ein großer Laubbaum kann hier Schattenspender sein, er verliert dann im Herbst seine Blätter und die Fassade dient wieder als Wärmespeicher. An einem sonnigen Wintertag führt eine verglaste Südfront auch bei massiver Bauweise zu einer Aufheizung bis zu 27°C und mehr.

Hier sei noch auf ein spezielles Wand-Phänomen hingewiesen, auf die sogenannte Trombe-Wand. Felix Trombe und Jacques Michel haben in den französischen Pyrenäen eine spezielle Wärmespeicherwand gebaut, die als Trombe-Wand bekannt wurde. Eine schwere dicke Mauer aus Stein, außen schwarz gestrichen steht direkt hinter der verglasten Südfassade. Sie wirkt wie ein Kollektor aus Stein. Die einfallende Sonnenstrahlung kann unter südlicher Sonne die Mauer bis zu 70°C erwärmen. Die Wärme durchdringt die dicke Mauer nur langsam und sie dient als Kachelofen in der Nacht. Doch diese strenge Ausführung des Wandkollektors ist auf unsere Verhältnisse weniger übertragbar, denn wir haben nicht 300, sondern höchstens 30 Sonnentage. In der übrigen Zeit ist das Südfenster als Sonnenkollektor ausreichend. Es lohnt sich jedoch, den Effekt der Trombe-Wand an den verblendeten Teilen der Südfassade, die nicht als Fenster ausgebildet sind, zu nutzen.

Nicht nur die Wärmedämmung, sondern auch die Schalldämmung wird von der Verglasung gefordert. Da der Lärm immer mehr zunimmt, ist die Schalldämmung der Fenster sehr wichtig. Unterschiedliche Scheibenstärken und Scheibenabstände bei Mehrfachverglasungen erzielen gute Ergebnisse, da jede Scheibe einen anderen Frequenzbereich dämpft. Dichtes Glas dämmt Schall besonders gut, doch Schallschutzfenster lassen Außenluft nur in geringem Maße eindringen, deshalb müssen Lüftungskanäle unterhalb der Fensterbleche eingebaut werden. Besonders in Tagesräumen ist dies wichtig. Man kann mit speziellen Dämmfiltern Frischluft hereinführen.

Was die Fensterrahmen betrifft, so bietet sich Holz, Kunststoff und Aluminium an. Metall- und Kunststofffenster haben neben der Bedenklichkeit aus bioökologischer Sicht auch noch den Nachteil, daß sie keine zusätzliche Wärmedämmung haben und sich an den kalten Tagen Schwitzwasser an der Rahmenkonstruktion bilden kann. Natürlich bedürfen Holzfenster mehr der Pflege und Unterhaltung.

Türen

Neben dem Fenster ist die Tür die wichtigste Öffnung im Haus, die Außenraum und Innenraum miteinander verbindet. Haustüren bestimmen ein Fassadenbild wesentlich. Die Forderung an eine gute Haustür ist: Wärmedämmung, Schwitzwasservermeidung, Einbruchsicherheit, Schalldämmung, Winddichtheit und Schlagregensicherheit. Auch bei den Türen im Haus sollen wegen des besseren Schallschutzes die Türblätter massiv als Sperrtüren mit Massivrahmen und Deckplatten in Holz ausgeführt werden. Kunststoffklinken sind wegen der elektrostatischen Aufladung und der ökologischen Bedenklichkeit abzulehnen.

Dachkonstruktion

Das alles beschützende Dach gibt häufig dem Haus erst seinen eigentlichen Charakter. Es gibt verschiedene Dachformen wie z.B. Flachdach, Satteldach, Walmdach, Zeltdach usw. (Siehe Abb. 27)

In gemäßigten Klimazonen, in denen das Dach vor allem Schutz vor Regen und Feuchtigkeit bieten muß, finden sich überwiegend stärker geneigte Dächer. In kalten und gebirgigen Regionen herrscht eine geringere Dachneigung vor, weil hier die Niederschläge in Form von Schnee auf dem Dach als Wärmepuffer liegenbleiben sollen. An der Küste geht das gewaltige Reetdach fast bis zum Boden und bietet damit dem Wind die geringste Angriffsfläche. In überwiegend warmen und trockenen Gegenden, wo das Wasser rar ist, werden flache Dächer zum Teil hochgezogen, so daß sie gleichzeitig die Form von Zisternen haben.

Die alten Ägypter bauten Pyramiden. Es scheint festzustehen, daß die Form der Pyramiden kosmische Strahlung einfängt und sie im Innern in einem ganz bestimmten Verhältnis bündelt.

Abb. 27 Fig. 27

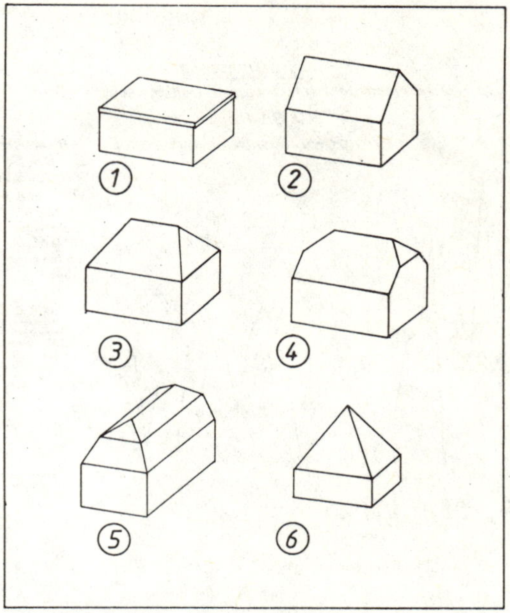

Dachformen
1 = Flachdach 2 = Satteldach 3 = Walmdach 4 = Krüppelwalmdach 5 = Mansardenwalmdach 6 = Zeltdach

Roof types
1 = flat roof 2 = ridge roof 3 = hip roof 4 = partial hip roof 5 = mansarde hip roof 6 = tent roof

Les différentes formes de toits
1 = le toit plat 2 = le toit en selle 3 = le toit en croupe 4 = le toit en demi-croupe 5 = le toit en croupe à la Mansard 6 = le toit en tente

Tipos de cubiertas según su forma
1 = cubierta plana 2 = cubierta de dos aguas 3 = cubierta de copete 4 = cubierta con medios faldones 5 = cubierta mansarda 6 = cubierta cónica

Abb. 28 Fig. 28

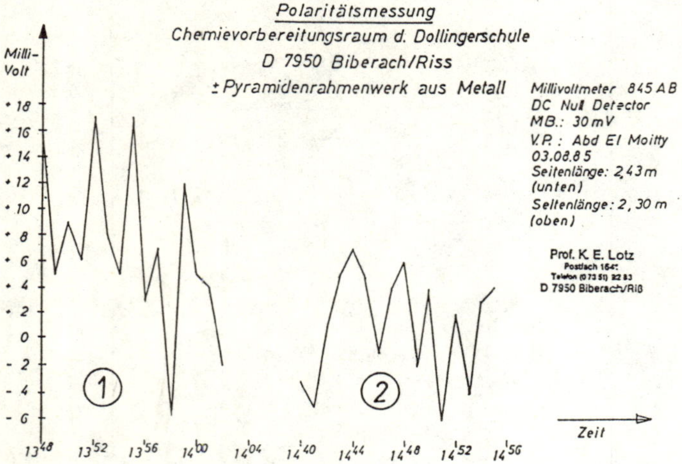

Polaritätsmessung bei einem Pyramidenrahmenwerk aus Metall
1 = Kontrolle ohne Pyramide
2 = Versuchsperson unter Pyramide

Polarity measurement for a metal pyramid framework
1 = test without pyramid
2 = test person under pyramid

Le mesurage de polarité d'un cadre pyramidal en métal
1 = contrôle sans pyramide
2 = sujet d'expérience sous la pyramide

Medición de la polaridad en una estructura piramidal de vigas de metal
1 = control sin la pirámide
2 = persona de ensayo debajo de la pirámide

Die Dachform, ja die ganze Form des Hauses, kann auf die Körperfunktion der Bewohner anregend oder dämpfend wirken. Neueste Messungen des Autors zu einer Forschungsarbeit haben ergeben, daß im Kubus (Flachdach) eine größere Polaritätsänderung eintritt, d.h. die elektrische Ladung des Menschen (Polarität) verschiebt sich mit einer gleichzeitig geringen Erhöhung des Hautwiderstandes. Beim Tetraeder (Satteldach) hat sich eine geringere Polaritätsänderung ergeben, dafür aber eine höhere Hautwiderstandsmessung. Bei der Pyramide schließlich ist die größte dämpfende Wirkung mit mittlerer Polaritätsänderung vorhanden. Sicher werden auf diesem Gebiet weitere Forschungen notwendig sein und können auch zu bauökologischen Konsequenzen führen. (Abb. 28)

Das in unseren Gegenden zweckmäßige Dach ist das Satteldach oder Walmdach in allen Variationen. Eine Neigung unter 45° Neigungswinkel (eventuell bei hohen Schneelasten) wird durch das Pfettendach möglich und eine Neigung über 45° bei stärkeren Windlasten durch das Sparrendach. (Siehe Abb. 29)

Sparrendächer bilden einen stützenfreien Dachraum; die Sparren stehen auf Deckenbalken und sind mit ihnen fest verbunden. Die gesamte Dachlast wird dabei auf die Außenwände übertragen. Bei einem Pfettendach dagegen werden die Dachlasten nicht nur von den Außenwänden aufgenommen, sondern können auch über Längsträger abgeleitet werden.

Das Bauholz muß am Lagerplatz und auf der Baustelle vor jeglicher Nässe geschützt und völlig trocken eingebaut werden.

Bauphysikalisch unterscheidet man das nicht belüftete Dach, das sogenannte Warmdach und das belüftete Dach, das sogenannte Kaltdach. (Siehe Abb. 29) Kaltdächer mit ausreichend bemessenen Belüftungsquer-

Abb. 29 Fig. 29

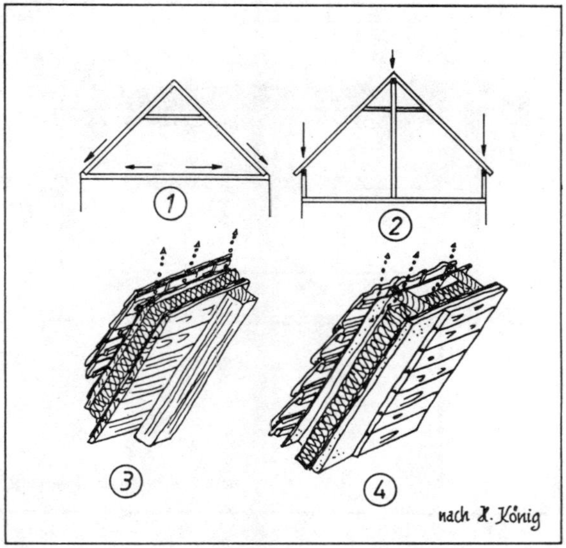

Dachkonstruktionen
1 = Sparrendach 2 = Pfettendach 3 = Warmdach
4 = Kaltdach

Roof structures
1 = rafter roof 2 = purlin roof 3 = non-insulated roof
4 = insulated roof

Les constructions de toits
1 = le toit à chevrons 2 = le toit à pannes 3 = le toit thermique 4 = le toit anti-thermique

Tipos de cubierta según su construcción
1 = cubierta de cabios 2 = cubierta de correas
3 = cubierta térmica 4 = cubierta antitérmica

schnitten sollten beim Einfamilienhaus mindestens eine Dicke von 5 Zentimetern aufweisen. Sie haben viele Vorteile, denn die Wärme kann wirkungsvoll durch die Ventilation abgeführt werden. Dadurch ist die Temperaturbelastung für die Dachhaut geringer, und es gibt keine Spannungsschäden in der Dachkonstruktion und in den tragenden Bauteilen. Grundsätzlich sollte die Giebelspitze möglichst nicht ausgebaut werden, sondern als Klimapuffer freibleiben.

Auch bei den Flachdächern hat man Warmdächer, bei denen der gesamte Dachaufbau mit der obersten Decke einen Verbund darstellt und Kaltdächer, bei welchen zwischen Dämmung und Dachdichtung noch ein belüfteter Dachraum vorhanden ist.

Die nächtliche Abstrahlung gegen den freien Himmel ist beim Dach größer als bei den Außenwänden. Auch steigt die Wärme nach oben. *Deshalb muß die Dämmung des Daches besser sein als die der Wände.*

Aus baubiologischer Sicht sind nur Deckungsmaterialien zu verwenden, welche die kosmische Einstrahlung nur wenig am Eindringen in das Gebäude hindern und somit dem bewohnenden Menschen das annähernd ungestörte natürliche Strahlungsfeld gewährleisten, mit dem sich das Leben im biologischen Gleichgewicht befindet. Holz, Ziegel, Lehmprodukte sowie Stroh und Reeteindeckungen sind günstig; Gips, Gasbeton, PVC und Aluminium sind nicht zu empfehlen.

Tonziegel waren bis vor kurzem das am häufigsten eingesetzte Dachdeckungsmaterial. Inzwischen hat sich leider der Betondachstein durchgesetzt. Das Ziegeldach ist ein preisgünstiges Dach ohne Probleme. Bei der Dachdeckung mit Hourdis handelt es sich um ein belüftetes Dach mit Ziegeldeckung. Dabei werden zwischen den Sparren Hourdis (Tonhohlkörper) eingeschoben und oberseits mit einer ausreichend dicken

Dämmschicht versehen. Der Vorteil dieser Ausführung ist darin zu sehen, daß die Hourdis eine stoßfeste, beständige Deckenunterschicht bilden, die zugleich als Feuchtigkeitspuffer wirkt.

Die Dächer sollten nicht dunkel bis schwarz gedeckt werden. *Die beste Farbe bleibt die natürliche Farbe eines Materials, d.h. rote Ziegel, Kupfer, Schindeln usw.*

Holzschindeldächer sind vom bioökologischen Standpunkt gesehen auch sehr günstig, es kommen aber nur Schindeln in Frage, die vom Holzblock gespalten worden sind, gesägte Schindeln sind kaum zu verwenden, da durch die Sägezähne die Holzfaser angerissen ist und der Verrottungsprozess durch eindringende Feuchtigkeit verhältnismäßig schnell beginnt.

Naturschieferdächer sind auch eine Möglichkeit auf voller Holzunterlage. Ersatz von Naturschieferplatten durch Zementasbestplatten oder ähnlichem sind abzulehnen, da sie die Mikrowelleneinstrahlung aus dem Kosmos abhalten.

Reetdächer oder Strohdächer kann man verwenden, wenn man ein Fachwerkhaus mit Lehmausführung gewählt hat. Das Riet- oder Reitgras der Marschen wird so verwendet, daß eine dichte, mindestens 28 Zentimeter starke Strohlage auf einer nicht weniger als 60° steilen Dachfläche den schnellen Ablauf des Wassers sicherstellt. *Damit das Reetdach feuerfest wird, muß ein Unterdach gebaut werden.* Langes Stroh wird um die einzelnen Dachlatten geschlungen und von oben und unten mit Lehm beschmiert. Auf dieses noch lehmfrische Unterdach wird dann das Stroh- oder Reetdach mit Kokosband aufgenäht. Im Falle eines Brandes trocknet der Lehm aus und verhindert das Eindringen des Feuers, und es brennt nur das Reetoberdach ab.

Abb. 30 Fig. 30

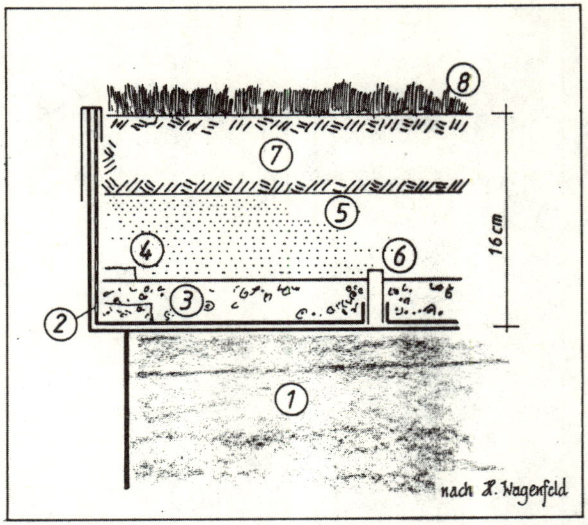

Extensive Dachbegrünung
1 = Dachkonstruktion 2 = Schutzfolie 3 = Kies
4 = Filtervlies 5 = Hygroperlite 6 = Überlauf
7 = Torfkultursubstrat 8 = Begrünung

Extensive roof planting
1 = roof structure 2 = protective sheet 3 = gravel
4 = filter fibre 5 = hygropearlite 6 = overflow 7 = peat substrate 8 = plants

La plantation des toits extensive
1 = la construction de toit 2 = la feuille protectrice 3 = le gravier 4 = la voile filtrante 5 = hygroperlites 6 = le déservoir 7 = le substrat pour culture à la tourbe 8 = la plantation

Plantación extensiva de césped en las cubiertas
1 = cubierta 2 = lámina plástica protectora 3 = grava
4 = capa filtrante de tela no tejida 5 = higroperlita
6 = aliviadero 7 = sustrato de turba 8 = césped

Grasdächer wurden in diesem Kapitel schon beschrieben. Eine Dacheindeckung mit Grasboden war in nordischen Ländern wie Irland, Island und Norwegen gebräuchlich, wobei eine Schicht von Birkenrinde dafür sorgte, daß die Dachhaut über lange Jahre dicht blieb. Dachbegrünungen werden seit einiger Zeit besonders bei der Sanierung von Flachdächern erfolgreich eingesetzt, sie sind auch für geneigte Dächer bis 45° geeignet. Eine Dachbegrünung kann mit einfachen Mitteln erfolgen. (Siehe Abb. 30). Das Dach, dessen Konstruktion aus Holz besteht, ist in Wannenform ausgebildet. Diese Form ermöglicht einen länger anhaltenden Wasserstand bis 5 cm. Ein Überlaufrohr führt das höher steigende Wasser ab. Auf die obere Dachhaut ist eine wasser- und wurzelfeste Schutzfolie angebracht, darauf 2–3 cm starker Kies. Ein darüber angebrachtes Filtervlies verhindert das Einschlemmen von Fremdbestandteilen in die Kiesschicht. Darauf folgen 6 cm Hygroperlite und darauf 6 cm Torfkultursubstrat. Trotz des äußerst geringen Pflegeaufwandes ist das Dach das ganze Jahr hindurch begrünt.

5. Ecological Building Design

Summary

There is no patent recipe for ecological building design. There are, however, certain approaches to the problem. The general trend towards the simple and the obvious should not exclude further development in the field of building. Through thought and action in ecological cycles, architecture can create humane living conditions which also fulfill the necessary requirements.

A fundamental understanding of natural, climate-oriented planning and building is very important. In former times, every landscape had its own typical housing which corresponded to the respective climate zone. Microclimatic conditions, depending on region and altitude, determined selection of light or heavy constructions.

If we regard human beings as a part of nature, then their dwellings and towns must be a kind of extended part of the whole.

What we need today ist not merely the technically possible, but that which is required by nature.

The old Black forest houses were energy conservation houses, as were the peasant houses in the Alpine regions or on the coast (fig. 20).

The more warmth a house can receive from the sun, the less energy it requires for heating. For this reason, a house should be built so that it receives the sun's rays for the longest possible time. Passive exploitation of energy begins with planning the house in correct coordination with the cardinal points, it continues by opening the facade to the south with a glasshouse as a heat buffer and closing the house to the north with a solid house core as a heat accumulator (fig. 21 + 22.)

Greenery on the house can also play a very important role for the balance of energy. Plants on the facade provide an air cushion on the outer wall, thereby effecting a reduction of heating requirements (fig. 23)

The residential building of our age completely disregards all landscapes and appears in the form of the internally and externally plastered solid structure. The multistorey concrete building was regarded as the solution to the housing shortage and as the optimal method of using the space available. It has been proved, however, that a friendly residential park with three storeys offers one fifth more residential space than an ten storey building on the same area.

A solid ceiling can effect decisive changes on the radiation field. It flocks the biologically positive microwave radiation from the Cosmos almost completely.

On penetrating the concrete, the converged microwave radiation is not slowed down but rather amplified (fig. 24).

A house should be oriented as much as possible to the south and as little as possible to the north. Storage rooms can lie on the northside, the main rooms, however, should face south, west and east.

The outer walls should never be prevented from receiving energy by blocking out the sun (fig. 25).

Since primitve times wood has been used as a building material and a wooden structure makes it possible to lead a healthy life. Wood connotes the embodiment of health, warmth and comfort. Wood ist fundamentally biopositive, it acts as an active exchanger of oxygen and moisture and stabilizes the balance of ions in the room.

A wooden skeleton structure allows light and solid construction.

The most important thing ist that the building elements are designed with emission-free chipboard, biological insulation material and non-toxic paints.

Clay is a natural building material which can be directly used. Its use has no damaging effects on the human organism. It is a biological building material with unique diffusive and resorption characteristics without electrical charge. There are various methods of making it smudge-proof without detracting from its natural effect.

Outer walls must be stable and structurally sound, they must be weather and damp resistant while still being able to breathe. They must be sound proof and be able to store warmth.

Heat insulation materials on the outer walls reflect the natural heat radiation of the sun and prevent the brickwork from storing the warmth. From a medical and building hygiene point of view, the heat storage capacity is one of the most important characteristics of a house wall.

Building biology requires that steel reinforcement and steel girders be dispensed with in all ceilings including cellar ceilings. It is now possible to build hollow brick ceilings which have beams of wood instead of reinforced concrete (fig. 26).

From the point of view of building biology, only materials should be used which cause a minimum hindrance to the penetration of cosmic radiation, thereby ensuring an almost undisturbed natural radiation within the building to maintain the biological balance.

5. La construction écologique des bâtiments

Résumé

Pur la construction écologique des bâtiments il n'y a aucune panacée universelle mais de différentes approches aux solutions. La tendance à simplifier et à prendre les choses d'une façon naturelle ne doit pas se fermer au développement ultérieur dans le domaine de la construction. L'architecture peut créer les conditions de vie correspondant à tous les besoins ainsi que les conditions de vie humaines si l'on pense et agit conformément aux cycles écologiques.

Ce qui est très important, c'est la compréhension fondamentale pour le planning en fonction du climat ainsi que pour la construction. Autrefois, chaque région avait son propre type de maison qui correspondait aux zones climatiques respectives. Les conditions micro-climatiques déterminaient, selon la contrée et l'altitude, si l'on choisissait des constructions légères ou lourdes.

Si nous comprenons l'homme comme une partie de la nature, il est indispensable de considérer sa maison et sa ville d'une certaine manière comme une extension de l'ensemble.

Ce n'est pas la fiabilité technique mais les choses indispensables conforme à la nature qui sont exigées à l'heure actuelle.

Le vieilles maisons de la Forêt-Noire étaient des maisons capables d'économiser l'énergie; il en est de même pour les maisons rurales dans la région des Alpes ou à la côte. (Fig. 20).

Plus de chaleur la maison obtient du soleil, le moins d'énergie est nécessaire pour le chauffage. Pour cette raison la maison devrait être bâtie de manière qu'elle soit exposée au soleil le plus longtemps que possible. L'exploitation passive de l'énergie prend son début avec une section horizontale correctement orientée vers les points cardinaux et l'exploitation est poursuivie en ouvrant la façade vers le sud à l'aide d'un jardin d'hiver exercant la fonction d'un tampon thermique et par la fermeture de la maison vers le nord avec un noyau solide de maison ayant la fonction d'un accumulateur thermique (Fig. 22).

La plantation sur les murailles de la maison peut aussi jouer un rôle particulier pour le bilan énergétique. La plantation des façades crée un matelas d'air isolant aux murs extérieurs et effectue une réduction de la chaleur nécessaire (Fig. 23)

Dans notre époque la construction résidentielle ne prenait pas en considération les différents types de région et se présente par conséquent sous forme de la construction massive avec du crépi à l'intérieur comme à l'extérieur. On croyait avoir trouvé la solution du problème du logement et de l'exploitation optimale des surfaces dans la construction d'édifices en béton à plusieures étages. Toutefois, il est un fait avéré qu'un édifice triétagé ayant une cour intérieure agréable offre sur la même surface un cinquième plus de capacité de logement qu'un édifice à dix étages.

Le plafond massif peut modifier décisivement le champ de rayonnement. Par ce plafond, le rayonnement biologiquement favorable des micro-ondes du cosmos est presque supprimé.

Lorsque le rayonnement concentré des micro-ondes pénétre le béton, il n'est pas modéré mais, au contraire, encore renforcé (Fig. 24).

La maison devrait être orientée le plus que possible vers le sud et le moins que possible vers le nord. Les pièces les plus importantes, au contraire, doivent être situées vers le sud, l'ouest et l'est.

Surtout les murs extérieurs d'une maison ne doivent pas être empêchés d'absorber l'énergie et »d'exclure« le soleil (Fig. 25).

Depuis les temps les plus anciens déjà, on bâtit avec du bois et chacun peut mener une vie saine dans un bâtiment en bois. Le bois est plus qu'un symbole pour le bien-être, la chaleur et le sentiment agréable. Le bois est principalement bio-positif; il échange d'une façon active l'oxygène et l'humidité et stabilise la balance des iones dans la pièce.

La construction en ossature de bois rend possible la construction légère et massive.

Il est important de produire les elements de construction avec des panneaux de particules sans effet d'émissions ainsi que des matières isolantes biologiques et des peintures intoxiques.

La glaise est un matériau de construction naturel pouvant être traité immédiatement. Son emploi n'a aucun effet nocif à la santé de l'homme. La glaise est un matériau de construction biologique avec une capacité de diffusion et de resorption unique, sans charge électrique. Il y a de différentes possibilités de rendre la glaise résistant à l'essuyage et, malgré de cela, de conserver son effet naturel.

Les murs extérieurs doivent être consistants, capables de porter la charge statique, doivent donner de l'abri contre le vent et le mauvais temps et surtout contre l'humidité. Ils doivent quand-même pouvoir respirer, protéger contre le son et pouvoir accumuler la chaleur.

Les matières isolantes thermiques sur les murs extérieurs reflêtent le rayonnement de la chaleur naturelle du soleil et empêchent l'accumulation de chaleur dans les murailles. Du point de vue de la médecine et de la hygiène de construction, la capacité d'accumulation de chaleur est une des propriétés les plus importantes que possèdent les murs de la maison.

Le point de vue de la construction biologique exige de renoncer à l'armature d'acier et aux poutres d'acier pour tous les plafonds d'étages, c'est-à-dire, de même pour tous les plafonds des caves. Depuis quelque temps is y a aussi des plafonds en briques à corps creux qui, au lieu des poutres en béton armé, ont des poutres en bois (Fig. 26).

Du point de vue de la construction biologique, des matériaux de revêtement sont à employer qui empêchent très peu le rayonnement cosmique de pénétrer dans le bâtiment assurant ainsi aux habitants d'une telle maison les champs de rayonnement naturels et presque imperturbés avec lesquels la vie se trouve dans une balance biologique.

5. Construcción ecológica

Síntesis

En materia de la construcción ecológica no existe una única solución válida para todas las eventualidades, pero sí diversos enfoques de solución. La tendencia a lo simple y natural no debe excluir el perfeccionamiento de la construcción. La arquitectura, al orientar sus concepciones y prácticas en el principio del circuito ecológico, estará en condiciones de vida humanas y acordes con los requerimientos.

En este contexto, es muy importante el que en principio se acepte la necesidad de la planificación natural, que responda a las condiciones climáticas imperantes. En el pasado, en cada paisaje se tenía un tipo particular de construcción en función de la respectiva zona climática. Las condiciones microclimáticas, según la ubicación geográfica y altura, determinaban la elección de construcciones ligeras o pesadas.

Si consideramos que el ser humano es parte de la naturaleza, entonces su vivienda y sus ciudades, por extensión, también forman parte del todo.

El presente exige que se opte por lo necesario y acorde con la naturaleza y no por lo técnicamente factible.

Las casas tradicionales de la Selva Negra, al igual que las casas de los campesinos de la región de los Alpes o del litoral marítimo, cumplían con el criterio de la economía de energía. (Fig. 20).

Cuanto más expuesta al sol esté una casa, tanto menor será la cantidad de energía que se necesite para fines de calefacción. De ahí que las casas deberían construirse de manera que se asegure la mayor incidencia posible de los rayos solares.

El aprovechamiento pasivo de la energía solar comienza con la correcta orientación de la casa en función de los puntos cardinales, para continuar con la apertura de la fachada sur, instalando un invernadero como amortiguador térmico y el cierre de la fachada norte con un subsistema sólido como acumulador térmico. (Figs. 21 y 22)

También las plantas pueden ser un factor importante en el balance energético. En las fachadas recubiertas de especies trepadoras se genera un colchón de aire que contribuye a reducir la demanda energética. (Fig. 23).

La construcción habitacional de nuestros tiempos trasciende la particularidad de un paisaje dado, presentándose como construcción maciza con revoque de interiores y exteriores. Se pensó que las torres habitacionales eran la solución al problema de la vivienda, pues aparentemente permitían un aprovechamiento óptimo de la superficie disponible. Se demostró, sin embargo, que un pequeño complejo habitacional de 3 pisos que ocupe la misma superficie que un silo habitacional de 10 pisos, ofrece una quienta parte más de espacio habitable que este último.

Una cubierta maciza podrá alterar considerablemente el campo de radiación. Practicamente anula la acción de la radiación cósmica de microondas biológicamente positivas.

Al pasar por el hormigón, la radiación concentrada de microondas no es mitigada sino intensificada. (Fig. 24)

Dentro de lo posible, el planeamiento de la casa debería realizarse teniendo en cuenta los lados de mayor y menor incidencia solar. En la parte del edificio que indica hacia el norte, o sea el lado menos expuesto als sol, se podrán ubicar dependencias secundarias, los ambientes más importantes, en cambio, deberán estar orientados al sur, oeste y este.

Sobre todo es importante no inhibir la capacidad de absorción de energía de los paramentos exteriores, a fin de evitar que el »sol se quede afuera«. (Fig. 25)

Desde tiempo inmemoriales se viene utilizando madera, un material que no conlleva efectos perjudiciales para la salud, como material de construcción. Con la madera se asocian las nociones de bienestar, calidez y confort. La madera en principio es bio-positiva, actúa como potente intercambiador de oxígeno y humedad y estabiliza el equilibro iónico en el ambiente.

Las estructuras de madera permiten la constucción ligera y maciza.

Es importante que los elementos de construcción sean ejecutados con placas de madera aglomerada exentas de emisiones, materiales aislantes biológicos y pinturas y revestimientos que no contengan sustancias tóxicas.

El adobe es un material natural, susceptible de ser trabajado directamente. No conlleva ningún tipo de efectos perjudiciales para el ser humano. Es un material de construcción biológico que dispone de una capacidad de difusion y resorcion sin igual. Hay varios métodos para hacerlo lavable sin afectar sus propiedades naturales.

Los paramentos exteriores deben ser firmes y soportar esfuerzos estáticos, brindar protección contra las inclemencias del tiempo y sobre todo contra la humedad, y al mismo tiempo ser permeables al aire. Además deben actuar como barrera antiacústica y acumular calor.

Los materiales calorífugos colocados en los muros exteriores reflejan la radiación térmica natural del sol, previniendo la acumulación de calor en la obra de fábrica. Del punto de vista médico y sanitario, la capacidad de acumulación de calor es una de las propiedades más importantes de las paredes de un edificio.

Conforme a criterios de la ecoconstrucción, cabe recalcar la necesidad de prescindir de armaduras y vigas de acero en todos los forjados de planta, incluso en los de los sótanos. Desde hace poco se dispone de forjados de piezas huecas de ladrillo que en vez de vigas de acero incorporan vigas de madera (Fig. 26).

Del punto de vista de la construcción ecológica, sólo se deberán emplear materiales de recubrimiento que no impidan el paso de la radiación cósmica, a fin de asegurar que el campo de radiación natural, con el que la vida se encuentra en un equilibrio ecológico, se presente con la menor alteración posible en el interior del edificio.

Solarzellen auf dem Dach und als Ständer am Balkon
Solar cells on the roof and as a stand on the balcony

Cellules solaires sur le toit et comme montant au balcon
Células solares sobre el techado y sobre montante en el balcón

6. Ökologische Haustechnik

In einem bioökologischen Haus kann auf die Technik nicht verzichtet werden, aber sie soll so eingesetzt werden, daß ihre Einflüsse sich nicht negativ und gesundheitsschädlich auf das Wohlbefinden der Bewohner auswirken. *Man sollte nur soviel wie unbedingt notwendig und so sparsam wie möglich Haustechnik verwenden.*

Die für das Haus benötigte Energie läßt sich vereinfacht in Wärme und Elektrizität unterteilen. Der Energiebedarf soll aus ökologischer Forderung jeweils mit dem geringsten Energieaufwand abgedeckt werden. Alle 'passiven' Maßnahmen zur Energiebewahrung und -gewinnung vermindern den aktiven Energieumsatz und die dazu erforderlichen technischen und betrieblichen Aufwendungen.

Bei der Energieeinsparung ist zu bedenken, daß bei Beleuchtung oder bei Elektrogeräten nur eine geringe, beim Heizen oder im Warmwasserbereich aber große Einsparmöglichkeiten bestehen. Beim Verbrauch von einem Kilowatt Strom kann man sich 80 Stunden ununterbrochen rasieren oder Radio hören, eine Glühbirne von 100 Watt 10 Stunden brennen lassen, aber nur drei Minuten einen Durchlauferhitzer und nur zwei Minuten einen Nachtspeicher aufheizen.

Der Energieverbrauch der Haushalte teilt sich in 76% für Raumheizung, 14% für Warmwasserbereitung und 10% für Licht und Hausgeräte. Zu bedenken sind bei der üblichen Energieerzeugung die auftretenden Umweltschäden, die Ressourcenverknappung und die ständige Kostensteigerung. Die entscheidenden Punkte sind deshalb bessere Energieausnützung und ein Übergehen zum Einsatz von regenerierbaren Energiequellen. Solche könnten die Haushalte überwiegend versorgen, wenn Forschung und Entwicklung staatlich ernster gefördert und unterstützt würden. Gerade die Katastrophe von Tschernobyl zeigt, daß trotz der technischen Revolution der Atom-Energie Grenzen gesetzt sind. Nach Prof. Dr. Vester würden allein die Kühe der Bundesrepublik – rein theoretisch gesehen – ausreichen, um eine Biogasalternative zu schaffen, die die Atom-Energie überflüssig macht und nicht nur keine negativen Folgen hätte, sondern sehr viele positive Folgen. In China, in der Provinz Sezuan, benützen 17 Millionen Bauern Biogas zum Kochen und für die Lichtversorgung.

Leider finden bis jetzt alternative Energietechnologien wie Sonne, Wind oder Biogas im Ganzen gesehen bei uns noch wenig Anwendung. *Deshalb sollte grundsätzlich alle Sonnenstrahlungswärme, die ein Bauwerk trifft, aktiv oder 'passiv' für den Energiehaushalt genutzt werden.*

Sanitärinstallationen

Der Hausanschluß für Wasser und die Ver- und Entsorgungsleitungen sollen auf kürzestem Weg zum Haus bzw. aus dem Haus geführt werden. Da man vermutet, daß fließendes Wasser im Haus einen künstlich erzeugten Wasseradereffekt ergibt und damit störende Strahlungsfelder aufbaut, *sollten grundsätzlich Rohre, in denen Wasser fließt, die Schlafräume nicht tangieren.*

Alle Steig- und Fallwasserleitungen können nach Möglichkeit in einem durchgehenden Schacht mit Schalldämmung untergebracht werden. (Siehe Abb. 31) Daraus folgt, daß Küche, Bad und WC möglichst nahe beieinander oder übereinander liegen sollen, um eine Überinstallierung im Haus zu vermeiden. (Siehe Lotz: 'Willst du gesund wohnen?')

Um Schwingungsübertragung von Rohrleitungen ins Mauerwerk zu vermeiden, ummantelt man die ins Mauerwerk eingelassenen Kopfenden der Rohrträgerkonsolen mit Isolierkork. Die Rohre sollen keinen direkten Kontakt mit den Wänden haben.

Es werden im Haus in der Regel verzinkte Stahlrohre oder Kupferrohre verwendet. *Kupferrohre sind derzeit das einzige ionenpositiv geladene Metall im Installationsbereich.* Werden Kupferrohre verlegt, so dürfen in Fließrichtung des Wassers keine Stahlrohre mehr verlegt werden, da es sonst zur Zerstörung durch Ionenfluß kommt. Solange sich noch kein Kalk in den Kupferrohren angesetzt hat, kann durch Oxidation Kupfer freigesetzt werden. Deshalb vor der Entnahme von Trinkwasser die Kupferleitungen kurz ausspülen lassen.

Kunststoffrohre sind hinsichtlich ihrer Auswirkung auf die Gesundheit des Menschen noch nicht genügend erforscht und es ist besser, von ihrer Anwendung Abstand zu nehmen.

Bei verschraubten Rohren sollten zur Abdichtung nur Hanf und Fette verwendet werden und bei Kupferrohren nur Hart-Lot (Silber-Messing) und kein Weich-Lot (Blei-Zinn).

Abb. 31 Fig. 31

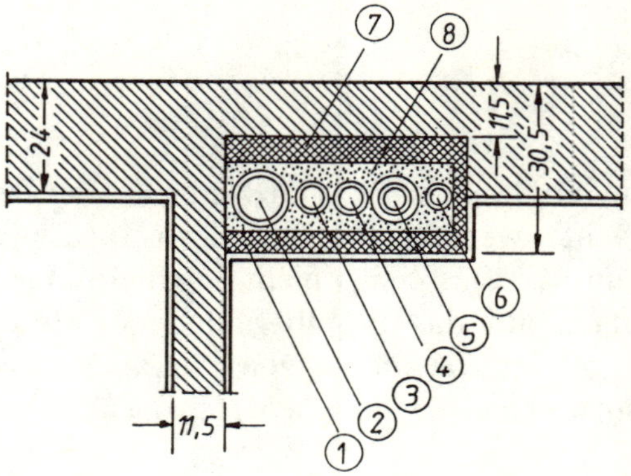

Beispiel für einen Mauerschlitz zur frostsicheren Aufnahme der Hausleitungen und zur Geräuschverminderung bei Abflußleitungen
1 = 5 cm Heraklith oder Torfoleum 2 = Schmutzwasser 3 = Reinwasser 4 = Gas 5 = Warmwasser 6 = Rücklauf 7 = 5 cm Heraklith oder Torfoleum 8 = Glaswolle

Example of a wall duct for frost-proof accommodation of house piping and sound-proofing of drainage pipes
1 = 5 cm heraclit or turfoleum 2 = waste water 3 = clean water 4 = gas 5 = hot water 6 = return 7 = 5 cm heraclit or turfoleum 8 = glass wool

Exemple d'une fente de mur pour la réception ingélive des conduites de la maison et pour l'insonorisation des conduites d'égouts
1 = 5 cm d'héraklithe ou de torfoléum 2 = eaux usées 3 = eaux pures 4 = le gaz 5 = l'eau chaude 6 = la conduite de retour 7 = 5 cm d'héraklithe ou de torfoléum 8 = la laine de verre

Ejemplo de la colocación de las tuberías de suministro y descarga domésticos, en montaje mural a prueba de heladas y con amortiguación del ruido de las tuberías descarga
1 = 5 cm de heraclita o torfoleo 2 = aguas servida
3 = agua limpia 4 = gas 5 = agua caliente
6 = retorno 7 = 5 cm de heraclita o torfoleo 8 = lana de vidrio

Wasserverbrauch

Jeder von uns verbraucht täglich beinahe das Doppelte seines Körpergewichts an Wasser, das sind 50 Tonnen pro Jahr. Trinkwasser ist ein Lebensmittel, das mit hohem technischen Aufwand in Wasserwerken hergestellt wird. Dieses Trinkwasser wird in privaten Haushalten auch zum Wäschewachen, Toilettenspülen und zum Gartengießen usw. verwendet. Ob bei der immer größer werdenden Nitratbelastung des Wassers, dem Waldsterben und den schädlichen Umwelteinflüssen das in Zukunft noch weiter möglich sein wird, ist fraglich. Bislang überziehen die meisten Bundesbürger ihr Wasserkonto ständig.

Deshalb sollten die Ressourcen von wertvollem Wasser geschont werden und im Haushalt ein Teil des Trinkwassers durch Grauwasser ersetzt werden. Die Nutzung des Grauwassers gliedert sich in zwei Bereiche: in Nutzung des Regenwassers zum Wäschewaschen und Gartengießen, und Nutzung von Brauchwasser (aus Abwasser von Badewanne, Duschwanne und Waschmaschine) zur Toilettenspülung. *Dadurch läßt sich die Hälfte des in privaten Haushalten verbrauchten Trinkwassers einsparen.*

Regenwassernutzung

Ein Regenwassertank kann im Garten im Erdreich untergebacht werden. Die Erdüberdeckung muß wegen Frostgefahr mindestens 80 cm betragen. (Siehe Abb. 32) Für eine vierköpfige Familie ergibt sich ein Speichervolumen von etwa 11 Kubikmeter. Der Tank sollte quadratisch sein. Bei einer Grundfläche von 3 x 3 Metern ergibt sich eine Tankhöhe von 1,4 Metern, wobei ein Freibord von 18 cm berücksichtigt ist. Der Freiraum ist notwendig, um das Faulen des Wassers zu vermeiden. Zur besseren Durchmischung des Tankinhalts werden sowohl Ein- und Auslauf am Boden des Behälters angebracht und liegen sich an einer Wand gegenüber. Regenwasser läßt sich besonders waschmaschinenschonend, da kalkfrei, zum Waschen verwenden.

Brauchwassernutzung

Leicht verschmutztes Abwasser aus Badewanne, Duschwanne und aus der Waschmachine kann noch zur Toilettenspülung verwendet werden. Der Tank für Brauchwasser sollte sieben Tage Wasser speichern können, falls in dieser Zeit weder gebadet noch gewaschen wird. So ergibt sich ein Tankvolumen von 1,26 m^3. Er kann in der Waschküche aufgestellt werden. Hier kann der Überlauf des Brauchwassertanks direkt dem Abwasserkanal zugeführt werden, und der Tank kann auch von Zeit zu Zeit gereinigt werden. (Siehe Abb. 32)

Am geeignetsten wäre auch hier ein quadratischer Grundriß von 1 x 1 m und einer Höhe von 1,40 m. Durch die Aufstellung des Tanks auf einem 30 cm hohen Sockel läuft das Wasser der Pumpe ohne Saugvorrichtung, und es kann ein einfacher Pumpentyp verwendet werden.

Abb. 32 Fig. 32

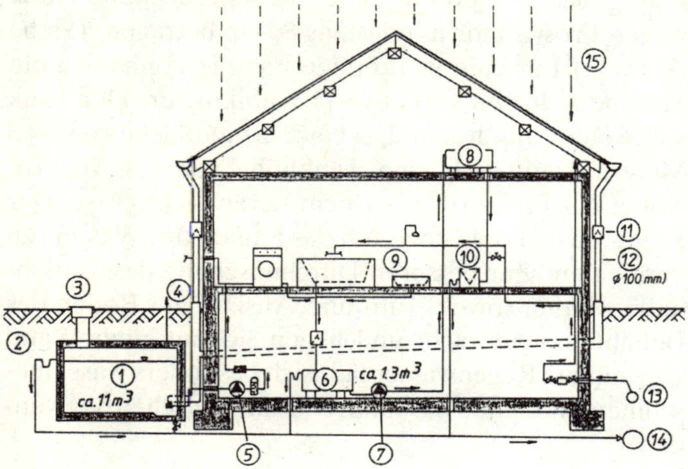

Kombinierte Regen- und Brauchwassernutzung
1 = Regenwassertank 2 = Überlauf 3 = Tankzugang 4 = Belüftung 5 = Saugpumpe mit Druckkessel und Feinfilter 6 = Brauchwassertank 7 = Kreiselpumpe 8 = Brauchwasserhochbehälter 9 = Badezimmer 10 = WC 11 = Filteranlage 12 = Fall-Leitung 13 = Versorgungsleitung 14 = Entsorgungskanal 15 = Niederschlag

Combined rainwater and domestic water exploitation
1 = rainwater tank 2 = overflow 3 = tank access 4 = air vent 5 = suction pump with pressure chamber and fine filter 6 = domestic water tank 7 = rotary pump 8 = domestic water tank 9 = bathroom 10 = WC 11 = filter system 12 = downpipe 13 = supply pipe 14 = drainage pipe 15 = rain

L'emploi combiné d'eau de pluie et d'eaux usées
1 = réservoir d'eau de pluie 2 = déservoir 3 = accès au réservoir 4 = aération 5 = pompe aspirante avec réservoir de pression et filtre fin 6 = reservoir d'eaux usées 7 = pompe centrifuge 8 = réservoir suélevé d'eaux usées 9 = salle de bain 10 = WC 11 = installation de filtrage 12 = conduite forcée 13 = conduite d'alimentation 14 = conduite d'évacuation 15 = précipitations

Aprovechamiento combinado del agua de lluvia y agua derivada
1 = tanque de almacenamiento de agua de lluvia 2 = aliviadero 3 = acceso al tanque 4 = aireación 5 = bomba de aspiración con cámara de aire a presión y filtro fino 6 = tanque de agua derivada 7 = bomba centrífuga 8 = depósito elevado de agua derivada 9 = baño 10 = W.C. 11 = instalación de filtros 12 = bajante 13 = tubería de suministro 14 = canal de evacuación 15 = precipitaciones

Die Toilettenspeicherung ist aber zusätzlich an die Frischwasserversorgung anzuschließen für den Fall, daß sie trocken fällt, repariert oder gereinigt wird. Aus hygienischen Gründen werden außer der Toilettenspeicherung keine weiteren Entnahmen von Brauchwasser vorgesehen.

Abwasser

Um das öffentliche Abwassersystem zu entlasten, laufen Forschungsarbeiten über pflanzliche Klärsysteme. Es ist möglich, auch Einzelhäuser und ganze Stadtteile mit einer Mischkultur von Sumpfpflanzen wie Schilf, Binsen, Flatterbinsen und Sumpfschwertlilien zu entsorgen. Der Platzbedarf pro Person liegt bei 3–5 qm. Die Fäkalien sollten in einem wasserfreien Biokomposter zu Humus gemacht werden und nur das Grauwasser aus Bad, Küche und Waschmaschine in das pflanzliche Bioklärsystem gehen. Allerdings dürfen dann nur Bio-Waschmittel verwendet werden.

Als biologische Endkontrolle kann das Klärwasser aus dem Pflanzenbecken in einen Fischteich geleitet werden.

Zur Aufbereitung von Abwasser kann auch der Kolloidationseffekt ausgenützt werden, da dieser das Wasser weitgehend entgiftet und die anfallenden halbfesten Stoffe verfestigt und leicht kompostierbar macht. (Neuere Forschungen haben ergeben, daß Wasser, welches in geformten Behältern in gezielte Wirbelbewegungen versetzt wird, einen 'hochkolloidalen' Zustand erreicht und als Gestaltungskraftträger wirksam wird.) Auf diese Weise kann Regenwasser durch den Kolloidationseffekt zu Trinkwasser aufbereitet werden, ohne chemische Prozesse zu durchlaufen.

Humus-Toilette

Was die Humus-Toilette anbetrifft, so meint Rudolf Doernach folgendes: 'Man sollte darüber nachdenken, daß wir unsere Reststoffe mit viel Wasser ersäufen und in Kläranlagen schicken, die dann nicht funktionieren und unsere Flüsse belasten. Wenn man versucht, nicht mehr linear, sondern kreisläufig zu leben, dann ist eben das, was hinten rauskommt, nicht etwas, was man wegwerfen muß, was häßlich ist, sondern es ist genau genommen etwas Göttliches, aus dem Neues entstehen kann. Wir können ohne diese Stoffe nicht leben, und es bleibt uns nichts anderes übrig, als den 'Großen Bruder' aus der Verantwortung der Beseitigung, beziehungsweise der eigentlichen Nichtbeseitigung dieser Reststoffe zu entlassen und zu versuchen, in Stadt und Land wieder höchstpersönlich mit den eigenen Reststoffen fertig zu werden und sie produktiv wiederzuverwenden. Dazu gibt es viele Spielarten von Humus-Toiletten und Humus-Klos, die geruchfrei funktionieren.

Eines scheint sicher, wenn wir mithelfen wollen, 'Kloakien' wieder in eine Naturstadt zu verwandeln, dann sollten wir in Zukunft für die Zubereitung von Humus aus unseren Reststoffen vielleicht ein Zehntel der Zeit verwenden, die wir für die Zubereitung von Mahlzeiten brauchen.'

Behördlicherseits steht einer Genehmigung von Humustoiletten noch Mißtrauen gegenüber, aber es laufen einige Forschungsprojekte, die in dieser Richtung neue Initiativen erhoffen lassen.

Elektroinstallation

Nach dem 2. Weltkrieg wurde durch ein billiges Angebot an Energie die Anschaffung von Elektrogeräten sehr gefördert und damit wurde der Grad der Elektroinstallation um ein Vielfaches erhöht.

Die Spannung des gewöhnlichen Wechselstromnetzes beträgt 220 Volt bei einer Frequenz von 50 Hz. Der Minus-Leiter strahlt nur bei Stromentnahme, die Phase der Stromleitung jedoch lädt sich 50mal pro Sekunde negativ und positiv auf, auch bei ausgeschaltetem Verbraucher.

Alle elektrischen Ladungen haben stets ein elektrisches Feld und, wenn sie sich bewegen, auch ein magnetisches Feld um sich herum. Hierdurch üben sie Kräfte auf andere Ladungen aus. *Eine Abstrahlung erfolgt also auch dann, wenn kein Strom verbraucht wird, sie kann sogar manchmal noch stärker sein als beim Stromverbrauch.*

Die biologische Grundschwingung des Menschen beträgt 10 Hz. Eine Veränderung dieser spezifischen biologischen Grundschwingung in einen höheren Bereich deutet auf Fieber und Streß hin.

Insbesondere sogenannte Stegleitungen, die wir unter Putz legen, aber auch Verteiler-, Schalter- und Steckdosen und auch Leitungen auf Putz erweisen sich als ungünstig, da sie in ihrer Umgebung für relativ starke elektrische Felder der Frequenz 50 Hz verantwortlich sind.

Bei der Einschaltung von elektrischen Verbrauchern im Haus, wie Glühlampen, Motoren, Heizgeräten usw. entstehen um alle beteiligten stromdurchflossenen Leiter der Hausinstallation und in den Elektrogeräten zusätzlich zu den elektrischen Wechselfeldern noch magnetische Wechselfelder, die sich ebenfalls in die angrenzenden Wohnräume ausbreiten können, und deren Feldstärken von den jeweils fließenden Stromstärken und damit von der Größe der eingeschalteten Anschlußleistung abhängig sind.

Solche elektromagnetischen Wechselfelder lassen sich objektiv mit einer Elektrofeldsonde nachweisen bzw. feststellen.

Viele Wohnungen sind von vagabundierenden elektrischen Feldern aus schlecht abgeschirmten Leitungen und Geräten verseucht und hinzu können noch Belastungen aus der Umgebung durch die Nähe von Bahnstrom, Hochspannungsleitungen, Trafostationen, Maschinen, Sendestationen usw. kommen.

Grundsätzlich sollten in einem bioökologischen Haus nur abgeschirmte Kabel verwendet werden. Abgeschirmte Kabel gibt es mit Stahl- oder Kupfermantel. Günstig ist auch ein sogenanntes Bio-Kabel, ein mit verzinktem Drahtgeflecht abgeschirmtes mehrdrahtiges Kabel, das eine hohe Stabilität durch massive Kupferleiter in Verbindung mit einer Mantelmischung auf PVC-Basis aufweist. Man kann auch die Verlegung der üblichen Kabel in geerdeten Panzerrohren vornehmen, die den Vorteil haben, daß sie nicht nur die elektrischen, sondern auch zugleich die magnetischen Wechselfelder abschirmen. (Siehe Abb. 33)

Abb. 33 Fig. 33

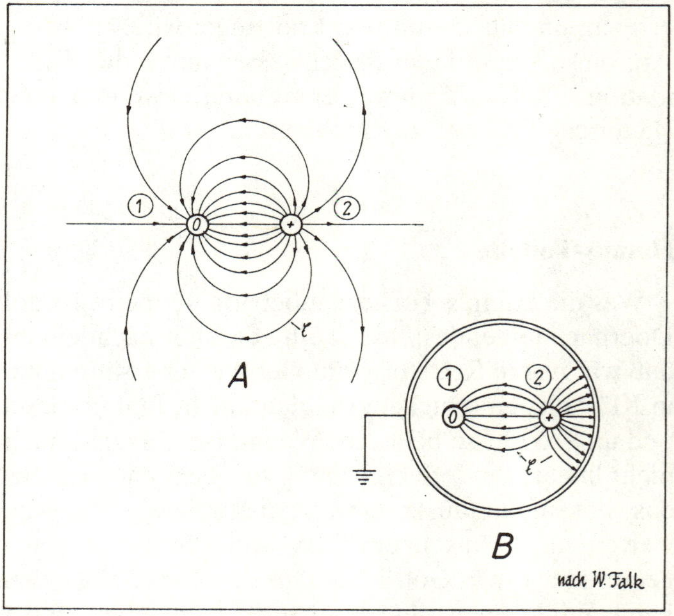

Elektrisches Wechselfeld von einer einfachen Doppelleitung (Momentanbild)
A = ohne Abschirmung 1 = Null-Leiter 2 = Phase B = abgeschirmt mit einem dünnwandigen geerdeten Eisenrohr 1 = Null-Leiter 2 = Phase

Electrical alternating field of a simple twin conductor (instantaneous diag.)
A = without screening 1 = neutral conductor 2 = phase B = screened with a thin-walled, earthed iron tube 1 = neutral conductor 2 = phase

Le champ électrique alternant d'une simple conduite jumelée (instantané)
A = sans blindage 1 = conductuer neutre 2 = phase
B = blindé par un tuyau en fer à parois minces mis à la terre 1 = conductuer neutre 2 = phase

Campo eléctrico alterno de una línea gemela simple (instantánea)
A = sin blindaje 1 = conductor neutro 2 = fase B = blindado con un tubo de hierro de pared delgada con puesta a tierra 1 = conductor neutro 2 = fase

Bei der Montage der abgeschirmten Installationsanlagen ist vor allem darauf zu achten, daß alle Stahlrohre und die zugehörigen Armaturen untereinander und mit dem Erdpotential elektrisch kontaktsicher verbunden werden und der magnetische Schirm aus ferro-magnetischem Material lückenlos über der Anlage erstellt und nicht durch Verbindungs- und Reduzierstücke aus Buntmetall unterbrochen wird.

Das Haus sollte nur über ein Erdkabel an das Netz angeschlossen sein, um die großräumige Ausbreitung elektromagnetischer Felder, wie es bei einem Dachständeranschluß der Fall ist, zu vermeiden. Als Zentralerdung sollte ein senkrecht bis ins Grundwasser gehender Metallstab im Süden dienen, entsprechend den Erdmagnetverhältnissen. Aus diesem Grund erfolgt die Stromzuführung aus Süden. Die Zentralerdung hat den Vorteil, daß Kriechströme nicht in das Haus geleitet werden.

Die Verkabelung im Haus sollte nicht als Ringleitung verlegt werden, sondern sternförmig. Dieses System hat den Vorteil gegenüber der üblichen Ringleitung mit Verteilerdosen, daß sich durch die Vor- und Rückstromverkabelung die elektromagnetischen Felder gegenseitig aufheben. (Siehe Abb. 34) Bei ringförmig verlegten Leitungen ergeben sich stehende Wellen und Wellenkreuzungen, Interferenzerscheinungen und Wellenknoten im Raum. Jeder Raum wird separat mit Vor- und Rückstromverkabelung angefahren. Es sollten nur unbedingt notwendige Anschlüsse und Steckdosen vorgesehen werden, auf keinen Fall überinstallieren.

Netzfreischalter

Für Schlaf-, Kinder- und Gästezimmer können in der Hauptverteilung sogenannte 'Netzfreischalter' eingebaut werden, so daß kein Blindstrom fließt. Netzfreischalter begrenzen die Kabelspannung auf 6 Volt. Dadurch kann man in einem wechselstromlosen Zustand leben und vor allem nachts einen ungestörten Schlaf genießen.

Schaltet man das Licht ein, wird automatisch die 220 Volt Spannung freigegeben. Natürlich muß bei Kühlschrank, Tiefkühltruhen (also Küche separat) und Heizpumpen eine ständige 220 Volt-Spannung erhalten bleiben.

Es ist auch eine Abschaltung einzelner Zimmer möglich. Man verwendet dazu handbetriebene Schalter oder ferngesteuerte Stromrelais.

Mit der Erkenntnis, daß Elektrizität den menschlichen Organismus wesentlich beeinflußt und *aufgrund der Überzeugung vieler Wissenschaftler, daß elektromagnetische Felder des 50-Hz Wechselstroms belastend auf die physio-elektrischen Verhältnisse des menschli-*

Abb. 34 Fig. 34

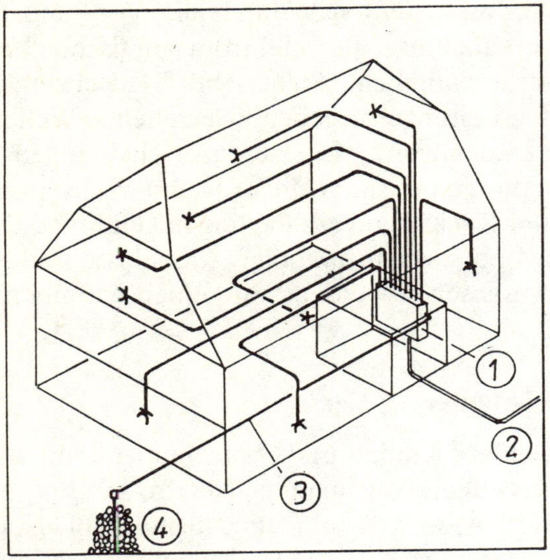

Elektroinstallation des Hauses
1 = Hausanschlußkasten 2 = Kabelanschluß 3 = Erdungskabel vom Verteiler 4 = Staberdung (2 Meter)

Electric installations in the house
1 = house connection box 2 = cable connection 3 = earth lead from distributor 4 = earth rod (2 m)

L'installation électrique de la maison
1 = boîte de jonction 2 = raccord de câbles 3 = câble de terre du distributeur 4 = barrette de terre (2 m)

Instalación eléctrica de una casa
1 = caja de distribución 2 = cable de acometida 3 = cable de puesta a tierra de la caja de distribución 4 = tomador cilíndrico de tierra (2 metros)

chen Körpers wirken, wird klar, daß auch die Elektroinstallation eines Hauses das Befinden seiner Bewohner mitbestimmt.

Das richtige Heizsystem

Die Heizung soll ein gesundes Raumklima schaffen, möglichst wenig umweltschädliche Gase erzeugen und die Baustoffe optimal auswerten.

Der Mensch produziert durch seine Körperprozesse Wärme. Er gibt je nach Tätigkeit durch Strahlung und Konvektion und über die Atemluft ca. 100 Watt pro Stunde Wärme ab. Eigentlich benötigt er keine Wärme von außen. Unbehaglichkeit stellt sich aber bei ihm ein, wenn die umgebenden Raumflächen aufgrund wärmeleitender Eigenschaften diese Körperstrahlung zu stark ableiten, anstatt sie zu reflektieren. Warme Wände verhindern eine zu starke Infrarotabstrahlung des menschlichen Körpers.

Die biologisch gesunde Heizung (Kachelofen, Hypokaustenheizung, Fußleistenheizung) wärmt nach dem Prinzip der Sonnenstrahlung. Der größte Teil der Wärme wird nicht an die Luft, sondern direkt an die Wände bzw. an Raumkörper abgegeben. Die Wärmestrahlung erfolgt von einem Körper zum andern, ohne die Umgebungsluft zu erhitzen und damit unnötig zu bewegen. Die angestrahlten Raumflächen werden erwärmt und strahlen besonders bei Verwendung von speicherfähigen Baustoffen langfristig im Raum zurück.

Ein *optimales Heizklima ist erreicht, wenn die Raumluft relativ kühl, unbewegt und leicht ist und die umgebenden Flächen eine Oberflächentemperatur von ca. 20°C haben und ein zweifacher Raumluftwechsel pro Stunde gewährleistet ist.*

Abb. 35 Fig. 35

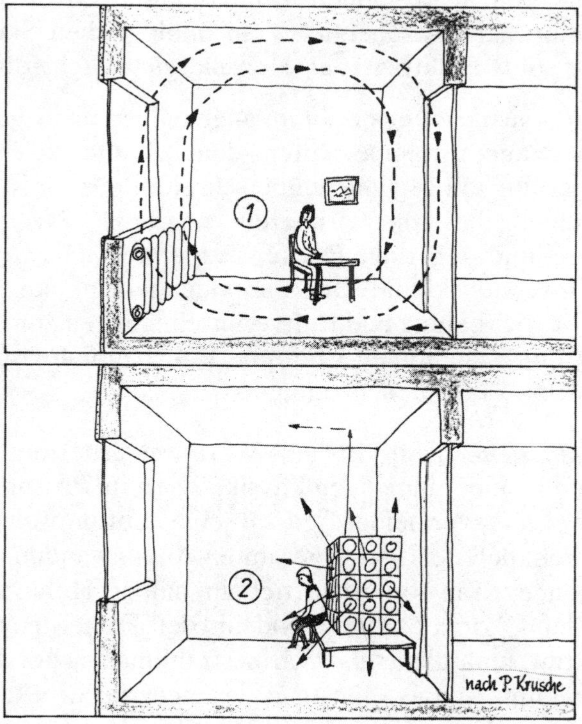

Verschiedene Heizsysteme
1 = Konvektionsheizung mit Radiator
2 = Strahlungsheizung mit Kachelofen

Various heating systems
1 = convection heating with radiator
2 = radiation heater with tile oven

Les différents systèmes de chauffage
1 = chauffage de convection avec radiateur
2 = chauffage à rayonnement avec poêle en faience

Diferentes sistemas de calefacción
1 = calefacción de convección con radiador
2 = calefacción por radiacion con estufa cerámica

Die heute allgemein gebräuchlichen Heizsysteme (Einzelöfen, Zentralheizung, Elektrospeicherheizung etc.) arbeiten weniger mit Wärmestrahlung, sondern vielmehr durch Konvektion d.h. Lufterwärmung. Zunächst werden die Raumluftmassen aufgeheizt und über diese dann die Raumkörper. Solche Luftheizungen verbrauchen die meiste Energie (z.B. Heißluftgebläse).

Aufgrund thermischer Gesetze bilden sich bei ihnen an den Wohnraumdecken Temperaturen von 30°C und mehr, während im Fußbodenbereich Temperaturen zwischen 12–16°C herrschen. *In solchen Räumen klagen die Bewohner über kalte Füße und heißen Kopf.* Hier ist also die Luft warm, während die Umgebungsflächen verhältnismäßig kühl sind.

Überdies wird bei der Luftumwälzung vom Boden Staub aufgenommen, an die Decke getragen und in der Raumluft verteilt. Dieser Staub belastet die Atemwege erheblich. Ein gesundes Heizungsklima sollte eine möglichst staubarme Luft garantieren.

Zusammenfassend kann man sagen, *daß Strahlungswärme im Infrarotbereich physiologisch zuträglicher und Konvektionswärme mit Luftumwälzung abträglicher ist.* (Siehe Abb. 35)

Sicher ist ein Umdenken bei der Heizungsplanung auch in der Richtung nötig, daß anstelle des bequemen Thermostat-Drehens die Räume je nach Tätigkeit unterschiedlich temperiert werden. Seelisches und körperliches Wohlbefinden hängt auch von natürlichen Wechselbeziehungen ab. Wenn man aus einem warmen Zimmer in den kühlen Flur tritt und dann wieder zurückkehrt, hat man ein Gefühl der Geborgenheit. Ein gutes Klima ist dann gegeben, wenn im Wohn- oder Eßraum 18°C Lufttemperatur und im Flur z.B. nur

14°C herrschen, vorausgesetzt, die Heizwärme erfolgt durch Strahlung.

Im folgenden soll kurz auf die einzelnen Heizungsarten eingegangen werden.

Einzelöfen, die mit Holz, Kohle, Öl oder Gas betrieben werden, sind gewöhnlich aus Gußeisen oder Stahl gefertigt. Bei ihnen wird in der Regel im Sockelbereich die Kaltluft angesaugt und an der heißen Brennkammer erwärmt und bis zur Zimmerdecke ausgeblasen. Stößt die Warmluft an die kalte Decke und Wände eines Zimmers, so kühlt sie ab und fällt nach unten. Mit ihr sinken die Schmutzteilchen, die durch die Warmluft aufgewirbelt wurden und lagern sich auf dem Fußboden ab, bis sie erneut aufgewirbelt werden.

Diese Öfen haben einen großen Anteil an Konvektionswärme und ergeben ein weniger günstiges Raumklima. Es kann auch noch vorkommen, daß durch solche Öfen Rauchgasbelästigungen auftreten.

Zentralheizung (Warmwasserheizung) gibt die Wärme vorwiegend über Radiatoren ab. Auch sie haben einen starken Anteil an Konvektionswärme mit hohen Raumluftdifferenzen und deshalb starken Luftströmungen mit Staub- und Schadstoffaufwirbelung und niedriger Raumluftfeuchte. Die Raumlufttemperatur ist bei ihnen höher und damit sinkt die Luftfeuchte.

Warmluftheizung (elektr. Lüfter, Klimaanlage, Kachelofenluftheizung) haben ähnliche Eigenschaften, wie sie bei der Zentralheizung auftreten.

Elektrospeicherheizung erzielt mit ihrem dicken Schamottekern und Kachelmantel einen hohen Strahlungsanteil. Bedenklich sind aber die elektrischen Felder nicht abgeschirmter Heizgeräte. In Kombination mit Gebläse können sie wie Warmluftheizung Staubaufwirbelung verursachen. Nachtspeicheröfen haben einen dreimal so hohen Primärenergieverbauch in Relation zur Nutzenergie. Vom ökologischen Standpunkt sollte Elektrizität als Heizenergie ausscheiden.

Fußbodenheizung ergibt im allgemeinen unausgeglichene Raumlufttemperaturen, denn die Oberflächentemperatur soll 24°C nicht überschreiten. Damit ist die Wärmeabgabe von vornherein begrenzt. Zu hohe Boden- und zu geringe Deckentemperaturen bewirken ein Inversionsklima. Bei Fußbodenheizung können Staubaufwirbelung und Luftverunreinigungen zur Reizung der Schleimhäute führen. Von baubiologischer Seite sind Bedenken anzumelden.

Fußleistenheizung ist ein Warmwasserheizungssystem mit einer einmaligen Physik. Sie ist im Prinzip ein Konvektor, vermeidet jedoch eine Luftumwälzung dadurch, daß der an den gesamten Außenwänden aufsteigende Konvektionsauftrieb in halber Höhe zum Stillstand kommt. Die Wand an der Fußleiste wird erwärmt und dient als Wärmestrahlungsfläche. Das Raumklima ist umso günstiger, je länger die Strecke ist, über die sich die Wärmeabgabe der Heizleiste verteilt. (Siehe Abb. 36)

Da die Außenwand durch die Wärme austrocknet, entsteht zusätzlich noch eine natürliche Isolationswirkung. Der Wärmedurchlaßwiderstand, d.h. die Wärmedämmung wächst um ca. 5 %, wenn die Feuchtigkeit im Mauerwerk noch um 1 % verringert wird. Das gilt auch für die Kachelofenheizung.

Die Fußleistenheizung wird an der fertigen Wand befestigt und benötigt keine Nischen im Mauerwerk, aber einen freien Wandbereich (etwa 7 cm) zur Installation. Einfache Montage lassen die Fußleistenheizung auch als Alternative bei Altbausanierung erscheinen.

Abb. 36 Fig. 36

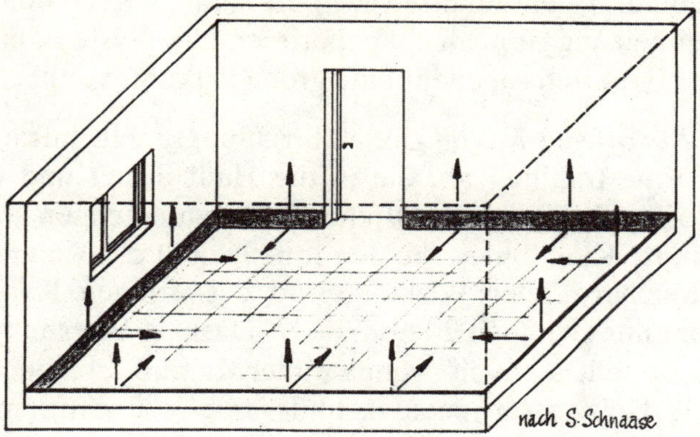

Strahlenwirkung einer Fußleistenheizung

Radiation effect of skirting heating

L'effet de rayonnement d'un chauffage de plinthe

Efecto radiante de la calefacción por zócalos

Kachelofenheizung kann durch ihre große Strahlungswärme als eine biologisch wertvolle Heizung angesehen werden. Der Kachelgrundofen wird innen durch den heißen Rauch des Holz- oder Kohlefeuers erwärmt, der durch lange Gänge (sog. Züge) strömt und dann abgekühlt in den Schornstein gelangt. *Die Schamotte- und Kachelmasse speichert die Wärme und gibt sie langsam an den umliegenden Raum und dessen Körper ab.* Die Kacheln werden bis zu 150°C heiß. Dank der geringen Wärmeleitfähigkeit der Kacheln verbrennt man sich aber dennoch nicht die Finger.

Der Kachelofen wird immer an der inneren Wand eines Raumes plaziert, so daß die starke Wärmeabstrahlung die Innenseite der Außenwände erwärmt. Treffen die Wärmestrahlen auf einen festen Gegenstand, werden sie wie bei der Sonnenstrahlung absorbiert. Die Konvektion der Luft an der Oberfläche des Kachelofens ist derart gering, daß sie nicht zur Bildung einer Umluftwalze führt.

Bei richtiger Handhabung genügt ein einmaliges Heizen, um nach einer allerdings langen Aufheizzeit den ganzen Tag über Strahlungswärme zu haben. Kachelöfen mit hohem Schamotteanteil speichern die Wärme bis zu 10 Stunden und halten einen Raum 12 bis 24 Stunden lang warm.

Der Kachelofen bietet den Vorteil, daß er bei geschickter Raumaufteilung auch drei Räume gleichzeitig heizen kann.

Es gibt allerdings noch eine andere Art von Kachelofen, nämlich den Einsatzkachelofen. Bei ihm umgibt nur eine dünne Kachelschale den eisernen Einsatzofen. An seinen gerippten Flächen erwärmt er möglichst viel Luft und bläst diese durch Öffnungen in den Raum. Er zählt nicht zu den Strahlenheizungen, sondern für ihn gilt, was bei der Zentralheizung gesagt worden ist.

Hypokaustenheizung bzw. Wandstrahlungsheizung war schon im Altertum bekannt. (Hypo = von unten/ Kauein = brennen). Heute werden Ziegelhohlkörper teils auf den Fußboden und als Wand mit einem Kalkzementmörtel gemauert. Durch die so entstandenen Luftkanäle in den Hohlwänden wird zentral erwärmte Luft mittels Ventilator geblasen. (Siehe Abb. 37) Es ent-

Abb. 37 Fig. 37

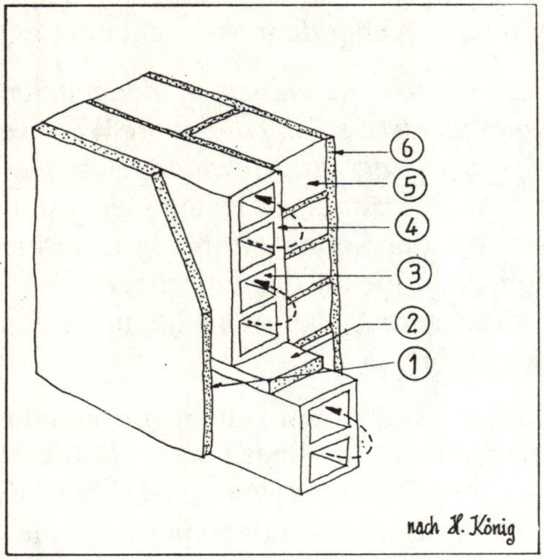

Wandhypokauste
1 = Kalkputz 2 = Mörtelband 3 = Warmluftzirkulationskanäle 4 = Hourdi-Hohlkammer: Ziegelstein vorgemauert 5 = Vollziegelwand 6 = Kalkputz

Panel heating
1 = lime plaster 2 = mortar 3 = warm air circulation ducts 4 = hollow gauged brick: brick facing 5 = solid brick wall 6 = lime plaster

Hypocauste intégré dans la muraille
1 = enduit à la chaux 2 = solin de mortier 3 = conduites pour la circulation d'air chaud 4 = chambre creuse-HOURDI: briques antéposées 5 = mur en briques massives 6 = enduit à la chaux

Hipocausto mural
1 = revoque de cal 2 = capa de mortero 3 = canales de circulación del aire caliente 4 = cámara hueca de Hourdi: ladrillo antepuesto 5 = pared de ladrillo macizo 6 = revoque de cal

steht eine große Strahlungsheizfläche, die keine störenden Temperaturgradienten erzeugt und mit niederen Temperaturen gefahren werden kann. Die Hypokaustenheizung ist noch ein experimentelles System, manche Experten sagen ihr eine große Zukunft voraus.

Ein offener Kamin gibt als Strahlungsquelle infrarote Wärmestrahlung ab, die in die Haut dringt und den Stoffwechsel anregt. Offene Flammen erzeugen sogenannte Kleinionen, die den Ionengehalt der Raumluft anreichern. Der Wirkungsgrad des offenen Kamins liegt nur zwischen 20 und 30 %. Deshalb ist er nur als Heizquelle sinnvoll, wenn er über Kaminkessel zusätzlich Heizwasser erzeugt und über Warmluftkanäle Hohlwände, nicht jedoch die Raumluft, erwärmt.

Beim offenen Kamin ist besonders darauf zu achten, daß die Luftzufuhr nicht aus dem Wohnraum, sondern von außen oder aus dem Keller erfolgt, da sonst mit der Verbrennungsluft auch die Wärme aus dem Raum gezogen wird.

Heizen und Warmwasser mit Sonnenenergie

Wir verheizen wertvolle Rohstoffe, um Wärme zu gewinnen. Unsere wichtigsten Energiequellen (Erdöl, Kohle, Erdgas) sind im Ursprung nichts anderes als gespeicherte Sonnenenergie. In dem Maße, wie wir sie heute ausbeuten, werden sie in Zukunft nicht mehr zur Verfügung stehen. Für die Schätze des Bodens gibt es keine zweite Ernte. *Die Sonne ist die einzige dauerhafte Energiequelle, die uns zur Verfügung steht.* Warum nutzen wir sie nicht besser?

Rund 80mal soviel solare Strahlungsenergie fällt auf deutschen Boden wie an Primärenergie verbraucht wird. Langjährige Messungen haben ergeben, daß jedem Quadratmeter Land rund 1.000 Kilowattstunden im Jahresdurchschnitt in Form von Strahlungsenergie zufallen.

Natürlich können wir nicht ganz auf den Einsatz von Primärenergie verzichten, aber wir können mindestens einen Teil der kostenlos gelieferten Sonnenenergie zur Bereitung von Warmwasser und als Zusatzheizung nutzen. Die Sonne scheint auch im Winter und die Hitze der winterlichen diffusen und direkten Strahlung wird in der Regel weit unterschätzt.

Für Heizzwecke unterscheidet man zweierlei Arten der Sonnenenergienutzung, nämlich die passive und die aktive. Über die passive Nutzung wurde in diesem Buch schon ausführlich gesprochen. Bei der aktiven Nutzung müssen Kollektoren, Wärmespeicher, Umwälzpumpen usw. eingesetzt werden. Günstig ist es, passive und aktive Solarnutzung zu kombinieren. Sonnenenergieanlagen brauchen nur eine Baugenehmigung für Bauten, die unter Denkmalschutz stehen.

Durch Sonnenkollektoren wird die einfallende Sonnenenergie absorbiert und das durch sie hindurchfließende Wasser erwärmt. Der Sonnenkollektor arbeitet ähnlich wie ein schwarzer Gartenschlauch, der länger in der Sonne lag und aus dem man warmes Wasser entnehmen kann. Zusätzlich wird bei ihm der Treibhauseffekt genutzt, um höhere Temperaturen zu erreichen und größere Mengen an Wasser zu erwärmen. Man kann bis zu 70 % der eingestrahlten Energie zur Wassererwärmung nutzen. So kann beispielsweise im Schweizer Mittelland ein gut montierter Kollektor pro Quadratmeter während eines durchschnittlichen Jahres 7.000 Liter Warmwasser von 50°C erzeugen.

Die Hauptfunktion eines Solarsystems sind Wärmeaufnahme, Wärmetransport, Wärmespeicherung und Wärmerückgabe. Man kann sagen, daß eine Solaranlage so gut ist wie ihre Kollektoren und ihre Speicher.

Sonnenkollektoren

Man unterscheidet bei den Sonnenkollektoren zwischen verschiedenen Typen, je nach Oberflächenform, Absorptionsflächenbeschaffung und Sammelmedium. Am gebräuchlichsten sind Wasser-Flachkollektoren. Der Aufbau und die Funktionsweise dieses Kollektors sind denkbar einfach. (Siehe Abb. 38)

Als äußere Abdeckung dient eine durchsichtige Scheibe aus Glas oder Kunststoff. Es gibt Einfach- und Doppelverglasung. Eine Doppelverglasung reduziert die Wärmeverluste an die Außenluft, vermindert aber die Einstrahlungsgewinne um mehr als 10 %. Hinter der Scheibe befindet sich die geschwärzte Oberfläche einer Platte, die die Sonnenstrahlung in fühlbare Wärme umwandelt (absorbiert). Diese Platte heißt deshalb Absorber. Sie wird von einem Transportmedium (meist Wasser, Luft, Sole oder Antifrogen) durchströmt. Genaugenommen sind es zwei zusammengeschweißte Bleche, zwischen denen das Wärmeträgermedium hindurchfließt, das die eingestrahlte Wärme aufnimmt und weiterleitet. Man nennt sie auch Platine. Sie besteht meist aus Aluminium, Kupfer, Stahl oder Edelstahl. Immer mehr Hersteller verwenden wegen Korrosionsproblemen Edelstahl.

Solche Kollektoren erreichen bei ganzjähriger Anwendung einen Wirkungsgrad von etwa 30 %. An vielen Wintertagen liefern sie keinen Nutzwert mehr. Deshalb werden neuerdings Platinen mit einer selektiven Beschichtung verwendet, also galvanisch beschichtete Edelstahlabsorber, die kurzwellige Strahlung (Licht) zu hohem Anteil, und langwellige Strahlung (Wärme) zu niedrigem Anteil abgeben.

Flachkollektoren sollten nicht in einer Abweichung von mehr als 30° aus der Südrichtung oder mit einer vor-

Sonnenkollektoren für Raumheizung und Warmwasserbereitung

Solar collectors for room heating and hot water

Collecteurs solaires pour le chauffage des pièces et la préparation d'eau chaude

Colectores solares para calefacción y obtención de agua caliente

Abb. 38 Fig. 38

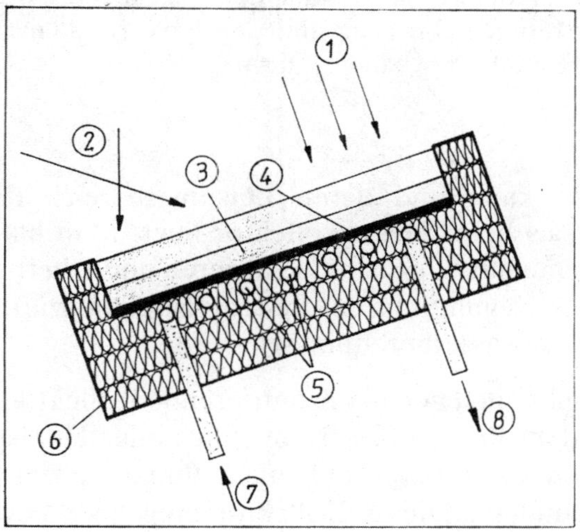

Sonnenkollektor mit Wasser
1 = direkte Sonneneinstrahlung 2 = diffuse Einstrahlung 3 = Isolierglas 4 = schwarze Absorberfläche 5 = Rohrschlangen 6 = Isolierung 7 = Wassereinlauf 8 = Wasserauslauf

Solar collector with water
1 = direct sun radiation 2 = diffused radiation 3 = insulation glass 4 = black absorber surface 5 = pipe coil 6 = insulation 7 = water inlet 8 = water outlet

Le collecteur solaire avec de l'eau
1 = insolation directe 2 = insolation diffuse 3 = verre isolant 4 = surface noire d'absorption 5 = serpentins 6 = l'isolation 7 = l'entrée d'eau 8 = la sortie d'eau

Colector solar con agua
1 = radiación directa 2 = radiación difusa 3 = vidrio aislante 4 = superficie negra de absorción 5 = serpentín 6 = aislamiento 7 = entrada del agua 8 = salida del agua

aussichtlichen Beschattung von mehr als 20 % und speziell bei Einsatz für die Raumheizung in einem Neigungswinkel unter 45° eingebaut werden. Am besten ist bei ganzjährigem Betrieb eine Dachneigung zwischen 45° und 60°.

Gerade in den Sommermonaten, wo die Warmwasserbereitung mit Gas oder Ölheizung ziemlich unwirtschaftlich ist, kann die Solartechnik sinnvoll zur Warmwasserbereitung eingesetzt werden. (Siehe Abb. 39)

Der Kollektor nimmt die Wärme auf und transportiert sie über einen Wasserkreislauf in einen Speicher. Dieser Kreislauf hält sich selbst in Gang, vorausgesetzt der Speicher liegt oberhalb des Kollektors. Hierbei läuft folgender Vorgang ab: Das erwärmte Wasser dehnt sich aus, steigt nach oben und drückt kälteres Wasser nach unten. Für den Fall, daß der Speicher im Keller steht, übernimmt eine Umwälzpumpe den Wärmetransport.

Die von Herstellern angebotenen Anlagen zur Warmwasserbereitung haben im allgemeinen eine Kollektorfläche von 6 bis 8 Quadratmetern und einen Speicher von 300 bis 500 Litern. Diese Größenordnung orientiert sich am Warmwasserbedarf einer vierköpfigen Familie. Er liegt bei etwa 60 Litern mit 45°C pro Person und Tag. Allerdings sollte die Möglichkeit bestehen, Überschüsse für die Raumheizung zu nutzen.

Eine solarbetriebene Vollheizung ist heute nur in extrem gut isolierten Häusern mit großen Wärmespeichern technisch möglich. Wirtschaftlich vertretbar ist die Kombination von passiver Solarnutzung, Sonnenkollektoren, Wärmepumpe und konventioneller Heizung.

Weniger bekannt als Flüssigsolaranlagen sind Luftkollektoren, bei denen mit Luft schon ab 25°C geheizt

Abb. 39 Fig. 39

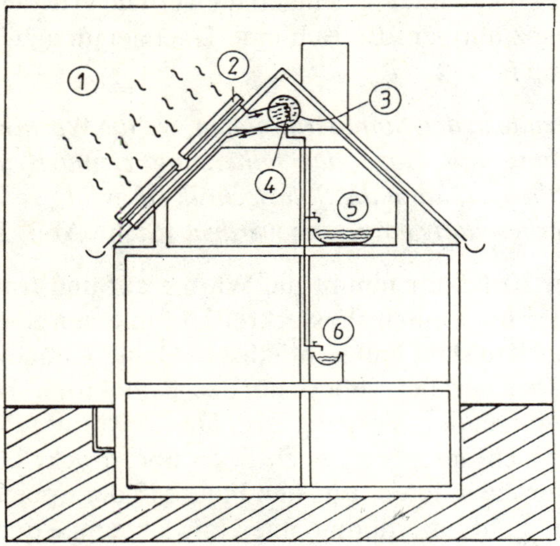

Haus mit Brauchwasseraufbereitung (Warmwasser durch Sonnenkollektoren)
1 = Sonnenstrahlung 2 = Sonnenkollektor auf Dachschräge 3 = Warmwasserkessel 4 = Wärmetauscher mit frostgeschütztem Wasser (z.B. Wasser-Glykol-Mischung) 5 = Badewanne 6 = Waschbecken

House with domestic water processing (hot water from solar collectors)
1 = solar radiation 2 = solar collector on roof pitch 3 = hot water boiler 4 = heat exchanger with anti-freeze water (water/glykol mixture) 5 = bath 6 = washbasin

La maison avec préparation d'eaux usées (l'eau chaude à l'aide des collecteurs solaires)
1 = radiation solaire 2 = collecteur solaire sur pente de créneau 3 = réservoir d'eau chaude 4 = échangeur thermique avec de l'eau antigel (p.ex.: mélange eau-glycol) 5 = baignoire 6 = lavabo

Vivienda con acondicionamiento de aqua de uso domestico (agua caliente mediante colectores solares)
1 = radiación solar 2 = colector solar instalado en la pendiente del tejado 3 = tanque de agua caliente 4 = cambiador térmico con agua anticongelable (p.ej. mezcla de agua y glicol) 5 = bañera 6 = lavabo

werden kann und deren Leistungsbereich deutlich höher als beim Flüssigkollektor liegt. Man hat keine Probleme mit Korrosion, Einfrieren und Überhitzung, aber die Regulierung des Systems ist komplizierter und für Warmwasserbereitung schwieriger.

Es gibt auch noch konzentrierende Kollektoren, die nach dem Prinzip des Brennglases oder Hohlspiegels die Sonnenstrahlung auf einen Punkt konzentrieren und bündeln. Dieser Kollektor muß aber beweglich sein und ständig nach dem Sonnenstand ausgerichtet werden. Er wird in Sonnenkraftwerken genützt.

Es besteht die Möglichkeit, den Spiegel mit einer Glasscheibe gegen Witterungseinflüsse zu schützen, aber das Glas muß sehr häufig gereinigt werden, um die Intensität der direkten Strahlung nicht durch weitere Streuung zu reduzieren.

Zum Hausgebrauch können konzentrierende Kollektoren zum Kochen, Backen und Braten oder als Durchlauferhitzer eingesetzt werden.

Solarzellen

Während bei Sonnenkollektoren die Absicht besteht, möglichst viel Strahlungsenergie einzufangen und in Wärmebewegung der Kollektoratome umzusetzen und auf das Arbeitsmedium, das durch den Kollektor fließt, zu übertragen, so ist bei den Solarzellen das Ziel, die einfallende Strahlung (die einfallenden Photonen) mit möglichst hohem Wirkungsgrad in elektrische Energie umzusetzen.

Solarzellen haben die Eigenschaft, aus Lichtenergie direkt Elektrizität zu erzeugen. Sie bestehen aus zwei Halbleiterschichten, in deren Grenzschicht ein elektrisches Feld herrscht. Bei Einstrahlung von Sonnenlicht bauen frei bewegliche Ladungsträger die Spannung auf, die über feine Silberdrahtadern abgenommen werden kann.

Da die Leistung der einzelnen Zelle nur 1 Watt beträgt, werden meist 36 Zellen zu einem Modul zusammengefaßt. Bei allen Anlagen zur Gewinnung elektrischer Energie ist zu beachten, daß meist Gleichstrom 12 oder 24 Volt erzeugt wird. *Zum Betrieb herkömmlicher Geräte sind Spannungswandler erforderlich.* (Siehe Abb. 40)

Schon mit zwei Modulen (1 qm Solarzellenfläche) kann man die gesamte Beleuchtung eines Einfamilienhauses und den Betrieb eines großen Farbfernsehers sowie den Betrieb eines Kühlschranks oder einer Tiefkühltruhe völlig netzunabhängig vom Frühjahr bis zum Herbst bestreiten. Im Winter kann man Thermozellen (Ofenzellen) zuschalten.

Ein völlig netzunabhängiges Haus steht in Landshut und wird mit 6 qm Solarzellenfläche, auf dem Anbau einer Scheune montiert, versorgt. Bis zu 5 kWh können täglich entnommen werden. Im Privathaus eines der Autoren wird auch der Strom für Beleuchtung und Kühltruhe solar erzeugt.

Solarstrom bietet die Möglichkeit, ohne Nachschub und ohne Abfallprobleme Energie mit höchster Wertigkeit zu produzieren. Man kann die Solarzellen in den Vorgarten stellen, sie auf einem Anbau, auf Balkonen, auf Vordächern und dem Dach plazieren.

Durch Naturstrom – Solarstrom wird als Gleichstrom natürlich erzeugt – kann jeder das Energieschicksal im eigenen Haus möglichst selbst gestalten und damit einen wichtigen Beitrag für seine Familie und für die Gesellschaft leisten.

Abb. 40 Fig. 40

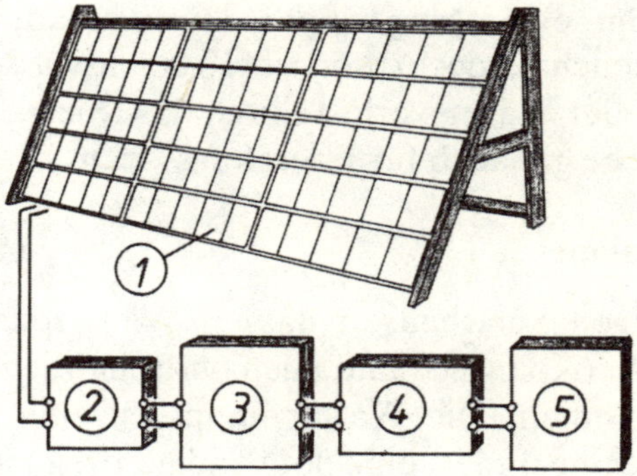

Solarstrom-Erzeugung
1 = Solarzellen 2 = Schutzschaltung 3 = Speicherbatterie 4 = Wandler zur Umwandlung von Gleichstrom in Wechselstrom 5 = Stromverbraucher

Generation of electricity with solar power
1 = solar cells 2 = protective circuit 3 = storage battery 4 = converter to convert d.c. to a.c. 5 = consumer

La production du courant électrique à l'aide des collecteurs solaires
1 = cellules solaires 2 = circuit protecteur 3 = accumulateur (batterie) 4 = transformateur pour la transformation de courant continu en courant alternatif 5 = récepteur/consommateur de courant èlectrique

Generación de electricidad a partir de la energía solar
1 = células solares 2 = conexión de protección 3 = batería acumuladora 4 = transformador de corriente continua en corriente alterna 5 = consumidores de electricidad

Energiedach

Neben Sonnenkollektoren gibt es noch das Energiedach, das wie der Absorber eines Kollektors arbeitet. Es ist nicht abgedeckt und hat große Wärmeverluste, aber es läßt sich mit Hilfe einer Wärmepumpe einfach unter die Außenlufttemperatur abkühlen. Es wirkt dann auch ohne Sonnenschein, ja selbst bei Regenwetter oder nachts als großflächiger Wärmetauscher. Aber es benötigt einen sorgfältigen Dachaufbau, da sich beim Ableuchten des Absorbers Kondenswasser bildet und auch der Wärmeverlust durch das Dach zunimmt. Das Gleiche gilt auch für Energiefassaden.

Wärmepumpe

In einigen Solarhäusern laufen Wärmepumpen in biologisch, ökologisch und auch wirtschaftlich vertretbarem Rahmen. Die Wärmepumpe ist eine Wärmekraftmaschine und ist eine notwendige Ergänzung zum Einsatz von allen regenerativen Quellen für die Raumheizung. Selbst hochwertige Sonnenkollektoren können eine erheblich größere Energiemenge ernten, wenn die gewonnene Wärme auch auf einem nicht mehr nutzbaren Temperaturniveau Verwendung findet.

Die Wärmepumpe funktioniert wie das Kühlaggregat eines Kühlschranks, nur liegt beim Kühlschrank die Nutzung auf der Kälteseite und bei der Wärmepumpe auf der Wärmeseite.

In der Wärmepumpe zirkuliert ein Arbeitsmittel (meist Frigen, ein Produkt, das schon seit Jahrzehnten als Kühlmittel in Kühlanlagen eingesetzt wird), das über einen Wärmetauscher mit niedriger Temperatur die in der Luft, im Wasser oder im Erdreich gespeicherte Sonnenwärme aufnimmt und dabei verdampft. Nun wird das Arbeitsmittel z.B. durch einen elektrisch angetriebenen Kompressor auf hohen Druck verdichtet, dabei wird gleichzeitig seine niedrige Temperatur auf einen Wert angehoben, der zum Heizen reicht. Über einen weiteren Wärmetauscher gibt das Arbeitsmittel diese Heizwärme an die Zentralheizung ab und wird dabei wieder flüssig. Damit der Kreislauf erneut beginnen kann, muß das Arbeitsmittel durch ein Drosselventil entspannt, d.h. auf einen niederen Druck gebracht werden. (Siehe Abb. 41)

Die Wärmepumpe mag am Ort ihres Einsatzes umweltfreundlich sein, doch sie benötigt Elektrizität. Um 100 % Heizenergie zu erhalten, muß man ebenfalls 100 % Primärenergie einsetzen. Gas- und Diesel-Wärmepumpen mit Einbezug der Abgaswärme können aus 100 Einheiten Primärenergie 180 Einheiten Nutzenergie erbringen. Man kann auch Methangas (Biogas) benutzen.

Besonders interessant werden elektrisch betriebene Wärmepumpen, wenn sich mit Solarzellen billig Strom erzeugen läßt. Neuentwicklungen auf diesem Sektor dürften in Zukunft zu erwarten sein.

Weitere Energiealternativen

Windenergie

Schon früh begannen die Menschen den Wind als Energiequelle zu nutzen. Noch 1910 waren in Deutschland 22.000 Windmühlen in Betrieb.

Die Windenergie kann zu den umweltfreundlichen Verfahren gezählt werden, die der Menschheit zur Verfügung stehen. Windkraftanlagen strahlen keine elektromagnetischen Wellen aus, leiten keine Schadstoffe in die Luft und in die Gewässer und beeinflussen auch

Abb. 41 Fig. 41

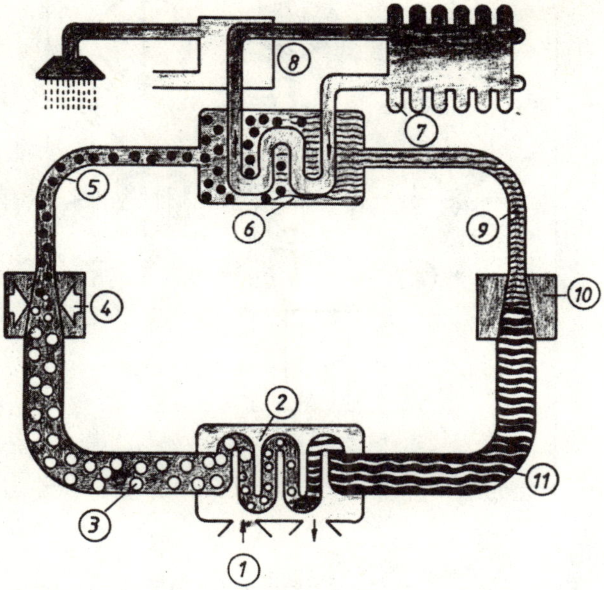

Funktionsweise einer Wärmepumpe
1 = Wasser oder Luft wird in den Verdampfer geleitet 2 = Verdampfer 3 = Kältemitteldampf 4 = Elektrischer Verdichter 5 = Verdichteter Kältemitteldampf 6 = Verflüssiger 7 = Heizwasser-Rücklauf 8 = Heizwasser-Vorlauf 9 = Flüssiges Kältemittel 10 = Expansionsventil 11 = Flüssiges Kältemittel vor dem Verdampfen

Mode of operation of a heat pump
1 = water or air is led into the evaporator 2 = evaporator 3 = refrigerant vapour 4 = electric compressor 5 = compressed refrigerant vapour 6 = condenser 7 = heating water return 8 = heating water feed 9 = liquid refrigerant 10 = expansion valve 11 = liquid refrigerant before vapourizing

Le fonctionnement d'une thermopompe
1 = l'eau ou l'air sont menés dans le vaporisateur 2 = le vaporisateur 3 = la vapeur cryogène 4 = l'électrocompresseur 5 = la vapeur cryogène comprimée 6 = le condenseur 7 = conduite de retour d'eau chaude 8 = l'alimentation d'eau chaude 9 = le cryogène liquide 10 = la soupape de détente 11 = le cryogène liquide avant l'évaporisation

Principio de funcionamiento de la bomba de calor
1 = el fluido (agua o aire) es conducido al evaporador 2 = evaporador 3 = refrigerante vaporizado 4 = compresor eléctrico 5 = refrigerante vaporizado comprimido 6 = licuefactor 7 = agua de calefacción 8 = retorno del agua de calefacción 9 = refrigerante líquido 10 = válvula de expansión 11 = refrigerante líquido antes de ser vaporizado

Temperatur und Luftfeuchtigkeit der Atmosphäre nicht. Ein Windrad produziert Strom nach dem Prinzip des Fahrraddynamos.

Für eine dezentrale Nutzung im Haus und Siedlungsbereich sind bis zu 10 kW Nennleistung einer Windanlage notwendig, die auf freien Hügeln oder höheren Gebäuden montiert werden kann. Es ist natürlich damit zu rechnen, daß mechanische und Strömungsgeräusche auftreten. Je nach regionalen Windverhältnissen müssen Windanlagen in Typ und Größe den Gegebenheiten angepaßt werden.

Die Windenergie kann durch Kopplung mit einem Sonnenenergiesystem einen Beitrag zur Heizung und Warmwasserversorgung des Hauses liefern. Wind und Sonne ergänzen sich in ihrer Nutzung in günstiger Weise. Gerade zu Zeiten des erhöhten Strombedarfs, in der Übergangszeit und im Winter, ist das Windangebot am höchsten.

Will man den Strom vom Wind zur Warmwasserbereitung anwenden, braucht man lediglich einen speziellen Heizstab, der in den Heizungskessel eingeschraubt oder eingeschweißt werden muß, also einen Tauchsieder. Die durch das Windrad erzeugte elektrische Energie wird durch den Tauchsieder im Warmwasserspeicher der Sonnenanlage in Wärmeenergie umgewandelt. Nimmt man für den Sonnenkollektor und das Windrad je einen Wirkungsgrad von 30 % an, so kann man über das ganze Jahr eine fast gleichmäßige Leistung bekommen.

In der Bundesrepublik machen umfangreiche Statikberechnungen für die Anlagen und Versagungen von Baugenehmigungen vielen den Wind zur verbotenen Energie. In Dänemark dagegen geht zur Zeit jeden Tag eine Windkraftanlage in Betrieb, da für den Bau privater Anlagen von Staats wegen 30 bis 35 % Zuschuß gewährt wird. In Dänemark und Holland drehen sich inzwischen schon über 3.000 Windräder und das Bundesland Kalifornien (USA) betreibt auf Windfarmen heute bereits 30.000 Anlagen zwischen 10.000 und 50.000 Watt.

Bei einem Vergleich der Windradtypen zur dezentralen Nutzung sollte auf folgende Eigenschaften geachtet werden: einfache Bedienung der Anlage, hohe Lebensdauer, Klimabeständigkeit, Leistungsabgaben schon bei geringer Windgeschwindigkeit, geringe Betriebs- und Investitionskosten, angepaßt an den Verwendungszweck. (Schnelldrehende Propeller sind vor allem zur Stromerzeugung günstig, während das Segelwindrad und andere Langsamdreher zum Wasserpumpen und zu anderen mechanischen Arbeiten geeignet sind. (Siehe Abb. 42)

Abb. 42 Fig. 42

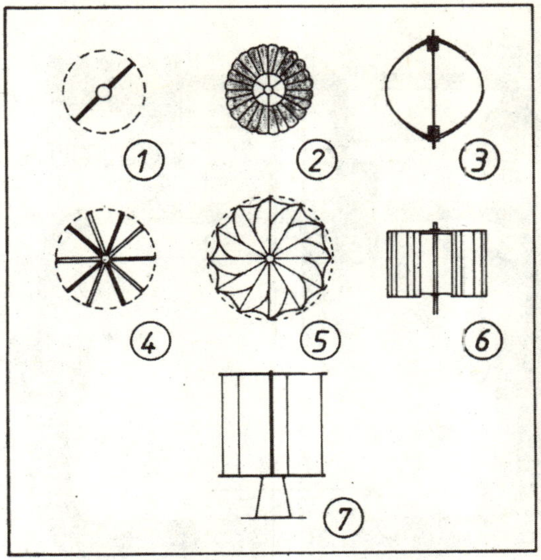

Windradtypen
1 = Propeller 2 = Amerikanische Windturbine 3 = Darieus-Rotor 4 = Doppelrad 5 = Segelwindrad 6 = Vertikalturbine 7 = Savonius-Rotor

Types of wind wheel
1 = propeller 2 = American wind turbine 3 = Darieus rotor 4 = double wheel 5 = sail wind wheel 6 = vertical turbine 7 = Savonius rotor

Les differénts types des roues éoliennes
1 = l'hélice 2 = la turbine éolienne américaine 3 = le rotor-DARIEU 4 = la roue jumelle 5 = la roue éolienne de voile 6 = la turbine verticale 7 = le rotor-SAVONIUS

Tipos de ruedas de viento
1 = rueda de hélices 2 = turbina eólica americana 3 = rotor de Darieu 4 = rueda doble 5 = rueda de paletas 6 = turbina vertical 7 = rotor de Savonius

Der Savoniusrotor

Der Savoniusrotor ist eine aerodynamische Spezialität und wurde 1929 von dem Schweden Savonius entwickelt. Er ist ein Langsamläufer und kann sowohl zum Wasserpumpen als auch zur Gleichstromerzeugung genützt werden.

Er kann aus einem alten aufgeschnittenen Faß gebaut werden, indem die beiden Hälften des Fasses versetzt auf eine vertikale Achse montiert werden. Er hat den verblüffenden Effekt, daß seine Umlaufgeschwindigkeit bis zum 1,7fachen der Windgeschwindigkeit anwachsen kann. Er läuft also dem Wind davon, d.h. die Widerstandskräfte des Windes werden nicht aktiv. Sein Leistungsfaktor liegt bei 23 %. Bei einem Rotordurchmesser bis ca. 10 Meter erzeugt er eine Energie bei Vollast von 0,5 bis 10 kW.

Biogas

Aus pflanzlichen, tierischen und auch aus menschlichen Abfällen läßt sich Biogas (Methangas) erzeugen. Dies ist ein dem Erdgas in Eigenschaft und Zusammensetzung ähnlicher Energieträger.

Wenn man die anaerobe Vergärung (Ausfaulen unter Luftabschluß) in flüssigem Zustand und bei bestimmten Temperaturen in einem großen Behälter ablaufen läßt und das Gas auffängt, kann es ohne weiteres in Erdgasgeräten verbrannt werden. Die ausgefaulten Feststoffe stellen einen ausgezeichneten, fast geruchlosen Dünger dar. (Siehe Abb. 43)

Selbst ein Vier-Personen-Haushalt könnte bei gleichzeitiger Auslastung von Küchen- und Gartenabfällen die erforderliche Gasmenge für Kochen und Backen selbst produzieren.

Abb. 43 Fig. 43

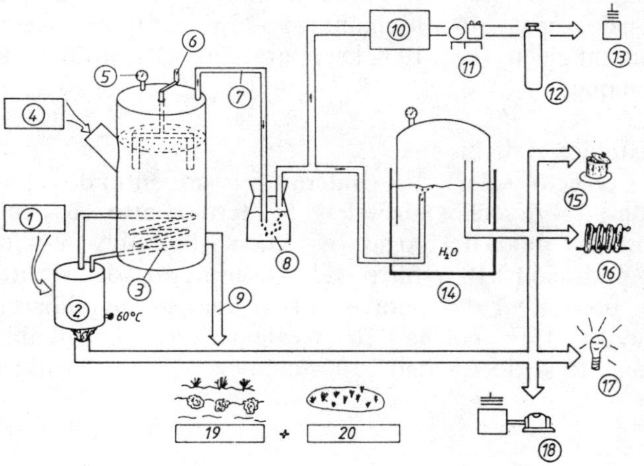

Biogasanlage
1 = Sonnenkollektor 2 = Boiler 3 = Heizschlange 4 = Pflanzliche Abfälle 5 = Thermometer 6 = Rührer 7 = Gasentnahme 8 = Blasenzähler 9 = Faul-Schlamm 10 = Filter 11 = Kompressor 12 = Druckflasche 13 = Motor 14 = Speichertank 15 = Kochen 16 = Heizen 17 = Beleuchtung 18 = Strom 19 = Kulturen 20 = Wasserkulturen

Biogas system
1 = solar collector 2 = boiler 3 = heating coil 4 = vegetable waste 5 = thermometer 6 = agitator 7 = gas outlet 8 = bubble meter 9 = sapropel 10 = filter 11 = compressor 12 = pressure pump 13 = motor 14 =storage tank 15 = cooking 16 = heating 17 = lighting 18 = electricity 19 = cultures 20 = water cultures

L'installation de production de bio-gaz
1 = le collecteur solaire 2 = le chauffe-eau 3 = le serpentin de chauffage 4 = déchets végétaux 5 = le thermo-

mètre 6 = l'agitateur 7 = le prise de gaz 8 = le compte-bulles 9 = le saprogel 10 = le filtre 11 = le compresseur 12 = la bouteille sous pression en acier 13 = le moteur 14 = le réservoir-accumulateur 15 = la préparation des repas 16 = le chauffage 17 = l'éclairage 18 = le courant électrique 19 = la culture 20 = la culture hydroponique

Instalación de biogas
1 = colector solar 2 = caldera 3 = serpentín de calefacción 4 = desechos vegetales 5 = termómetro 6 = agitador 7 = salida del biogas 8 = cuenta-burbujas 9 = lodo de pudrición 10 = filtro 11 = compresor 12 = botella de presión 13 = motor 14 = tanque de almacenamiento 15 = cocina 16 = calefacción 17 = iluminación 18 = electricidad 19 = cultivos 20 = acuacultivos

Bei einem durchschnittlichen Methangehalt von 60% hat das Biogas einen Heizwert von 5.400 kcal/m³. Das heißt, ein Kubikmeter Biogas entspricht etwa 0,6 Litern Heizöl oder 6,1 kWh elektrischer Leistung.

Verwenden kann man Biogas für die Heizung von Wohngebäuden, zum Kochen, für Gaswärmepumpen, für die Warmwasserzubereitung usw.

Ökologische Energiepolitik

Bis jetzt sind es nur wenige, die begonnen haben, in ihrem Lebensbereich umweltfreundliche Energien einzusetzen. Die vielfältigen Erfahrungen aus der Praxis zeigen, daß dieser Einsatz von Alternativenergien auf die Dauer gesehen nicht nur ökologisch, sondern auch ökonomisch sinnvoll ist. Die Mikroelektronik eröffnet der Solarenergie Chancen, die noch vor wenigen Jahren außerhalb des Denkbaren lagen.

Sonne und Wind sind diejenigen Energiequellen, über die wir auch dann noch global unbegrenzt verfügen können, wenn die nicht regenerierbaren Energieträger längst erschöpft sind oder aus bestimmten Gründen nicht mehr genutzt werden können oder sollen.

Sicher könnten heute und in Zukunft eine Anzahl kleiner bis mittlerer Windgeneratoren eventuell durch Zusammenkopplung wie in Holland, einen nennenswerten Beitrag zur Energieversorgung leisten. *Es bedürfte aber der Absage an kostenaufwendige Großanlagen.* Auf den Einwand, Windanlagen verschandeln die Landschaft, kann man hinweisen auf die heute allein in den nördlichen Bundesländern stehenden 380.000 Stahlgittermasten zur Stromverteilung.

Im Prinzip ist auch die Frage gelöst, mit Hilfe des durch Windkraft erzeugten Stromes Wasserstoff zu erzeugen. Die Schwierigkeit der schlechten Speicherbarkeit des Gases scheint als Eisen-Titan-Hydrid gelöst werden zu können. In einem solchen Metallhydridtank kann man mehr Wasserstoff speichern als in gleichgroßen Druckgasflaschen. Leitet man Warmwasser – abgasbeheizt – in einen solchen Metallhydridspeicher, tritt Wasserstoff aus und kann im Motor verbrannt werden. Auch hier können in Zukunft noch ungeahnte Möglichkeiten erschlossen werden.

Nur die Dezentralisierung, die endgültige Absage an die Gigantomanie, ermöglicht die Schonung der letzten Energiereserven der Erde. Die praktische Abkehr von der 'Nach-uns-die-Sintflut-Einstellung' ist heute mehr denn je gefordert. Die Nutzung der dauerhaften und unbegrenzten Energiequellen muß Grundlage und Ausgangspunkt der Strom- und Energieversorgung der Zukunft werden.

Dr. Herbert Gruhl sagte: 'Bereits rein ökonomische Entwicklungen werden in Zukunft eine dezentralisierte Wirtschaft und Verwaltung nicht nur fördern, sondern erzwingen. Würde man das schon in den derzeitigen Planungen berücksichtigen, dann könnten Fehlinvestitionen vermieden werden, die in Hunderte von Milliarden gehen.'

6. Ecological House Technics

Summary

House technics should be used as sparingly as possible and only when absolutely necessary.

Water pipes for sanitary installations should not be situated in the proximity of bedrooms as it is suspected that flowing water in the house produces an artificial water channel effect, thereby building up interfering radiation fields (fig. 31).

At present, copper pipes represent the only positively charged metal in the installation area.

In order to reduce the load on the water resources, part of the drinking water can be subtituted by grey water. The exploitation of grey water can be divided into two sections: Use of rain water for washing clothes and watering the garden and use of domestic water (waste water from bath, shower and washing machine) for flushing the toilet. In this way, half of the drinking water consumed in the household can be saved (fig. 32).

With the realization that electricity has a considerable influence on the human organism and due to the conviction of many scientists that electromagnetic fields of the 50 Hz alternating current have a negative effect on the physio-electrical processes in the human body, it is clear that the electrical installations in the house can determine the well-being of the inhabitants.

In a bio-ecological house, only screened cables should be used (fig. 33).

The wiring in the house should be star-shaped rather than in the form of a ring circuit (fig. 34).

Non-network switches can be built into the main distributor for the bedrooms, childrens rooms and guest rooms so that no reactive current can flow. Non-network switches limit the cable voltage to 6 volts. Thus it is possible to live without alternating current and sleep undisturbed at night.

Biologically healthy heating (tile stove, floor heating, skirting heating) heats in accordance with the principle of solar radiation. The greater part of the heat is transmitted directly to the walls or objects in the room as opposed to the air.

The air circulation effected by radiator heating lifts dust from the floor, carrying it up to the ceiling and distributing it throughout the air in the room. This dust is a considerable burden on the respiratory organs. A healthy heating climate should ensure, as far as possible, that the air contains a minimum of dust. Radiated heat in the infrared range is physiologically beneficial whereas convected heat with air circulation is detrimental to the health (fig. 35).

The sun is the only permanent source of energy available to us. By means of solar collectors, the energy of the sun is absorbed and used to heat water flowing through the collectors (fig. 38).

In the summer months, when it is relatively uneconomical to heat water with gas or oil, solar technology provides an efficient means of doing so (fig. 39).

Solar cells have the property of converting solar energy directly into electrical energy. With only two modules (1 m^2 solar cell surface), it is possible to power the lighting of a single-family dwelling and a large colour television along with a refrigerator or deep-freeze independent of the mains from spring to autumn. In winter, thermocells can be used (fig. 40).

Wind energy can be regarded as one of the most positive, ecological energy sources available to us. Wind energy plants do not radiate electromagnetic waves, do not pollute air and water and have no influence on atmospheric temperature or humidity (fig. 42). In conjunction with a solar energy system, wind energy can contribute to the heating and warm water supply of a house. Wind and sun act as the ideal complement to each other for the generation of energy.

Bio-gas (methane gas) can be produced from vegetable, animal and human waste. This is an energy source similar in its properties and composition to natural gas (fig. 43).

In the case of an ecological energy system, sun and wind are energy sources which will still be available globally in unlimited quantities long after the non-regenerateable energy sources have been exhausted or have become unusable. We must turn our backs on costly large-scale energy plants.

Only decentralization and a definitive end to the prevalent megalomania can conserve the last remaining energy reserves of the earth. Exploitation of the permanent and unlimited energy sources must become the basis for energy and power supply in the future.

6. La technique menagère Ecologique

Résumé

La technique ménagère ne devrait être employée que dans les cas nécessaires.

En ce qui concerne les installations sanitaires, les tuyaux d'eau ne devraient pas être posés à proximité des chambres à coucher car on suppose que l'eau courante dans la maison produit un effet artificiel de veine aquifére et constitue ainsi des champs de rayonnement perturbants (Fig. 31).

Dans le domaine de l'installation sanitaire, des tuyaux en cuivre sont actuellement le seul métal avec une charge de iones positive.

Afin d'économiser les ressources d'eau précieuse, il est recommandé de remplacer dans le ménage l'eau potable par de l'eau usée. L'utilisation de l'eau usée se divise en deux parties:
l'utilisation de l'eau de pluie pour la lessive et pour l'arrosage du jardin d'une part, et, d'autre part, l'utilisation d'eau usée (de baignoire, de la douche et de la machine à laver) pour la chasse d'eau de la toilette. Ainsi il est possible d'économiser la moitié de l'eau potable utilisée dans les ménages privés (Fig. 32).

Basé sur la connaissance que l'électricité influence essentiellement l'organisme humain et, basé sur la conviction de beaucoup de savants que les champs électromagnétiques du courant alternatif de 50 Hz ont un effet accablant sur les conditions physio-électriques du corps humain, il devient clair qu'aussi les installations électriques d'un bâtiment peuvent avoir une influence sur le bien-être de ses habitants.

Dans un bâtiment bio-écologique il est principalement recommandé d'employer seulement des câbles écrannés (Fig. 33).

Le câblage dans la maison ne devrait pas être effectué de façon annulaire mais de façon étoilée (Fig. 34).

Pour les chambres à coucher, les chambres d'enfants et les chambres d'amis, il est possible d'incorporer dans la distribution principale des dits »interrupteurs réactifs« afin d'éviter des courants déwattés. Ces interrupteurs limitent la tension des câbles à 6 Volts. Ainsi il est possible de vivre dans une condition sans courant alternatif et, sutout, de bien dormir dans la nuit.

Le chauffage biologiquement sain (le poêl de faïence, le chauffage hypocauste intégré dans la muraille, le chauffage de plinthe) chauffe d'après le principe du rayonnement solaire. La plus grande partie de la chaleur n'est pas dégagée dans l'air, mais directement aux murs, respectivement aux corps de la pièce.

Lors de la circulation d'air du chauffage radiateur, la poussière est enlevée du sol, menée vers le plafond et répartie dans l'air de la pièce. Cette poussière charge considérablement les voies respiratoires. Un climat de chauffage sain devrait assurer un minimum de poussières dans l'air.

La chaleur rayonnante dans le domaine des rayons infrarouge est physiologiquement favorable tout au contraire en ce qui concerne la chaleur de convection avec une circulation d'air (Fig. 35).

Le soleil est la seule source d'énergie inépuisable dont nous pouvons disposer. L'énergie solaire est absorbée par des collecteurs solaires et l'eau qui coule par les collecteurs est ainsi chauffée (Fig. 38).

La préparation d'eau chaude à l'aide du chauffage au gaz ou au mazout n'étant pas très économique dans les mois d'été, la technique solaire peut être employée utilement pour la préparation d'eau chaude (Fig. 39).

La propriété des cellules solaires consiste dans la transformation directe de l'énergie lumineuse en électricité. Du printemps jusqu'en automne il est possible d'assurer déjà avec deux modules (1 m^2 de surface de cellules solaires) l'illumination entière d'une maison unifamiliale ainsi que d'opérer une grande télévision couleurs et un réfrigérateur ou un congélateur indépendamment d'un réseau d'alimentation électrique. En hiver il est possible de mettre en circuit des thermo-cellules (cellules de chauffage) (Fig. 40).

L'énergie éolienne peut être compté parmis les procédés les plus écophiles dont l'homme dispose. Les centrales éoliennes n'émettent pas d'ondes électromagnétiques, ne dégagent pas de substances nocives dans l'air et dans les eaux et n'influencent pas non plus la température et l'humidité d'air de l'atmosphère (Fig. 42).

La combinaison de l'énergie éolienne avec un système d'énergie solaire peut contribuer au chauffage et à l'alimentation d'eau chaude d'une maison. Le vent et le soleil se complètent utilement en ce qui concerne leur exploitation.

Il est possible de produire du bio-gaz en se servant des déchets de la flore et de la faune et ceux produits par l'homme. En ce qui concerne la qualité et la constitution chimique, il s'agit d'un porteur d'énergie semblable au gaz naturel (Fig. 43).

Pour la poursuite d'une politique écologique d'énergie, le soleil et le vent représentent justement ces ressources d'énergie dont nous pouvons disposer sans limites et globalement au cas où les porteurs d'énergie non-régénérables seront épuisés déjà depuis longtemps où au cas où, pour de certaines raisons, ces ressources ne peuvent ou ne doivent plus être exploitées. Il faudrait renoncer à la construction de grandes installations à coûts élevés.

Ce n'est que la décentralisation, la réponse décisivement négative aux dimensions gigantesques qui permet de préserver les dernières réserves d'énergie de la terre. L'exploitation des ressources d'énergie inépuisables et illimitées doit se fonder et se démontrer dans l'alimentation d'énergie et du courant électrique de l'avenir.

6. Técnica doméstica ecológica

Síntesis

La técnica en la casa se debería limitar al mínimo imprescindible y ser utilizada con la mayor economía posible.

En lo referente a las instalaciones sanitarias, debería cuidarse de que las tuberías conductoras de agua no pasen por los dormitorios, ya que se supone que el agua corriente en la casa actúa como un curso de agua artificial, con la consiguiente creación de un campo de radiación perturbadora. (Fig. 31)

Los únicos caños de metal con carga iónica positiva actualmente disponibles para instalaciones sanitarias son los de cobre.

A fin de no sobreexplotar los recursos de un elemento tan valioso como el agua, en el ámbito doméstico debería sustituirse una parte del agua potable por agua no potable. Esta tendría dos campos de aplicación: como agua de lluvia para el lavado de la ropa y el riego, y como agua derivada (aguas residuales de la bañera, ducha y lavarropas) para el W.C. Estas medidas permiten ahorrar la mitad del agua potable utilizada a nivel doméstico. (Fig. 32)

Es sabido que la electricidad tiene una gran influencia sobre el organismo humano y muchos científicos son de la opinión de que los campos electromagnéticos de la corriente alterna de 50 Hz inciden negativamente en las condiciones fisio-eléctricas del cuerpo humano. De ahí que sea evidente que las instalaciones eléctricas de una casa también afecten el bienestar de los ocupantes.

En un edificio bio-ecológico sólo deberían emplearse cables blindados. (Fig. 33)

El cableado no debería efectuarse en forma de anillo sino de estrella. (Fig. 34).

Para los dormitorios, habitaciones de los niños y cuartos de huéspedes, podrán incorporarse en los distribuidores principales los llamados »interruptores reactivos« que impiden la circulación de la corriente desvatiada. Estos interruptores limitan a 6 V la tensión registrada en los cables. Ello genera un ambiente exento de corriente alterna, lo que a su vez permite disfrutar de un sueño sano.

La calefacción acorde a criterios biológicos (estufa cerámica, calefación tipo hipocausto, calefacción por zócalos funciona según el principio de la radiación solar. La mayor parte del calor es cedida directamente a los muros y otros componentes y no al aire.

La calefacción por radiadores deriva en una circulación del aire. De esta manera se levanta polvo del suelo que es transportado hasta el techo y que luego se dispersa en el aire ambiente. Dicha carga de polvo tiene efectos perjudiciales sobre las vías respiratorias. Un buen sistema de calefacción debería garantizar una mínima concentración de polvo en el aire.

El calor radiante en la gama de infrarrojos es fisiológicamente positivo, en tanto el calor de convección con circulación de aire es más bien negativo. (Fig. 35)

El sol es la única fuente energética estable de la que disponemos. Los colectores solares absorben la energía solar incidente, empleandola para calentar el agua que pasa a través de ellos. (Pag. 38).

En los meses de verano, en los que la obtención de agua caliente por medio de gas natural o fuel-oil es relativamente costosa y antieconómica, podrá ser recomendable emplear la técnica solar para calentar el agua para usos domésticos. (Fig. 39).

Las células solares tienen la propiedad de transformar directamente la energía luminosa en energía eléctrica. Dos módulos (1 m^2 de superficie colectora) bastan para proveer, con total independencia de la red, toda la electricidad requerida para la iluminación de una vivienda tipo (unifamiliar) y la operación de un televisor color grande y una heladera o un frizer desde la primavera hasta el otoño. En el invierno se podrán incluir termocélulas (calentadores solares). (Fig. 40).

La energía eólica es una de las energías más suaves a disposición del ser humano. Las centrales eólicas no irradian ondas electromagnéticas, no despiden agentes contaminantes que podrían afectar el aire o las aguas ni alteran la temperatura o humedad de la atmósfera. (Fig. 42).

La energía eólica, en conjunción con un sistema solar, puede prestar un aporte para cubrir los requerimientos térmicos (calefacción y agua caliente) de la vivienda. El viento y el sol, desde el punto de vista de su aprovechamiento, se complementan de forma propicia.

A partir de los desechos vegetales, animales e, igualimente, de los humanos se puede obtener biogas (metano). El metano es un portador de energía similar al gas natural en cuanto a sus propiedades y composición. (Fig. 43).

En el marco de una política energética ecológica, el sol y el viento son las dos fuentes de energía que seguirán estando a disposición en forma ilimitada y global, incluso cuando los recursos no renovables se hayan agotado o cuando, por determinados motivos, ya no puedan o no deban ser aprovechados. Habría que prescindir de las costosas instalaciones en gran escala.

Sólo la descentralización, el rechazo definitivo del gigantismo, permitirá el manejo razonable y económico de las últimas reservas energéticas de la tierra. El aprovechamiento de las fuentas energéticas renovables debe convertirse en el fundamento del abastecimiento de energía y electricidad del futuro.

7. Ökologische Raumausstattung

'Die Realität eines Gebäudes besteht nicht aus Mauern und Dach, sondern aus dem inneren Raum, in dem wir leben müssen.' (Laotse)

Die Innenraumausstattung ist für ein gesundes Wohnklima ein wichtiger Faktor. Unsere direkte Umwelt besteht heute zum großen Teil aus synthetischen Stoffen. Die meisten synthetischen Produkte geben gesundheitsschädigende Gase und Dämpfe ab. Bei vielen Farben, Lacken, Tapeten und Bodenbelägen beträgt der Anteil der Weichmacher, die zum Teil aus Phthalsäureester bestehen, etwa 50 Prozent und wird als gefährliches Raumgift im Laufe der Jahre fast vollständig an die Atemluft abgegeben. Dieses Problem gibt es erst seit gut 30 Jahren, seitdem Kunststoffe immer mehr verwendet werden.

Deshalb sollten Wandbekleidungen aus pflanzlichem Material, aus Naturtapeten, warmen Erd- und Naturfarben und Holzvertäfelungen – Wandbehänge aus Leinen, Seide, Baumwolle, Stroh und Bast – Teppiche und Gardinen aus Wolle und anderen natürlichen Materialien bestehen.

Eine solche Innenausstattung spielt deshalb eine wesentliche Rolle, weil durch sie nachträglich auch weniger 'biologische' Räumlichkeiten noch außerordentlich aufgewertet werden können.

Es ist aber streng darauf zu achten, daß die für die Raumausstattung verwendeten natürlichen Materialien keine Behandlung mit giftigen Chemikalien erfahren haben. Naturstoffe können dem Angriff von Mikroorganismen und Insekten stärker ausgesetzt sein, deshalb liegt der Versuch nahe, sie mit bioziden Wirkstoffen zu behandeln. In den vergangenen Jahren hat sich gezeigt, daß selbst rein biologische Produkte durch chemische Behandlung so beeinträchtigt wurden, daß sie zu Krankheitsfaktoren wurden.

Wohngifte

Das Tückische an diesen Stoffen, die zu Wohngiften werden, ist, daß nicht die akuten Wirkungen das wesentliche Risiko darstellen, sondern schleichende Vergiftungen und chronische Langzeitfolgen. Sie treten erst dann in Erscheinung, wenn die aus den Bau- und Einrichtungsprodukten langsam freiwerdenden chemischen Gifte über Jahre hinweg vom Körper aufgenommen wurden. Krebserkrankungen aufgrund chemischer Einflüsse treten in der Regel erst nach 20 bis 30 Jahren auf.

Leider fehlen für unsere Wohnsituation offizielle Grundlagen zur Beurteilung der chemischen Risiken. Erst seit etwa 10 Jahren werden die Auswirkungen der Chemie auf die Umwelt erforscht. Untersuchungen in Dänemark haben ergeben, daß in der Raumluft von Wohnungen mehr als 50 giftige Substanzen vorhanden waren.

Das Verhängnisvolle liegt darin, daß bei Produkten wie Spanplatten, Klebern, Lacken, Holzschutzmitteln, die nach wenigen Tagen wohl ihre giftigen Gase abgegeben haben, dann aber die Schadstoffe in Tapeten, in Teppichböden, in Büchern, Möbeln und Wänden stekken können.

Hierbei handelt es sich meist nicht um die Wirkung eines Einzelstoffes, sondern um das gleichzeitige Zusammenwirken von verschiedenen Wohngiften. Es setzt sich die Erkenntnis durch, daß es eine gewisse Kombinationswirkung gibt, einen sogenannten Synergismus, bei dem einzelne Substanzen und Faktoren erst im Zusammenwirken gefährlich werden können. Den toxischen Wirkungen dieser Synergismen aber steht die einschlägige Wissenschaft noch unwissend gegenüber.

Sicher hat jeder Mensch eine körpereigene Abwehr und einen Reparatur-Mechanismus. Das Immunsystem umfaßt, nach Prof. Dr. Stickel, auf der Höhe seiner Funktion etwa 80 Milliarden Zellen. Wird das Immunsystem beansprucht, so teilen und vermehren sich die Immunozyten. Von einer Stammzelle können nicht mehr als 40 Tochtergenerationen durch Zellteilung entstehen. *Damit ist der Verschleiß der Immunzellen begrenzt.*

Es ist also die Frage, wie lange das Immunsystem des Menschen die auf ihn einwirkenden toxischen Belastungen aushält.

Wulf-Dieter Rose hat in seinem Buch 'Wohngifte' eine umfassende und baubiologisch wertende Übersicht von rund 3.000 gebräuchlichen Baustoffen, Ausbau- und Einrichtungsprodukten erarbeitet.

Durch die Raumausstattung sollen keine die Gesundheit beeinträchtigenden Stoffe in den Raum und somit an den bewohnenden Menschen abgegeben werden.

Holz und Holzbehandlung im Innenraum

Mit Holz werden heute viele Wände und Decken ausgekleidet. Holz kann dabei eine dekorative oder eine statische Aufgabe erfüllen oder beides zugleich. Holz nimmt Feuchtigkeit aus der Luft auf und gibt sie wieder ab, dies ist für die Atemluft in geschlossenen Räumen angenehm und gesundheitsfördernd. Mit seinen natürlichen Farbtönen und seinem Strukturreichtum, seiner Maserung und seinen Wuchsmerkmalen wirkt Holz beruhigend und angenehm warm.

Durch die Verschiedenartigkeit von Holzarten kann man wirkungsvolle Gegensätze schaffen. Helle Hölzer machen ein Zimmer freundlich und beschwingt, dunklere Hölzer treten hervor, verkleinern dadurch optisch den Raum und wirken schwerer.

Es gibt etwa 600 im Handel eingeführte Holzarten. Wegen Raubbauproblemen und dem hohen Energieaufwand für Transport sollten exotische Hölzer vermieden werden.

Das für die *Raumausstattung und Möbel verwendete Holz sollte keine Behandlung mit giftigen Chemikalien erfahren.* Das Holz kann mit Leinöl oder mit Bienenwachs oder anderen Naturwachsen behandelt oder mit Schellack mattiert werden.

Die chemischen Holzschutzmittel sollen das Holz vor Befall mit Insekten und Schimmel schützen. Sie müssen deshalb giftig sein, um die holzzerstörenden Organismen abzutöten. Sie bestehen sogar aus hochgiftigen Substanzen wie PCP (Pentachlorphenol), das auch Dioxine enthält, die akut giftig, krebserzeugend und erbgutschädigend wirken.

Nach der Anwendung dringt PCP tief in das Holz ein und verdampft und verteilt sich über die Luft im gesamten Wohnbereich. Da Dioxine fettlöslich sind, werden sie vom Körper kaum ausgeschieden, sondern reichern sich im Fettgewebe und in der Leber an.

Wurde im Innenraum z.B. eine Holz-Deckenbekleidung mit PCP-haltigem Holzschutzmittel behandelt, läßt sich dies auf Jahre nicht mehr rückgängig machen. Man kann versuchen, durch Bienenwachs-Balsam-Behandlung die Giftwirkung zu reduzieren oder sogar teilweise zu binden. Meist hilft nur ein Wegreißen der Holzverkleidung, aber auch da ist zu bedenken, daß das PCP, das in Teppichen, Vorhängen und in den Putz eingedrungen ist, weiterhin seinen schädlichen Einfluß auf die Gesundheit nimmt.

Holz kann man statt mit giftigen Holzschutzmitteln mit Borax behandeln und bereits vom Schimmel befallene Stellen mit Holzessig. Gegen Insektenbefall kann man das Holz dem sogenannten 'Heißluftverfahren' aussetzen.

Biologische Holzschutzmittel sind, wie bereits erwähnt, Bienenwachs und Lärchenharzsalbe.

Der heute noch übliche Schutz vor Pilzen ist überflüssig, da die Holzfeuchte in Wohngebäuden unter 18% liegt, und damit haben Pilze keine Lebensmöglichkeit. Grenzt eine Wandvertäfelung an eine Außenwand oder wird sie an Wände angebaut, die etwas feucht sind, so muß sie unbedingt hinterlüftet werden, ebenso auch Holzvertäfelungen in Küchen und Bädern. (Siehe Abb. 44)

Bei Verwendung von Holzspanplatten für die Raumausstattung ist darauf zu achten, daß man magnesitgebundene Platten verwendet. Bei diesen Holzspanplatten ist als Bindemittel nicht Harnstoff- oder Phenol-Formaldehydharz, sondern Magnesit und Gips verwendet worden. Übliche Holzspanplatten werden aus Holzspänen mit Bindemittel (in der Regel bei 90% mit Harnstoff-Formaldehydharz), Streichmittel, Flammschutzmittel, wasserabstossenden Substanzen, Härter und eventuell zusätzlich mit Holzschutzmittel hergestellt und behandelt. *Solche Spanplatten sind ein Risiko für jede Wohnung.* Der Formaldehyd, den sie ausdünsten, ist ein Stoff, der in der letzten Zeit als krebserregend erkannt wurde.

Formaldehyd kann neben Kopfschmerzen und Atemwegsreizungen zu Allergien und Ausschlägen führen und steht sogar im Verdacht, die Persönlichkeitsstruktur zu verändern.

Putze – Anstriche – Tapeten

Bei den Putzen haben Kunstharze und Zusatzstoffe die Naturstoffe weitgehend verdrängt. Damit Putze maschinell und rationell gut verarbeitet werden können, sie Geschmeidigkeit und Haftfestigkeit aufweisen und keine Rißanfälligkeit zeigen, werden sie heute mit Kunstharzen hergestellt. Kunstharze wirken bei Herstellung, Verarbeitung und Abbau umweltbelastend und gesundheitsgefährdend. Ausgangsstoffe der Kunstharzputze sind Vinylchlorid, Acrylnitrat, Butadien und Styrol. Deshalb sind sie von bauökologischer Seite abzulehnen.

Es ist notwendig, wieder zu dem altbewährten Kalk-, Traßkalk- und Gipsputz zurückzukehren. Von den positiven Eigenschaften des Kalkes und des Gipses (kein Chemiegips) wurde bereits gesprochen. Diese sind unbedenklich und für den Innenausbau zu empfehlen.

Besonders kritisch steht die Baubiologie den heute am Markt befindlichen synthetischen Farben und Anstrichmitteln gegenüber. Den meisten Komponenten dieser Farben – Pigmente, Bindemittel, Lösungs-

Abb. 44 Fig. 44

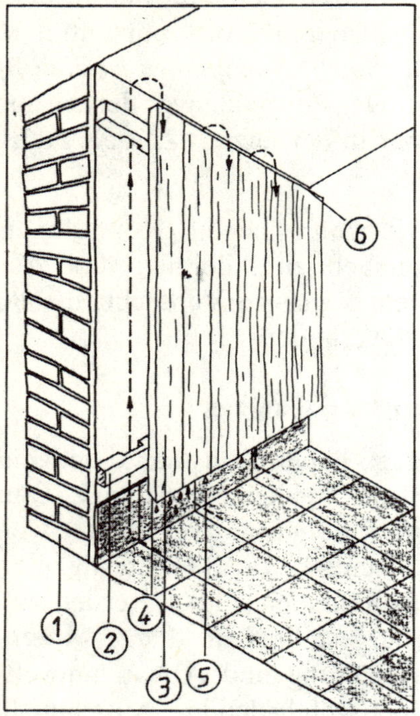

Beispiel einer hinterlüfteten Holzverkleidung
1 = vorhandene Wand
2 = Lattung horizontal mit Luftschlitzen
3 = Holzverkleidung vertikal
4 = Abschrägung der Bretter für Tropfkante
5 = Holzverkleidung endet 5 cm vor dem Boden, Sockelfließen werden dahinter hochgeführt
6 = Holzverkleidung endet 5 cm unter der Decke

Example of back-ventilated wood panelling
1 = existing wall
2 = horizontal lathes with air circulation slots
3 = vertical wooden panelling
4 = bevelling of boards for drops
5 = panelling ends 5 cm above the floor, plinth tiles brought up behind the boards
6 = wooden panelling ends 5 cm under the ceiling

Exemple de revêtement en bois avec aération en aval
1 = mur existant
2 = lattage horizontal avec auvents
3 = revêtement en bois vertical
4 = pente des planches pour arête-gouttes
5 = le revêtement en bois finit 5 cm au-dessus du sol; le socle carrelé est couvert par le revêtement en bois
6 = le revêtement en bois finit 5 cm en-dessous du plafond

Ejemplo de un muro con revestimiento da madera y circulación de aire
1 = muro
2 = listones horizontales con rebajos para circulación de aire
3 = paneles verticales de madera
4 = chaflanado de las tablas para permitir el desprendimiento de gotas de agua
5 = 5 cm entre el borde inferior de los paneles y el piso; las baldosas a modo de zócalo continúan en la parte inferior de la pared
6 = espacio de 5 cm entre el borde superior de los paneles y el techo

mittel und Nebenstoffe – sind, ähnlich wie bei den Kunstharzputzen, gesundheitliche und ökologisch bedenkliche Auswirkungen nachzuweisen.

Es ist heute möglich, für praktisch alle Anstrichtechniken Oberflächenbehandlungen mit reinen Naturprodukten durchzuführen. Es können Pflanzen- und Mineralfarben verwendet werden.

Farbanstriche auf Kalksandputz und Rauhfasertapeten erfolgen mit Naturharzdispersionsfarbe und Abtönpasten aus Erdfarben oder Natur-Caseinfarben mit abschließender Pflanzenlasur. Oberflächen von Möbeln werden mit Naturharzöl-Imprägnierung und Bienenwachs behandelt.

Es ist wichtig, nicht nur biologisch günstige Wandbaustoffe zu wählen, sondern auch geeignetes Oberflächenmaterial. *Tapeten sollten das Diffusionsvermögen der Wände nicht behindern;* Tapeten, die Kunstharze auf Formaldehyd-Basis enthalten sowie Textiltapeten mit synthetischen Fasern, können keine Feuchtigkeit aufnehmen und neigen dazu, sich elektrostatisch aufzuladen, außerdem ist eine Formaldehydabspaltung im Raum möglich.

Günstig dagegen sind Rauhfasertapeten, wenn sie aus unbehandelten Holzfasern und Naturharzen hergestellt wurden. Sie dürfen aber keine chemischen Zusätze (Mottenschutzgifte, fungizide Wirkstoffe oder fleckenabweisende Stoffe) enthalten. Sonst können die günstigen Eigenschaften verlorengehen.

Auch die Art der Anbringung der Tapeten ist von wohnbiologischer Bedeutung. *Wenn Kleister Kunstharze enthalten, bildet sich unter der Tapete ein Film, der als Dampfsperre wirkt und die Diffusionsfähigkeit der Wand beeinträchtigt.* Man kann natürlichen Leim (Methylcellulose) verwenden.

Neben Naturfaser- und Rauhfasertapeten eignen sich als Oberflächenmaterial auch naturharzgebundene Korkplatten und Baumwoll-Innenwand-Dekorbeschichtungen.

Oberflächenmaterialien für den Boden

Als Bodenbeläge wurden früher fast nur Holzböden, Fliesen und Natursteine benutzt. Dann kam Linoleum als pflegeleichter und fußwarmer Fußbodenbelag. In den 50er Jahren wurde Linoleum von preisgünstigeren und noch pflegeleichteren PVC-Kunststoffbelägen und von Teppichböden verdrängt.

Heute ist der Teppichboden der am meisten verwendete Bodenbelag. Er hat eine Nutzschicht, auch Flor genannt, der aus Naturfasern (Wolle, Ziegenhaar, Baumwolle, Kokos, Sisal) oder aus Kunststoff-Fasern bestehen kann. Die Rückseite des Teppichbodens ist meist aus einem Kunststoffschaum als Trägermittel für den Flor. *Nicht nur der Nutzschicht, sondern auch der Rückenbeschichtung kommt vom gesundheitlichen Standpunkt eine Hauptbedeutung zu.*

Über 80% aller Teppichboden-Rückenbeschichtungen bestehen aus Styrol-Butadien-Latex mit zum Teil hohen Weichmacheranteilen. Diese Weichmacher können verschiedenen Mikroorganismen als Nahrungsquelle dienen, und auf diese Weise kann der Teppichboden ein Nährboden für Krankheitserreger werden. Außerdem ist das Abdampfen der Weichmacher eine sehr gefährliche Raumgiftquelle.

Werden Teppichböden mit lösungsmittelhaltigen Klebstoffen verlegt, können außerdem unvorhergesehene chemische Reaktionen auftreten.

Deshalb ist ein Teppichboden nur zu empfehlen, wenn er aus naturbelassenen tierischen oder pflanzlichen Fasern besteht, gewebt auf Juterücken, also ohne Kunstlatexierung und ohne Insektizid- und Pestizid- sowie antistatischer Behandlung. Verklebung mit Naturlatexkleber oder Verspannung mit Haarfilzunterlage wäre notwendig. Dann kann ein Teppichboden zur Verbesserung der Wohnqualität beitragen, ansonsten ist er ein gesundheitliches Risiko im Raum.

Wird Holz oder Parkett als Bodenbelag verwendet, sollte es nicht verklebt, sondern genagelt werden; auch keine Kunstharzversiegelung, sondern Naturharz-Ölimprägnierung und Bienenwachsbehandlung.

Linoleum ist und bleibt als Bodenbelag biologisch sehr günstig, da die Hauptbestandteile Korkmehl, Naturharze und Leinöl sind. Es besitzt keine Schadstoffabgabe und lädt sich elektrostatisch nicht auf, wie die Fußbodenbeläge aus PVC, die für eine gesunde Raumausstattung abzulehnen sind.

Fliesen eignen sich als Bodenbelag wo Schmutz und Feuchtigkeit anfallen, also in Dielen, Küchen oder Bädern. Sie sollten offenporig sein und günstige hygroskopische und thermische Eigenschaften haben wie z.B. Cottofliesen, die unter der Sinterung gebrannt sind. Sie können mit Naturharzöl-Imprägnierung und anschließend mit Bienenwachs behandelt werden.

Die Küche

Die Küche, in der die Speise für die ganze Familie zubereitet wird, ist das Herzstück des Hauses. Der Küchenraum sollte groß genug sein, um ungehindert darin wirtschaften zu können und zusätzlich auch noch den Eßplatz für die Familie aufzunehmen. Dem wohnlichen Zweck soll die Gestaltung der Küchenmöbel entsprechen.

Wand und Decke der Küche sollten mit einer Rohrplatte belegt und dick mit Weißkalk verputzt werden, damit ein gut ausgebildeter Puffer für die während der Kochzeit auftretenden Dampfstöße vorhanden ist. Die Küche sollte auch eine gute Dauerlüftung haben und fußwarmen Bodenbelag aus Hartholz, Linoleum, rutschsicherem Naturgummi (Latex) oder keramischen Fliesen.

Die angebotenen Einbau- und Ausbauküchen versprechen zwar allen Komfort und den neuesten Stand der Technik. Zum größten Teil sind die Küchen aber aus Kunststoff. Die Oberflächen machen einen sauberen Eindruck, Farbe, Glanz und Material sind entsprechend pflegeleicht und preisgünstig. Bei der Herstellung dieser Küchen werden jedoch hauptsächlich Spanplatten verwendet mit Harnstoff-Formaldehydharzen und Kunststoffoberflächen aus PVC, dessen Ausgangsstoff Vinylchlorid ist, das bereits mehrmals als gesundheitsschädlich erwähnt wurde. Ein zusätzliches Problem der Kunststoff-Küchen sind auch hier die Weichmacher, die verdampfen und durch Diffusion sogar in die Lebensmittel übergehen können. Außerdem sind gerade die Weichmacher, wie bereits gesagt, ein idealer Nährboden für eine ganze Reihe von Pilzen und Bakterien.

Deshalb sollten in Küchen nur Naturholz-Küchenmöbel verwendet werden und die Arbeitsplatten in Vollholz, geölt oder mit Linoleum belegt sein, damit keine Geruchs-, Geschmacks- und Gesundheitsbeeinträchtigungen in der Küche auftreten. Aufgrund der besonderen Oberflächenstruktur ist die Edelstahl- sowie die Emailspüle zu empfehlen.

Für die gesunde Küche sind auch entsprechende Gefäße zu verwenden: Geschirr aus Ton, Steingut, Porzellan, Glas und Holz, auch feuerfeste Schüsseln und Pfannen aus Keramik.

Wichtig ist auch eine eventuelle Abschirmung elektrischer Geräte.

Der Schlafraum

Besonders für den Schlafraum braucht es eine sorgfältige Planung und Ausstattung. Die Ostlage des Schlafplatzes ist am günstigsten. Der Schlafbereich hat eine Schlüsselfunktion für die Regeneration des Menschen. *Im Ruhezustand ist der Körper am empfindlichsten und sollte störungsfrei liegen.* Während des Tages wechseln wir öfters den Standort, aber während der

Abb. 45

Fig. 45

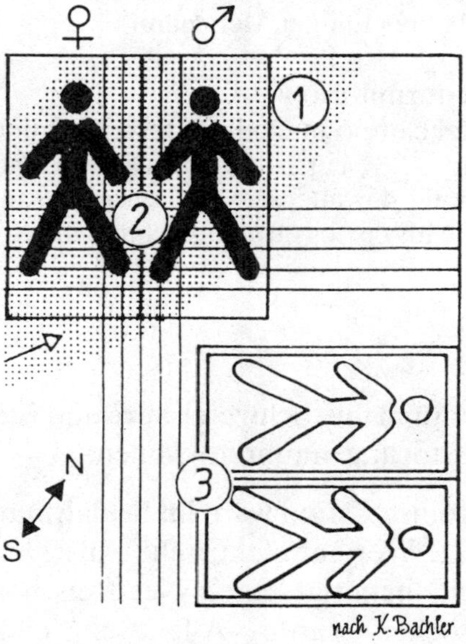

Bettumstellung
1 = Wasserführung und Kreuzungspunkte (Eltern)
2 = Beide Personen starben an Krebs
Unterleibskrebs Prostatakrebs
3 = Bettumstellung: Genesung der jungen Leute
(nach K. Bachler)

Altering position of bed
1 = water currents and junction points (parents)
2 = both persons died of cancer
female: cancer of the uterus; male: cancer of the prostate gland
3 = convalescence of the young persons
(K. Bachler)

Le déplacement des lits
1 = la conduite d'eau et les points d'intersection (parents)
2 = toutes les deux personnes sont mortes
à cause du cancer
cancer abdominal; cancer de prostate
3 = le déplacement des lits: la guérison des jeunes gens
(d'après K. Bachler)

Cambio de la ubicación de la cama
1 = curso de agua y puntos de intersección (padres)
2 = ambos fallecieron de cáncer
cáncer de los órganos genitales
cáncer de la próstata
3 = al cambiar la cama de lugar, los jóvenes se recuperan

Nacht verbringen wir viele Stunden in fast unveränderter Haltung.

Der Schlafplatz soll frei sein von Störzonen. Geopathogene Störzonen, die bereits im 3. Kapitel besprochen wurden, können durch unterirdische Wasserläufe, Verwerfungen, Kreuzungsbereiche der Gitternetze und andere Anomalien des Bodens verursacht werden. Manchmal kann eine geringfügige Bettumstellung (das Bett und damit auch) den Menschen aus den krankheitsverursachenden Kreuzungspunkten herausbringen. (Siehe Abb. 45)

Durch Geomagnetometermessungen können solche Standpunkte genau geortet werden. (Siehe Abb. 46).

Aber auch jedes fließende Wasser über oder unter Decken infolge Solar- oder Fußbodenheizung oder Installation sollte vermieden werden. *Dieses Wasser kann zu einer Unruhe im allgemeinen Strahlungsklima des Schlafzimmers führen.* Auch soll der Schlafraum sich nicht über einer Garage befinden wegen der Auto-

Abb. 46 Fig. 46

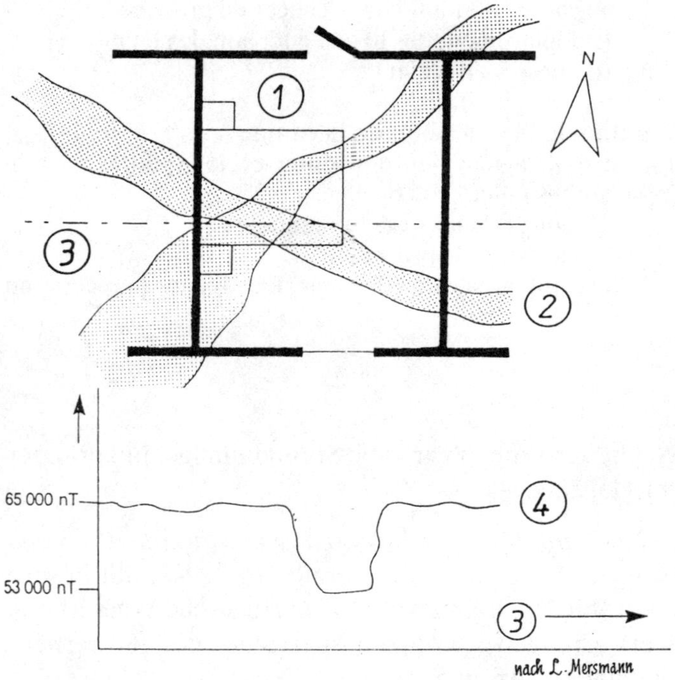

Lage des Schlafplatzes mit den gemessenen Änderungen des Erdmagnetfeldes
1 = Schlafzimmer 2 = Verlauf des unterirdischen Wasserlaufes 3 = Meßstrecke 4 = Änderung des Erdmagnetfeldes über Grundwasserläufen (nach Lüdger Mersmann)

Position of sleeping place with measured changes in the earth's magnetic field
1 = bedroom 2 = course of underwater current 3 = measured section 4 = changes in the earth's magnetic field above ground water currents (Lüdger Mersmann)

La position de la place prévue à se coucher avec des changements mésurés du champ magnétique terrestre
1 = chambre à coucher 2 = cours du courant d'eau souterraines 3 = la distance mesurée 4 = le changement du champ magnétique terrestre au-dessus des courants d'eau souterraines (d'après Lüdger Mersmann)

Ubicación del dormitorio y
alteraciones del campo magnético terrestre medidas
1 = dormitorio 2 = curso de aguas subterráneas 3 = línea de medición 4 = alteración del campo magnético terrestre encima de los cursos de aguas subterráneas

batterien, die durch ihre Schwefelsäure und Bleiplatten auch zu Schlafstörungen führen können.

Eine Elektroinstallation wäre im Schlafraum eigentlich nicht nötig. Wer auf elektrische Anschlüsse nicht verzichten will, benötigt einen Netzfreischalter, der bereits besprochen wurde. Allein ein elektrisches Kabel, welches in der Nähe eines Bettes verläuft, kann Ursache von Schlaflosigkeit und Kopfweh sein. Vorsicht ist auch angebracht bei allen Elektrogeräten in der Nähe eines Bettes, wie Radio, Fernseher, Wecker u.a. Diese Geräte sind meist nur mangelhaft abgeschirmt, es gehen von ihnen elektrische Wechselfelder aus, die unter bestimmten Voraussetzungen sich zu einem 'Elektrosmog' ballen können. Auch Stahlheizkörper in *Bettnähe* sollten möglichst vermieden werden, sowie Metallmöbel oder Gegenstände, durch die unerwünschte elektrische Felder in den Raum induziert werden. Elektrische Heizdecken und Heizkissen bedeuten ein direktes Anbringen von elektrischen Feldern am Körper und hier meist am Solarplexus, der besonders empfindlich ist. Es ist erwiesen, daß die Feinstrahlung, die von elektrischen Geräten ausgeht, die Ursache vieler unerklärlicher Beschwerden ist, deshalb ist von Heizdecken und Heizkissen abzuraten.

Was für die Küche gilt, gilt auch für den Schlafraum: *Hier sollen sich keinerlei Kunststoffe befinden, weder bei den Belägen auf den Fußböden, an der Wand oder bei den Decken, noch bei den Textilien, um Raumgifte und elektrostatische Aufladungen zu vermeiden.*

Das Bett als das wichtigste Möbelstück im Haus, sollte aus Holz sein und keinerlei Materialien aus Metall aufweisen, um eine Induktion elektromagnetischer Felder zu vermeiden, es sollte also ein Holzbettgestell mit einem Lattenrost sein.

Der übliche Metallbettrost und die Federkernmatratze sind sehr problematisch. Neueste Messungen mit dem Geomagnetometer haben ergeben, *daß Bodenstörzonen durch das Eisenmetall in der Federkernmatratze oder im Metallbettrost starke künstliche Erdmagnetfeld-Anomalien hervorrufen.* (Siehe Abb. 47 und 48)

Die schädlichen Auswirkungen von Erdmagnetfeld-Anomalien, die zu einer Verschiebung im Hormongleichgewicht und zu vegetativen Fehlfunktionen führen, wurden ausführlich im 3. Kapitel beschrieben.

Als biologisch einwandfreie Bettpolster gelten reine Haar- und Roßhaarpolster, aber auch jede Matratze, deren Füllung aus Naturmaterial besteht. Auch Roggenstroh-Schichtpolster, die nach 2 bis 3 Jahren leicht gegen neue Polster ausgetauscht werden können, sind sehr günstig.

Bettuch, Reformunterbett, Steppdecke, Kissen sollen aus Wolle, Baumwolle, Leinen oder Seide sein bzw. mit diesem Material gefüttert sein. Das Gleiche gilt für den Bodenbelag und für die Gardinen.

Das Schlafzimmer sollte pro Person etwa 10 Quadratmeter betragen. Dadurch wird ein ausreichender Luftraum gewährleistet, und der eigentliche Schlafplatz kann leichter variiert werden, wenn dies infolge von Störzonen notwendig werden sollte.

Die Frage, ob kalte oder warme Schlafzimmer besser sind, hängt von den individuellen Schlafgewohnheiten ab. Der Schlafraum sollte bei geöffnetem Fenster nicht ganz auskühlen. Eine gute Lösung ist eine Klimaluke im Fenster oder Türbereich (die Balkontür kann im unteren Drittel einen Extraflügel bekommen, der so angeordnet ist, daß er gerade bis zur Kopfhöhe reicht, um die Atmungsorgane mit Frischluft zu versorgen. Da warme Luft nach oben steigt und kalte Luft nach unten fällt, bleibt die Schicht oberhalb der Luke bis auf eine Trennschicht von 5 Zentimetern warm. Aber nur, wenn im Raum Strahlungswärme und keine Konvektionswärme vorliegt (nach A. Eisenschink)

Es hat sich erwiesen, daß die Lage des Kopfes im Schlafraum nach Norden oder Osten am günstigsten ist.

Abb. 47 Fig. 47

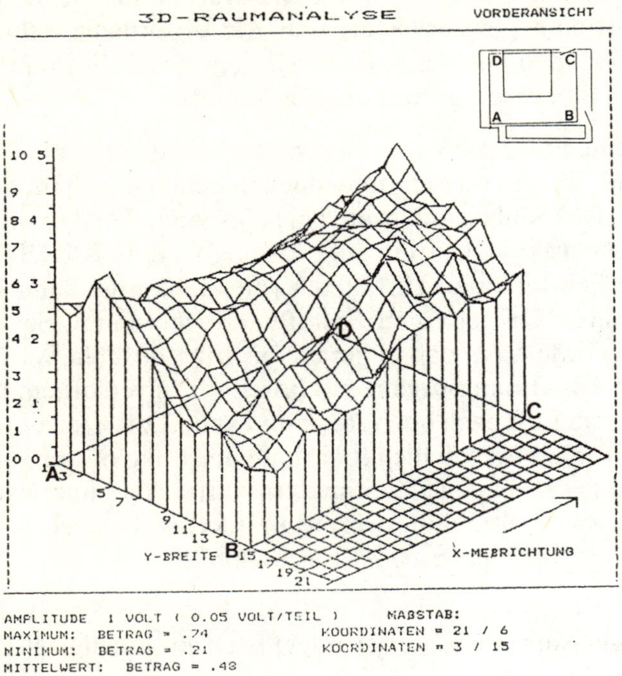

Geomagnetometermessung am Bettplatz:
(35 cm über dem Boden ohne Bett):
Etwas gestörter Standort
Meßdatum: 3.3.1985 – Meßort: Düsseldorf

Geomagnetometer measurement at bed position:
(35 cm above the ground without bed):
Somewhat disturbed location
Date of measurement: 3.3.1985 – location: Düsseldorf

Le mesurage à l'aide du geomagnétomètre à la place prévue pour le lit
(à 35 cm au-dessus du plancher, sans lit):
l'emplacement est faiblement perturbé
date de mesurage: 3.3.1985
lieu de mesurage: Düsseldorf

Medición con el geomagnetómetro en el sitio ocupado por la cama
(a 35 cm del piso, sin cama)
Emplazamiento algo perturbado
Fecha de medición: 3.3.1985
Lugar de medición: Düsseldorf

Abb. 48 Fig. 48

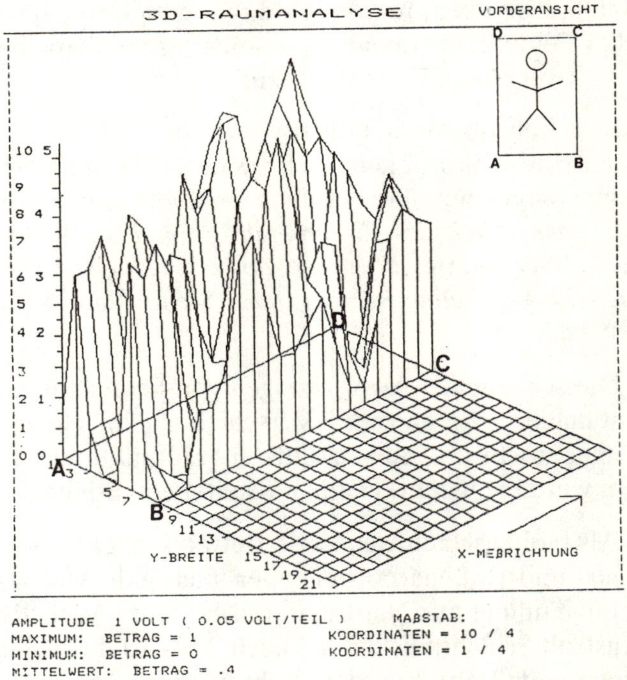

Geomagnetometermessung am Bettplatz des etwas gestörten Standorts (Abb. 47)
5 cm über der Federkernmatratze:
Starke künstliche Erdmagnetfeld-Anomalien durch das Eisenmetall in Federkernmatratze bzw. Metallbettrost
Meßdatum: 3.3.1985 – Meßort: Düsseldorf

Geomagnetometer measurement at bed position of the somewhat disturbed location (fig. 47)
5 cm above spring mattress:
Strong artificial anomalies in earth's magnetic field due to the ferrous metal in the spring mattress or mattress grid
Date of measurement: 3.3.1985 – location: Düsseldorf

Le mesurage à l'aide du géomagnétomètre à la place prévue pour le lit (Fig. 47)
à 5 cm au-dessus du matelas à ressorts:
fortes anomalies du champ magnétique terrestre artificielles qui sont provoquées par le métal dans le matelas à ressorts, respectivement par le caillebotis métallique
date de mesurage: 3.3.1985
lieu de mesurage: Düsseldorf

Medición con el geomagnetómetro en el sitio ocupado por la cama en el emplazamiento algo perturbado (Fig. 47)
a una distancia de 5 cm del colchón de muelle:
fuertes anomalías artificiales del campo magnético terrestre debidas a los elementos de hierro en el colchón o bien al emparrillado metálico
Fecha de medición: 3.3.1985
Lugar de medición: Düsseldorf

Der Wohnraum

Für die Gestaltung des Wohnzimmers bestehen weit mehr Gestaltungsmöglichkeiten als dies bei Küche und Schlafzimmer der Fall ist.

Der Wohnraum sollte das Tageslicht von Süden oder Westen erhalten. Bei der Planung ist darauf zu achten, daß Wohnräume nicht im Kellerbereich liegen, sie sollen möglichst 30 bis 50 Zentimeter über dem Erdreich angeordnet sein. Die Wände können mit reinem Kalkputz versehen und mit natürlichen Tapeten oder Textiltapeten tapeziert werden. Besondere Behaglichkeit vermitteln Holzvertäfelungen. So kann durch feuchtigkeitsregelnde und absorbierende oder gar desinfizierende Materialien wie Holzschalung oder Kalkputz eine vernünftige und ordentliche Raumklimaqualität erreicht werden.

Wenn möglich, sollte der Fußboden im Wohnbereich aus Holz bestehen, er kann mit Naturteppichen, eventuell aus reiner Schurwolle, belegt werden. Die Zimmerdecke läßt sich mit sichtbaren Deckenbalken und dazwischenliegenden Feldern aus Holz oder Tapete individuell gestalten.

Form- und handwerksgerecht gearbeitete Holzmöbel in verschiedenster Ausführung bringen Natur ins Haus. Holz lebt und spricht und hat viele Gesichter.

Die Möbel sollen aus Vollholz sein. Auch hier gilt, daß kunststoffbeschichtete Möbel nicht in den Wohnbereich gehören. Bei Preßspanplatten sind etwa 90% der Produkte mit Formaldehyd gebunden und geben auf Jahre hindurch chemische Dämpfe an die Raumluft ab.

Für das wohngesunde Heim sollten die Sessel mit einer Polsterung aus Haar- und Naturfasern bestehen. Stahl- und Eisenteile für Sitz- und Liegemöbel können ersetzt werden durch Holz, Gurte und Gummizüge. Als Polsterung sind Latexschaum (reiner Naturgummi), auch Wolle, Haar, Seide, Kokos oder Jute und andere Naturfasern günstig. Leder und Felle können weitgehend Verwendung finden. Schädliche Imprägniermittel aber sollen vermieden werden.

Holzoberflächen kann man roh belassen oder mit Naturwachsen behandeln.

Alle wohngesunden Möbel mit entsprechenden Teppichen, Wandbehängen und Möbelstoffen oder handfesten Lederbezügen bilden eine lebensnahe Atmosphäre.

Steht im Wohnraum ein Fernsehgerät, ist zu berücksichtigen, *daß der Bildschirm nach vorne und nach hinten elektromagnetische Felder abstrahlt, die auch durch eine Wand nicht abgeschirmt werden.* Personen, die sich im Raum hinter einem Fernsehgerät aufhalten, werden durch dessen Felder beeinflußt. (Siehe Abb. 49)

Abb. 49 Fig. 49

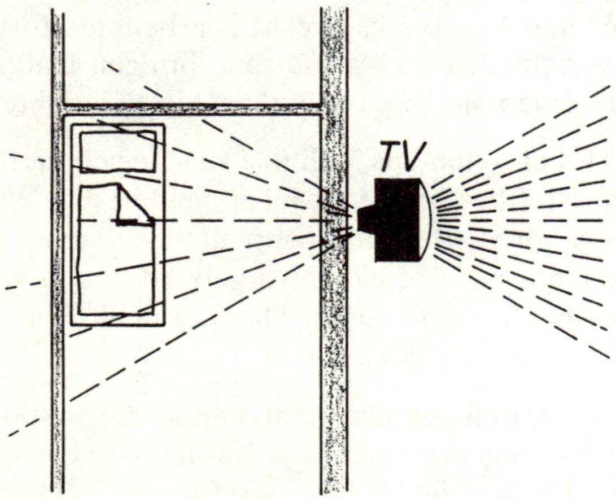

Abstrahlung eines Fernsehapparates in beiden Richtungen

Radiation given off by a television in both directions

Le rayonnement d'une télévision vers deux directions

Irradicación emitida por un aparato de televisión en ambas direcciones

Man kann einen biophysikalischen Nachweis dieser Strahlenbelastung durch eine Körperwiderstandsmessung belegen. Setzt man eine Versuchsperson in 1.5 m Entfernung vor ein ausgeschaltetes Fernsehgerät, so pendelt sich der Körperwiderstand auf z.B. 8.5 Kilo-Ohm ein. Wird das Gerät eingeschaltet, so steigt der Körperwiderstand auf z.B. ca. 13 Kilo-Ohm an. Dieser Wert wird auch erreicht, wenn sich die Versuchsperson mit dem Rücken zum Gerät befindet.

Aus diesen und anderen Meßergebnissen eines der Autoren folgt, daß man nicht zu nahe an den Bildschirm heranrücken, sondern einige Meter Abstand wahren sollte. (Abb. 50)

Der Sanitärbereich

Sehr oft werden Sanitärräume in der Planung falsch eingestuft. Übergroße Partyräume und Kaminecken werden manchmal wichtiger genommen, als genügend Raum für Bad und WC.

Müssen morgens mehrere Familienmitglieder gleichzeitig die Wohnung verlassen, dann gibt es oft Unverträglichkeiten und Reibungen, wenn Benutzer des Badezimmers auch das WC blockieren. Der Sanitärbereich sollte deshalb so geplant werden, daß er allen Ansprüchen gerecht wird.

Das Elternbadezimmer kann Badewanne, Duschkabine, Doppelwaschbecken, Bidet und WC haben. Vorteilhaft ist ein Kinderbad mit Sitzbadewanne, Dusche, Waschbecken und WC, außerdem ein allgemeines WC mit Handwaschbecken, das alle benutzen können, einschließlich der Gäste.

Das Badezimmer selbst sollte auf alle Fälle eine Dusche haben, da das Duschen vom Wasser- und Energieverbrauch her sparsamer ist. Das Duschbad ist ideal zur Körperreinigung und bei wechselnd warmer und

Abb. 50 Fig. 50

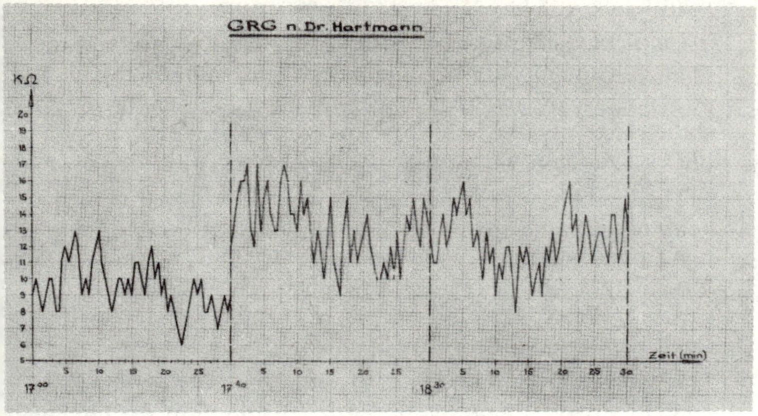

Biophysikalischer Nachweis von Störungen durch ein Fernsehgerät mittels Körperwiderstandsmessungen

Biophysical proof of disturbances by a television based on body resistance measurements

Preuve biophysicale à l'aide des mesurages de la résistance électrique du corps concernant les perturbations causées par une télévision

Demostración biofísica de la existencia de perturbaciones derivadas del televisor, mediante mediciones de la resistencia del cuerpo de sujetos de prueba

kalter Benützung hervorragend geeignet für Kreislauf- und Hautaktionstrainig. Das Wannenbad dient zur körperlichen und seelischen Entspannung. Kann man nach dem Wannenbad nicht ausruhen, so benötigt man die kalte Dusche als Weck- und Spannungsmittel. Bei alten Menschen, die Mühe haben beim Be- und Entsteigen der Badewanne, bietet sich auch eine Sitzgelegenheit unter der Dusche an.

Im Bade- und Duschraum können die Wände gekachelt sein. Mit Ausnahme der Dusche sollte mindestens der obere halbe Meter der Wand nicht mit Kacheln versehen sein. Dort und an der Decke werden Rohrplatten mit fettem, dampfsaugfähigen Weißkalkputz aufgebracht.

Im Baderaum und auch in allen anderen Räumen sollte man Fliesen vermeiden, die gegebenenfalls einen hohen Gehalt an Radioaktivität aufweisen. Insbesondere ist Vorsicht geboten, wenn sie vom Ausland eingeführt werden; besonders rote Fliesen sind oft belastet.

Der Baderaum kann auch eine holzbeplankte Wandoberfläche erhalten. (Siehe Abb. 44)

Im Zusammenhang mit dem Reinigungs- und Fitneßbestreben des Menschen erfreut sich die Sauna einer immer größeren Beliebtheit. Sie könnte zum Standard eines biologisch gesunden Lebens werden. Die Sauna nach finnischer und russischer Art ist völlig aus Holz, am besten aus Kiefernholz, möglichst aus vollen Stämmen und dicken Bohlen.

Der Saunaofen sollte mit Holz, Öl oder Erdgas geheizt werden. Ein Elektroofen schafft ein unbefriedigendes Saunaklima und hat einen negativen Einfluß auf die Luftionen.

In jedem Fall müssen elektrische Felder von der Sauna ferngehalten werden.

Die Sauna soll so geplant werden, daß man auf dem kürzesten Weg an die frische Luft gelangt. Eine Sauna im Keller ist nur als Notlösung anzusehen.

Ein Schwimmbad im Haus ist durch die verhältnismäßig große Wassermenge für die Wasser- und

Umlauferwärmung energieaufwendig und kostspielig. Das Wohnen über einer so großen Wassermenge ist schädlich, da das natürliche Strahlungsfeld des Bodens eine erhebliche Störung erfährt. Es sollte dann im Garten als separates Bad eingerichtet werden, aber nicht im Haus.

7. Ecological Room Furnishing

Interior furnishing is an important factor for a healthy domestic climate. It must be strictly observed that the natural materials used for the room furnishings have not been treated with toxic chemicals. The furnishings must not cause the room and its inhabitants to be exposed to damaging substances.

Bees wax and larch resin are biological wood preservatives.

If chipboard is used for the furnishings, only magnesitebonded chipboard should be used. The chipboard used up to now, with urea or formaldehyde resin, is a risk to every dwelling. The formaldehyde which it gives off is a substance which has been recently proved to be carcinogenic.

It is necessary to return to time-tested substances auch as lime, trass lime and gypsum plaster.

Nowadays it is possible with practically all painting techniques to carry out surface treatment with pure natural products. Vegetable and mineral pigments can be used.

Wallpaper should not impair the diffusive properties of the walls. If the wallpaper paste contains synthetic resins, a film forms under the paper which acts as a vapour barrier, thereby impairing the diffusive capacity of the wall. Natural glue (methyl-cellulose) can be used.

In former times, almost all floors were covered with wood, tiles or natural stone. Then linoleum was introduced as an easy-care, warm floor covering. In the 50's, linoleum was replaced by cheaper and even easier-to-care-for PVC covering and carpeting. Carpeting can only be recommended if it consists of natural animal or vegetable fibres weaved on jute backing i.e. without synthetic latexing, insecticide and pesticide and antistatic treatment. Gluing with natural latex adhesive or reinforcing with hair felt backing is necessary.

Linoleum is biologically positive as a floor covering as the main constituents are cork, natural resins and linseed oil. It does not give off any toxics and does not become charged with static electricity like PVC floor coverings which are not suitable for healthy room furnishing.

The kitchen, where the family's meals are prepared, is the heart of the home and should be regarded as extremely important from a building ecology point of view. Only natural wood furnishing should be used in the kitchen. The solid wood work surfaces should be oiled or covered with linoleum so that smells, taste and health are not impaired.

The bedroom requires careful planning and fitting. The sleeping area plays a key role in the regeneration of the human organism. When at rest, the body is at its most sensitive and should be able to lie completely undisturbed. As already mentioned, underwater currents, fractures, network grid junctions and other anomalies in the earth can lead to geopathogeneous fault zones. Sometimes it is possible to avoid the illness-causing junction points just by moving the bed slightly (figs. 45 and 46).

What is true for the kitchen also applies to the bedroom: it should contain absolutely no plastics; neither on the floor nor on the walls, ceilings and textiles if toxics and electrostatic charges are to be avoided.

The bed, the most important piece of furniture in the house, should be of wood with absolutely no metal parts, in order to avoid induction of electric fields. i. e. it should have a wooden frame with a wooden mattress grid. The usual metal grid with the spring mattress are quite problematic. Recent measurements with the geomagnetometer have shown that ground fault zones can cause strong anomalies in the earth's magnetic field through the iron in the spring mattress or in the metal grid (fig. 47 and 48).

Pure hair and horse hair upholstery can be regarded as biologically satisfactory bed upholstery as can any mattress with natural filling. Sheets, underlay, quilt and pillow should be of wool, cotton, linen or silk or lined with these materials. The same applies to the floor covering and the curtains.

The interior of the house should receive daylight from south or west. On planning, it ist important to ensure that the domestic rooms are not in the cellar areal. They should be 30–50 cm above the earth.

If possible the floor in the living area should consist of wood. It can be covered with natural carpet or with pure new wool.

Furniture should be of solid wood. Plastic laminated furniture should not be used in the living areas.

If there is a television in a room, it must be considered that the screen radiates electromagnetic fields both back and front which can even penetrate a wall. Persons occupying a room behind a television are influenced by the fields (fig. 49 and 50).

7. L'amenagement écologique des pièces

Résumé

L'aménagement écologique intérieur des pièces est le facteur essentiel pour un climat de living sain. Il faut strictement veiller à ce que les matériaux naturels utilisés pour l'aménagement intérieur ne soient pas traités avec des produits chimiques toxiques. Aucune substance nocive à la santé ne doit être dégagée dans la pièce qui pourrait affecter les habitants. Des produits biologiques pour la préservation du bois sont la cire d'abeilles et la pâte de résine de mélèze.

Pour l'emploi des panneaux de particules pour l'aménagement des pièces, il est à veiller à ce qu'on prenne des panneaux collés à l'aide de la magnésite. Les panneaux employés jusqu'à présent sont produits sur la base de résine urée-formaldéhyde (= résine U.F.) et de résine phénol-formol (= résine P.F.) et représentent un risque pour chaque logement. Le formaldéhyde que les panneaux de particules exhalent est une substance qui, depuis quelque temps, a été reconnue comme cancérogène.

Il est nécessaire de revenir aux enduits de chaux, de chaux de trass et au plâtre lissé qui se sont avérés, depuis longtemps, comme de bonnes matières.

De nos jours, il est possible d'effectuer des traitements de surfaces pour pratiquement toutes les techniques de peinture avec des produits naturels. Des couleurs végétales et minérales peuvent être utilisées.

Les papiers peints ne devraient pas avoir un effet préjudiciable sur la propriété de diffusion des murs. Si les colles pour les papiers peints contiennent des résines synthétiques, il se produit sous le papier peint un film qui agit comme barrière de vapeur et qui a un effet préjudiciable sur la propriété de diffusion du mur. On peut employer de la colle naturelle (cellulose de méthyle).

Dans le passé, on employait presque exclusivement des planchers de bois, des dalles de pavage et des pierres naturelles pour revêtir le sol. Plus tard, on employait du linoléum comme revêtement d'entretien facile pour les planchers qui était agréablement chaud pour les pieds. Dans les années 50, le linoléum fut remplacé par des revêtements-CVP encore plus faciles à entretenir et moins chers ainsi que par des tapis.

Un tapis n'est à recommander que s'il est fabriqué en fibres végétales ou animales naturelles, tissé sur un dossier jute, c'est-à-dire sans enduction en latex synthétique et sans traitement insecticide, pesticide et antistatique. Le collage avec une colle en latex naturel ou la pose tendue à thibaude serait nécessaire. Le linoléum est et reste un revêtement biologiquement très favorable parceque les composants essentiels sont la poudre de liège, les résines naturelles et l'huile de lin. Il ne dégage aucune substance nocive et pas de charges électrostatiques contrairement par exemple aux revêtements-CVP qui sont à refuser au point du vue de l'aménagement des pièces sain.

Du point de vue écoconstruction, il faut considérer la grande importance qu'a la cuisine où l'on prépare les repas pour la famille et qui, par conséquent, est le »coeur« de la maison.

Dans les cuisines on ne devrait employer que des meubles en bois naturel et des tables de travail en bois massif traités à l'huile ou revêtés avec du linoléum afin d'éviter de mauvaises odeures, des nuisances au goût et des effets préjudiciables sur la santé.

Le planning et l'aménagement pour la chambre à coucher est à effectuer avec beaucoup de soins. Pour la régénération de l'homme la zone prévue pour la sieste a une fonction clé. Dans l'état de repos, le corps réagit très sensiblement et, par conséquent, devrait être reposé sans devoir subir de perturbations quelconques.

Les zones géopathogènes perturbantes peuvent, comme déjà mentionné, être causées par des courants d'eau souterrains, des rejets, des zones d'intersection des réseaux de quadrillage ainsi que par les autres anomalies de la terre.
Parfois, il suffit de déplacer un peu le lit afin d'éloigner l'homme des points d'intersection causant les maladies (Fig. 45, Fig. 46).

Ce qui en est pour la cuisine, est aussi bien valable pour la chambre à coucher: il ne devrait s'y trouver aucune matière plastique, ni en ci qui concerne les revêtements des planchers, des murs ou des plafonds, ni dans les textiles, afin d'éviter des substances toxiques dans la chambre ainsi que des charges électrostatiques.

Le lit étant le meuble le plus important dans la maison, devrait être en bois et être exempt de pièces en métal quelconques afin d'éviter l'induction des champs électriques. Le châlit devrait être en bois et être équipé d'un caillebotis. Le caillebotis habituel en métal ainsi que le matelas à ressorts sont très problématiques. Les mésurages les plus récents donnaient comme résultat que les zones perturbantes du sol provoquent de fortes anomalies de champs magnétiques terrestre artificielles par le métal dans le matelas à ressorts ou dans le caillebotis (Fig. 47 et 48).

Du point de vue biologique, les embourrures naturelles de cheveux et de crin, dans mélange, sont des embourrures excellentes pour le lit; mais aussi tout matelas à rembourrage naturel. Toute sorte de draps de lit et de couvertures, comme par exemple la couverture piquée ainsi que l'oreiller, etc., doivent être fabriqués en laine, en cotton, en lin ou en soie, respectivement, doivent être doublés avec ces matières. Il en est de même pour le revêtement du plancher et pour les rideaux.

La pièce devrait reçevoir la lumière du jour du point de sud ou d'ouest. Lors du planning, on doit prendre en considération que le pièces de living ne peuvent pas se trouver au soussol. Si possible, elles doivent être situées de 30 cm à 50 cm audessus du sol.

Si possible, le plancher dans la zone de living devrait être en bois; il peut être revêti de tapis en matière naturelle, tissé éventuellement en pure laine vierge. Les meubles devraient être en bois massif. Il en est de même pour les pièces de living, où l'on ne devrait pas placer des meubles avec des revêtements aux résins synthétiques.

S'il y a une télévision dans la pièce de living, on doit tenir compte du fait que l'écran émet des champs électromagnétiques vers l'avant et vers l'arrière qui ne sont pas susceptibles d'être modérés même par un mur. Des personnes se trouvant dans une pièce derrière la télévision sont influencées par les champs électromagnetiques de la télévision.

7. Acondicionamiento ecológico de interiores

El acondicionamiento y decoración de interiores es un factor importante que incide en las condiciones ambientales en el edificio. Se deberá observar estrictamente que los materiales naturales empleados no hayan sido tratados con productos químicos tóxicos. Los materiales usados no deben ser fuente de emisiones des sustancias perjudiciales que puedan afectar la salud de los ocupantes.

La cera de abeja y la pomada a base de resina de alerce son conservadores naturales de la madera.

Al emplearse placas de madera aglomerada se deberá cuidar de usar productos aglomerados a base de magnesita. La madera aglomerada usada hasta la fecha a base de resinas de ureaformaldehído y fenolformaldehído constituye un riesgo para toda vivienda, pues desprende formaldehído, el que, según se determinó recientemente, es cancerígeno.

Es menester retornar a los revoques tradicionales y probados a base de cal, cal hidráulica y yeso.

Hoy día se dispone de productos naturales puros para el tratamiento de superficies apropiados para prácticamente todas las técnicas de aplicación de pinturas. Se puede recurrir a pinturas a base de sustancias vegetales o minerales.

Los papeles pintados o revestimientos de las paredes no deberían afectar las propiedades de difusión de las paredes. Si la cola empleada contiene resinas sintéticas, se forma una película debajo del papel que actúa como barrera cortavapor, deteriorando las propiedades de difusión de la pared. Se podrán emplear engrudos naturales (celulosa metílica)

En el pasado los revestimientos de los pisos en su casi totalidad eran de madera, mosaicos o baldosas, o lajas naturales. Luego se impuso el linóleo como pavimento práctico y de agradable sensación térmica. En los años cincuenta, el linóleo fue desplazado por revestimientos de PVC y moquetas todavía más económicos y prácticos.

Sólo se puede recomendar el uso de alfombrados cuando se trate de productos elaborados a base de fibras vegetales o animales aplicadas sobre un entramado de yute, o sea no sobre látex sintético, que no hayan sido tratadas con insecticidas, pesticidas ni hayan sido objeto de tratamientos antiestáticos. Se debería tratar de productos pegados con colas de látex natural o aplicados sobre un soporte de fieltro velludo.

El linóleo es un revestimiento biológicamente muy positivo, ya que sus componentes principales son serrín de corcho, resinas naturales y aceite de linaza. No emite sustancias contaminantes o perjudiciales y no es susceptible a las cargas electrostáticas, a diferencia de los revestimientos de PVC que no son recomendables para el acondicionamiento de interiores.

La cocina, en la que se preparan los alimentos que consume la familia, es el »corazón« de la casa. Por consiguiente merece algunas consideraciones especiales desde el punto de vista de la construcción ecológica.

En las cocinas sólo se deberían emplear muebles de madera natural. Las superficies de trabajo, es decir mesadas y similares, deberían ser de madera maciza tratada con aceite de linaza o revestida de linóleo a fin de evitar todo efecto negativo en términos de olor, sabor o salud.

Los dormitorios, y que asumen un papel clave para la regeneración del ser humano, exigen que se tomen precauciones especiales en lo relativo a los materiales empleados y la ubicación de los muebles. El cuerpo es mas vulnerable cuando está en estado de reposo, por lo que debería elegirse un sitio libre de perturbaciones. Ya hemos visto que los cursos subterráneos de agua, fallas geológicas, puntos de intersección de los retículos y otras anomalías del suelo pueden resultar en zonas geopatógenas. A veces basta con cambiar apenas la ubicación de la cama para alejar al ocupante de las intersecciones patógenas. (Fig. 45 y 46)

Lo que se ha dicho para la cocina, también es válido para el dormitorio: no se debería usar ningún tipo de materias sintéticas, ni en los revestimientos de pisos, paredes o techos, ni en los textiles, a fin de evitar cargas electroestáticas y la presencia de sustancias tóxicas en el ambiente.

La cama es el mueble más importante de toda la casa. A fin de prevenir la inducción de campos eléctricos, debe ser de madera y no llevar elementos de metal, es decir, debe constar de un bastidor de madera y un emparrillado de listones. Los emparrillados convencionales de metal y los colchones de muelle son muy problemáticos. Mediciones recientes indican que las zonas geopatógenas, a través de los elementos de hierro de los colchones de muelle y de los emparrillados metálicos, provoan considerables anomalías artificiales del campo magnético terrestre. (Figs. 47 y 48).

Los colchones de pura cerda o crin de caballo, al igual que todo colchón con relleno de fibras o materiales naturales, son biológicamente inobjetables. Las sábanas, frazadas y mantas, plumones y almohadas deben ser de lana, algodón, lino o seda, o bien estar forrados con alguno de estos materiales. Lo mismo cabe decirse del revestimiento del piso y de las cortinas.

El living debería estar orientado al sur u oeste. En la planificación se debería cuidar de no ubicar los ambientes habitables en el ámbito del sótano: dentro de lo posible deberían mediar de 30 cm a 50 cm entre ellos y el nivel del terreno.

El piso en los ambientes habitables, en la medida de lo posible, debería ser de madera; se podrán colocar alfombrados a base de materiales naturales, por ejemplo de pura lana.

Los muebles deberían ser de madera maciza. Se debe prescindir de muebles con revestimientos plásticos.

En lo relativo al televisor habrá que tener en cuenta que la pantalla del mismo irradia campos electromagnéticos, tanto hacia adelante como hacia atrás, que no son contenidos por las paredes. Por consiguiente, las personas que se encuentren en una habitación contigua, ubicada detrás de un televisor, sentiran la influencia de los campos electromagnéticos del mismo.

Innenraumausstattung nach bioökologischen Gesichtspunkten

Aménagment intérieur d'après les aspects bio-écologiques

Interior design in accordance with bioecological principles

Acondicionamiento de interiores según criterios bio-écológicos

8. Betrachtungen zur Wohnökologie

Jedes Haus sollte ein geeigneter Lebensraum sein, in dem der Mensch wohnen, sich wohlfühlen und sich erholen kann. Die Wohnung soll nicht nur Aufenthaltsraum sein, sondern dem ganzen Menschen, das heißt seinen geistigen, seelischen und gesundheitlichen Kräften dienen.

Von der Ernährung weiß man, daß sie dem Körper die notwendigen Stoffe liefert, um die Lebensfunktion zu erhalten und gesund zu bleiben. Die Nahrung bestimmt die Zusammensetzung des Blutes, deshalb soll sie naturrein, unverfälscht, frisch und biologisch sein. (Siehe Ulmer: Ernährung mit Vernunft)

Die Bekleidung, die wir auf unserem Körper tragen, soll auch natürlich und biologisch sein. Dem Bedürfnis nach Atmungsfähigkeit und Hautverträglichkeit kann durch die Qualität verarbeiteter Naturfasern entsprochen werden. Doch nicht nur richtige Ernährung und Kleidung sind für Lebensqualität, Gesundheit und Wohlergehen wichtig, sondern auch richtiges Wohnen.

Vergleichbar mit einer dritten Haut umgibt der umbaute Raum den Menschen. Die innere Schicht, die Oberflächenmaterialien von Wand, Boden und Decke, ihre Struktur und Farbe bilden einen direkten Bezug zum Bewohner. Hier bestehen wie in einem Ökosystem Vernetzungen zwischen dem Lebewesen Mensch und seiner gebauten Umwelt.

Einerseits können wir nicht unabhängig von der Natur leben, andererseits haben wir genug Intelligenz, um die Natur mit Hilfe unserer Technik zu verändern. Wir produzieren naturfremde Stoffe und integrieren sie in unsere Wohnumwelt. Sehr oft zählen für uns dabei nur die chemischen und physikalischen Erfolge und Eigenschaften, ohne die Nebenwirkungen auf unsere Gesundheit zu beachten. Wir haben im Laufe des letzten Kapitels erfahren, daß wir unter dem Einfluß unserer Häuser gesundheitlichen Schaden nehmen können, ja wir können uns krank bauen und wohnen.

Deshalb sollen wir vom passiven Wohnraumbenutzer zum aktiven Wohnraumgestalter werden. Dies setzt voraus, daß jeder genau weiß, welchen Einfluß sein Haus auf ihn hat. Je differenzierter das Wissen um sich selbst, um Baustoffe, Bauform und Raumausstattung ist, umso persönlicher ist dann auch der Prozeß der Auseinandersetzung mit dem Wohnraum.

Jeder soll seine Umwelt so gestalten, daß er seinen vielfältigen Bedürfnissen als biologisches, soziales und persönliches Wesen gerecht wird.

Durch richtige Baustoffwahl beim Innenausbau und bei der Möblierung, entsprechend den Kriterien der Wohnökologie, kann ein gesundes Wohnklima geschaffen werden, das nicht durch chemische, synthetische, schadstoffabgebende, radioaktive, elektrostatisch sich aufladende Oberflächen und dampfdichte Bauteile und falsche Heizung beeinträchtigt wird. Die Ausbau-Materialien können überdies zur Anregung und Förderung unserer Sinne durch Phantasie in der Gestaltung und Farbgebung wohltuend beitragen.

Die harmonische Grundkonzeption

Die Wohnumwelt soll in hohem Maße Wohnlichkeit, Behaglichkeit und Lebensqualität aufweisen. Dies bezieht sich vor allem auf Helligkeit im Raum, auf Wärme, Farbgebung und Harmonie.

Gerade eine harmonische Umgebung, auch in engem Raum, hat eine große Bedeutung für die Gesundheit. *In der Materie können wir eine harmonische Grundkonzeption feststellen.* (Siehe Abb. 51) Die Umrisse von Baumkronen, die Proportionen der Jahrestriebe, die Form der Blätter und Blüten zeigen dies deutlich.

Es besteht ein Wechselspiel zwischen Raum, Maß und Form. Architektur ist immer dann schön, wenn sie den Gesetzen der Natur folgt. Diese Naturgesetze sind erkennbar und sogar meßbar bis hin zur Mathematik der Masse und Proportionen. Die richtigen Proportionen von Räumen übertragen sich auf das Wohlbefinden. Eine geometrische Form kann auf unsere Wahrnehmungsvorgänge wie ein Kraftfeld wirken; sie löst Reize aus und bringt Energien zum Fließen.

Biologische Reizwirkungen

Seit dem 19. Jahrhundert ist bekannt, daß lebende Organismen Reize zur Aufrechterhaltung ihrer Existenz benötigen. Ein biologisches Grundgesetz (die Arndt-Schultzsche Regel) sagt: 'Schwache Reize fachen die Lebensfunktion an, mittelstarke fördern sie, starke hemmen und stärkste zerstören sie oder heben sie auf.'

Sonnenlicht kann uns beleben, heilen und froh machen. In größerer Intensität kann es uns jedoch schaden. Die Haut bildet dann Schutzpigmente und steht in Abwehrreaktion. Bei noch intensiverer Sonnenlichteinwirkung können wir Verbrennungen davontragen.

Abb. 51 Fig. 51

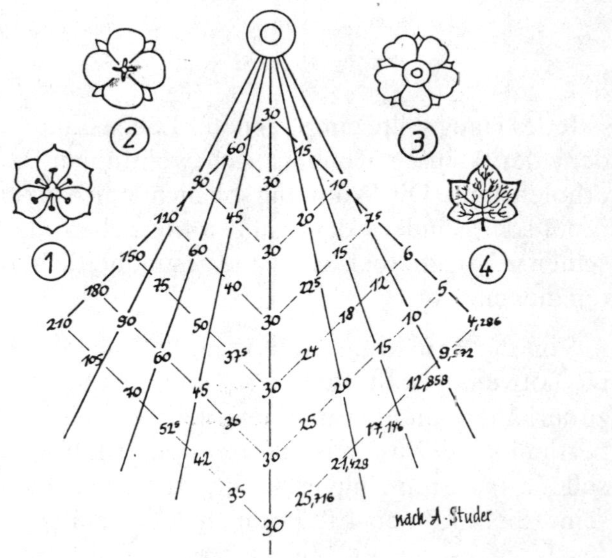

Harmonikales Maßmodul
1 = Liliazeen Triangulatur 2 = Kreuzblütler Quadratur 3 = Rosazeen Quinitatur 4 = Ahornblatt: Goldene Teilung

Harmonic modular coordination
1 = lily: triangulature 2 = crucifer: quadrature 3 = rose: quiniature 4 = Maple leaf: golden division

Module de mesure harmonieux
1 = Liliacées triangulation 2 = Cruciféracées quadrature 3 = Rosacées quintefeuille 4 = La feuille de frêne: la division d'or

Módulo armónico
1 = Triangulatura liliácea 2 = Cuadratura crucífera 3 = Quintatura rosácea 4 = Hoja de arce: División perfecta

Ähnlich ist es beim Schall. Töne und Worte können uns wohltun, uns anregen und wir können uns miteinander verständigen. Bei stärkerer Intensität verstehen wir nichts mehr, suchen uns der Schallwirkung zu entziehen und halten uns die Ohren zu. Sehr lauter Schall kann zerstören.

Unser Körper verlangt entsprechend schwache und mittelstarke Reize, damit die im Körper ablaufenden rhythmischen Vorgänge erhalten bleiben. Gesundheit stellt bei von außen einwirkenden Reizen eine innere Harmonie dar und ein dabei zu erreichendes Leistungsoptimum. Die Resonanzfähigkeit unseres biologischen Systems gegenüber von außen wirkenden Reizen ist dabei von ausschlaggebender Bedeutung.

Das Strahlungsfeld

Der Einfluß elektrischer und magnetischer Felder auf Lebensvorgänge ist in den letzten Jahrzehnten, speziell durch die Raumfahrt, wissenschaftlich untersucht worden.

Mit der Entdeckung der alles durchdringenden extragalaktischen Einstrahlung, der sogenannten Hintergrundstrahlung, wird das Strahlungsfeld erkennbar, das für alle Lebensvorgänge mitbestimmend ist. Die Hintergrundstrahlung entspricht einer Schwarzkörperstrahlung von 2,6° Kelvin im Bereich von 35 Gigahertz. Diese Mikrowellenstrahlung aus dem Hintergrund des Kosmos trifft die Erde aus allen Richtungen, sie ist isotrop und nicht polarisiert. Sie hat Eigenschaften wie die Wärmestrahlung, die als reine Wellenstrahlung die Materie weitgehend durchdringen kann. (nach R. Endrös)

Aus dem Kosmos trifft die Biosphäre außer der Hintergrundstrahlung auch eine Mikrowellenstrahlung von der Sonne und den Planeten. (Siehe Abb. 52)

Die kosmische Strahlung darf durch die Wohnhülle nicht abgeschirmt oder unterbunden werden, da sie lebensfördernde Reize und Anregungen für biochemische Reaktionen im Körper bewirkt.

Deshalb ist die Strahlendurchlässigkeit von Gebäuden unter Berücksichtigung der elektromagnetischen Einstrahlung und Energien, sowohl aus dem Kosmos als auch aus dem Erdinnern, sehr wichtig; ebenso die Erhaltung der naturgemäßen Lichtverhältnisse und Lichtrhythmen mit ihren psychischen und bioenergetischen Wirkungen.

Wir müssen uns heute auf der einen Seite durch nicht beachtete und abgeschirmte biologische Reize mit einem Reizmangel und auf der anderen Seite mit einer unbiologischen Reizüberflutung auseinandersetzen. Verschiedene technisch erzeugte Reize sind trotz hoher Intensität nicht biologisch wirksam, da ihr Reiz außerhalb der biologischen Rhythmen liegt. Diese Reize können negativ und schädlich auf die Körperfunktion wirken.

Farben im Raum

Die tiefreichenden Wirkungen von Farbe und Licht sollen in der Wohnökologie nicht unbeachtet bleiben. *Das Lichtphänomen Farbe beeinflußt auch den Menschen, und das Licht selbst hat höchste physiologische Bedeutsamkeit für das Leben.* Farbreize sind stets an das Licht gebunden.

Ob wir bestimmte Farbreize in berechenbaren Mengen brauchen – etwa wie beim Vitaminbedarf – ist nicht erforscht. Aus der Medizin wissen wir, daß Schwerkranke durch wechselnde Farblichtbehandlung geheilt werden und daß ein gewisses Maß an Farbreizen eine erhöhte Aufnahmebereitschaft und geringere Ermüdbarkeit sichern kann.

Abb. 52 Fig. 52

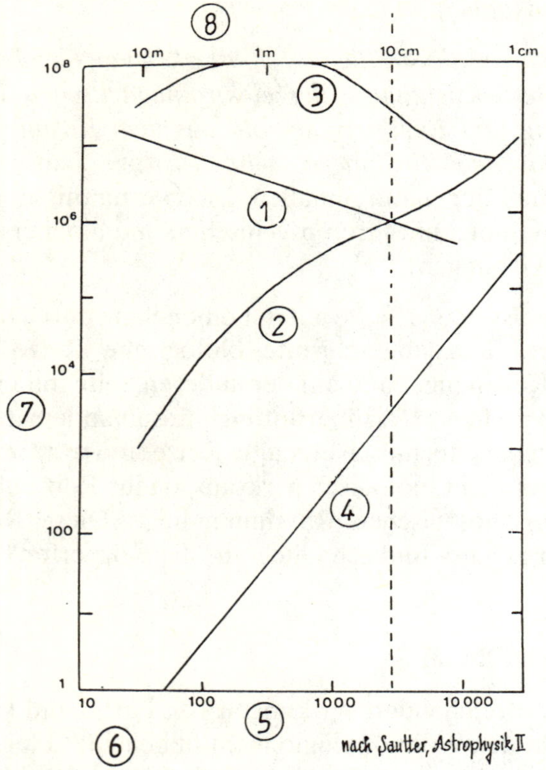

Charakteristiken der Kosmischen Einstrahlung
1 = Hintergrundstrahlung 2 = ruhige Sonne 3 = aktive Sonne 4 = Mond 5 = Frequenz (MHz) 6 = Flußeinheit: 10^{-26} W/m²Hz 7 = Strahlungsstrom 8 = Wellenlänge

Characteristics of cosmic radiation
1 = background radiation 2 = sun at rest 3 = sun active 4 = moon 5 = frequency (MHz) 6 = unit of flux: 10^{-26} W/m²Hz 7 = radiation current 8 = wave length

Les caractéristiques de la radiation cosmique
1 = la radiation de fond 2 = le soleil inactif 3 = le soleil actif 4 = la lune 5 = la fréquence (MHz) 6 = l'unité de flux: 10^{-26} W/m²Hz 7 = courant de rayonnement (F.E.) 8 = la longueur des ondes

Características de la radiación cósmica
1 = radiación de fondo 2 = sol no activo 3 = sol activo 4 = luna 5 = frecuencia (MHz) 6 = unidad de flujo: 10^{-26} W/m²Hz 7 = corriente de radiacïón 8 = longitud de onda

Durch die Farbgestaltung einer Wohnung kann ein Bewohner aus seinem Wohnmilieu Impulse empfangen. Wie Farben ausgewählt und in welches Licht sie gesetzt werden, das gibt dem Raum seine Individualität.

Die blaue Farbe ist eine Farbe der Ruhe, die uns von uns fortzieht in unendliche Weite. Sie wirkt an sich kühl. Rot ist die Farbe der Wärme und der Bewegung. Rot bis Rotorange hat stimulierende und intensivierende Wirkung. Grün ist die Farbe des Naturhaften, Symbol der Hoffnung. Sie wirkt beruhigend. Gelb ist eine positive 'ja-sagende' Farbe. Sie gibt Unternehmungsfreude. Es ist, wie wenn die Sonne ihren Einzug hielte. Violett gilt als Farbe der Beschwernis, der Mystik und der Hingabe. Grau gilt als kühl und bedrükkend. Weiß hat einen neutralen, reinlichen bis sterilen Charakter. Oft werden die bunten Farben mit weiß gebrochen, um die Impulskraft zu dämpfen.

Die Einzelfarben weisen drei Eigenschaften auf: den Farbton, die Leuchtkraft und den Sättigungsgrad. Je nach Charakter, Temperament und Gesundheitszustand spricht der Mensch unterschiedlich auf die Farben an. In gewissen Lebensabschnitten kann man bestimmte Farben bevorzugen.

Die für einen Raum jeweils passende Farbe ist aufgrund des persönlichen Farbtypus, dem der Mensch angehört, seinem Gesundheitszustand und der Funktion des Raumes zu wählen. Sehr viel hängt auch von der Beleuchtung des Raumes ab. Ist sie mäßig oder mangelhaft (Nordzimmer), dann sind warme Farben, allerdings in heller Tönung am Platze. In Räumen, die mehr Sonnenlicht (Südräume) empfangen, empfehlen sich zurückhaltende Pastelltöne. Räume nach Osten und Westen vertragen gedämpfte Farbtöne in der einen wie in der anderen Richtung.

Sobald Farben im Innenraum eingesetzt sind, werden sie zum Träger des persönlichen Ausdrucks ihres Urhebers, des Bewohners, der sie gewünscht und gewählt hat.

Pflanzenfarben vermitteln in ihrer Farbwirkung den Aspekt des Lebendigen, was den synthetisch hergestellten Farben abgeht. Pflanzenfarben sind nicht UV-Licht-beständig und müssen daher in periodischen Abständen von einigen Jahren erneuert werden. Überhaupt sollten Farben und Tapeten aus hygienischen Gründen spätestens nach 10 Jahren erneuert werden.

Wo Farben und Tapeten aufgebracht werden, ist selbstverständlich die Frage nach der gesundheitlichen Verträglichkeit zu klären, sowohl bei den farbtragenden Pigmenten als auch bei den Bindemitteln, Klebern, Verdünnungs- und Lösungsmitteln.

Durch das Vorherrschen eines Naturmaterials kann der Raum bereits eine farbige Dominante erhalten. In der Raumgestaltung sollte man von den Eigenfarben der Naturmaterialien ausgehen, von Holzvertäfelungen, Klinker und Tonplatten, Korkflächen usw.

Die größten und am einfachsten wandelbaren Farbträger sind die Wände, der Boden und die Decken, wobei die Wandfarbe am intensivsten wahrgenommen wird. Doch die Wand soll kein Schaustück sein, sondern hauptsächlich Hintergrund für Möbel, Bilder und Menschen. Schwere alte Möbel sowie Bilder und Fotos wirken am besten vor einem ruhigen, einfarbigen oder nur mäßig gemusterten Hintergrund.

Farben und Ornamente beeinflussen auch das Raumempfinden, denn helle kühle Farben vergrößern einen Raum, dunkle und warme Farben verkleinern ihn. Ist die Decke heller als die Wände, erscheint der Raum höher, ist die Decke dunkler, erscheint er niedriger. Starke horizontal betonte Ornamente, Balkenzüge oder Ähnliches holen die Decke optisch herunter, und stark vertikal betonte Ornamente, Wandgliederungen usw. machen den Raum höher.

Wegen seiner großen Fläche stellt der Fußboden ein wesentliches Teilstück bei der farbigen Gestaltung des Raumes dar. Liegt z.B. durch Naturholz oder Linoleum der Farbton des Bodens fest, so ist der Wandton entsprechend anzupassen. Ignoriert man die Farbwirkung der Naturmaterialien, kann leicht eine unbehagliche Raumatmosphäre entstehen. *Das verpflichtet, auch mit der Farbgebung optimale Voraussetzungen für die Bewohner zu schaffen.*

Der Einfluß des Lichts

Das Licht, das in die Augen einfällt, vermittelt nicht nur das Erkennen von Farbe und Form, *sondern es beeinflußt auch unseren Stoffwechsel und unser endokrines System.* Das Licht gelangt über einen vom 'optischen Anteil' der Sehbahn abgrenzbaren 'energetischen Anteil' der Sehbahn zum Hypothalamus und greift von hier aus steuernd in den Regelkreis Hypophyse-periphere Hormondrüse ein. Das Fehlen von Lichteinfall in das Auge führt zu einer Aktivitätsminderung des Zwischenhirns und zu einer Sollwertverstellung der Regelkreise nach unten mit entsprechenden nachweisbaren Stoffwechseländerungen. (nach Prof. Hollwich)

Das morgendliche Sonnenlicht hat einen hohen UV-Licht-Anteil, am Mittag stabilisiert es sich im Bereich der Farben Grün und Gelb und geht am Abend zum infraroten Bereich über. Während das ultraviolette Licht munter macht, indem es über entsprechende Steuerung eine Hormonausschüttung bewirkt, macht das infrarote Licht schläfrig, weil durch seine Einwirkung andere Hormone ausgeschüttet werden. Eine genügende Aufnahme von Tageslicht im vollen Spektrum ist daher von größter Bedeutung für die Gesundheit. Soweit es die Jahreszeit erlaubt, sollte man zum Arbeiten und Lesen das Tageslicht nützen.

Kunstlicht

Benötigen wir Kunstlicht, ist es keineswegs nur eine Frage nach der Quantität, d.h. nach der Luxzahl, sondern es ist ebenso eine Frage nach der Qualität, beziehungsweise nach der spektralen Zusammensetzung, die dem Tageslicht nahekommen soll.

Künstlichen Lichtquellen fehlen heute fast durchweg wesentliche Anteile von Wellenlängen, die im Tageslicht enthalten sind. *Je stärker das Spektrum der Lichtquelle vom Sonnenspektrum abweicht, umso mehr wird das hormonale System gestört. Deshalb soll in der Wohnung die Lichtfarbe der Beleuchtungskörper warmgetönt sein.* Man sollte überlegen, ob die Kunstlichtbeleuchtung nicht seitlich an der Fensterwand angeordnet werden kann, damit Lichteinfallswinkel, Schattenwurf, Lichtgefälle und plastischer Eindruck der Gegenstände im Raum der Tageslichtbeleuchtung ähneln. (Siehe Abb. 53)

Abb. 53 Fig. 53

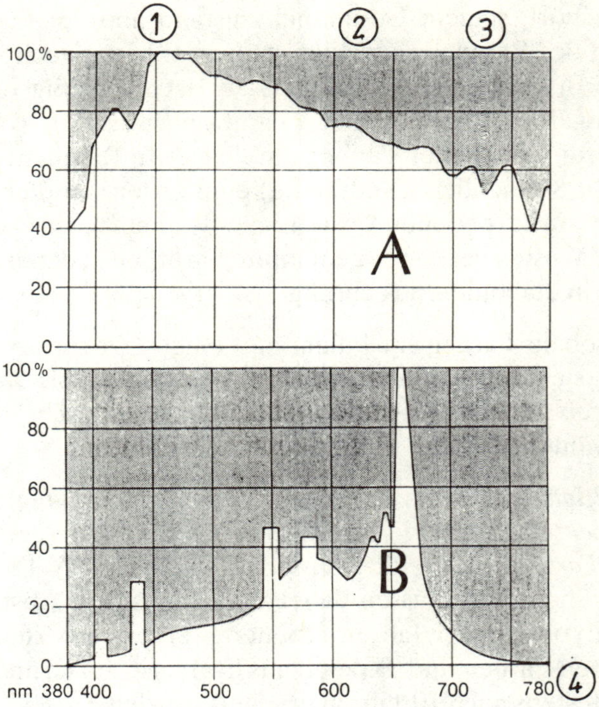

Tageslicht und Kunstlicht
A = Tageslicht B = Lichtfarbe 32 Warmton de Luxe 1 = Blau 2 = Gelb 3 = Rot 4 = Wellenlänge

Daylight and artificial light
A = daylight B = light colour 32 Warmtone de Luxe 1 = blue 2 = yellow 3 = red 4 = wavelength

La lumière du jour et la lumière artificielle
A = La lumière du jour B = La couleur de la lumière 32 ton chaud de luxe 1 = bleu; 2 = jaune; 3 = rouge 4 = longueur des ondes

Luz diurna y luz artificial
A = Luz diurna B = Color de la luz 32 Warmton de Luxe 1 = azul; 2 = amarillo; 3 = rojo 4 = longitud de onda

Leuchtstofflampen sind im allgemeinen wegen ihres ungünstigen Lichtspektrums zu meiden. Bei Tierversuchen führte solches Licht mit zu geringem Rotanteil zu Wachstumshemmungen.

Wie Dr. Popp feststellte, steuern Biophotonen, also Lichtblitze den Zellaufbau alles Lebendigen. Das Licht der Leuchtstofflampen besteht auch aus einer Folge von Lichtblitzen. Es ist deshalb möglich, daß solche Lichtblitze Fehlinformationen für Zellverbände geben.

Prof. Hollwich wies nach, daß der längere Aufenthalt unter Leuchtstofflampen zu einem Lichtstreß führt, daß das Hormonsystem aus dem Gleichgewicht gebracht werden kann und Aggressivität und vorzeitige Ermüdung möglich sind.

Sicher werden in den nächsten Jahren noch Entwicklungen nötig sein, um ein dem Sonnenlicht ähnliches Licht zu erzeugen.

Man kann heute auch netzunabhängige Tischleuchten mit Gleichstrom (12 Volt) verwenden. Im Fußsokkel ist eine Batterie, die jeweils ausgewechselt werden kann (etwa 8 Stunden Brenndauer) und durch Solarenergie aus Solarzellen gespeist wird.

Das Raumklima

Das Raumklima wird als behaglich empfunden, wenn sich Temperatur, Feuchtigkeit und Luftzusammensetzung in bestimmten Bereichen bewegen. Die Gaszusammensetzung der Raumluft sollte der reinen Außenluft entsprechen, Geruchsstoffe dürfen in geringem Maße, Staub soll gar nicht vorhanden sein. Für die physikalische Beschaffenheit der Luft im Raum ergibt sich folgendes: nicht zu hoher Wasserdampfgehalt der Atemluft, geringe Lufttemperatur, minimale Luftbewegung im Raum, unterschiedliche Klimazonen (eine Wohnung, die überall gleiches Raumklima hat, trägt ebenso wie monotone Beleuchtung zum Unwohlsein bei), Luftbefeuchtung und Entstaubung durch Pflanzen, hoher Sauerstoffgehalt.

Hier zeigt sich die Notwendigkeit der für das Raumklima unerläßlichen Eigenschaften der Baustoffe wie Wärmedämmung, Wärmespeicherung, Wasserdampfdiffusionsfähigkeit, Schalldämmung und Mikrowellendurchlässigkeit, denn der Wohnbereich soll imstande sein, an allen Lebensfunktionen seiner Bewohner biologisch teilzunehmen.

Luftbelastung

Durch die Anwesenheit von Menschen in Räumen wird die Raumluft durch Ausatmung und Ausdünstung belastet. Der Atemprozeß des Menschen wird in der Humanmedizin als ein Entgiftungsprozeß über den Gasstoffwechsel angesehen. *Bei der Ausatmung handelt es sich also um einen sehr beachtenswerten Vorgang, d.h. man hat es mit der Ausscheidung stark wirkender Schadstoffe zu tun.* Je nachdem wie der Raum genutzt wird – Anzahl der Personen, Aufenthaltsdauer, Aktivitäten – kommt es nicht nur zu einer Erhöhung des Kohlendioxidgehalts, sondern auch zu einer Geruchsbelastung und zu gasförmiger Schadstoffabgabe und eventuell auch zur Ausscheidung von Krankheitskeimen.

Die Luftbelastung erfolgt jedoch nicht nur durch Menschen im Raum, sondern auch durch die Außenluft, durch Industrie, Verkehr und Hausbrand und auch durch Schadstoffquellen innerhalb der Wohnung; durch Fußbodenreiniger und Pflegemittel, Fenster- und Möbelreiniger und andere Haushaltschemikalien. Auch der Tabakrauch gehört zu einer Hauptverunreinigungsquelle der Raumluft. Zusätzlich können noch giftige Ausdünstungen von Chemikalien moderner

Baustoffe und Einrichtungsgegenstände wie Formaldehyd, Pentachlorphenol und radioaktives Radongas auftreten.

So kann es zu einem buchstäblichen 'Smog' in der Wohnung kommen, der häufig gefährlicher sein kann als der von außen. Er führt zu Müdigkeit, Schweratmigkeit, Leistungsschwäche, Infektionsanfälligkeit und vielen anderen Beschwerden.

Raumlüftung

Um die Schadstoffbelastung des Raumes in einem erträglichen Rahmen zu halten, ist regelmäßige Frischluftzufuhr notwendig. Bei der Bereitstellung eines spezifischen Raumvolumens von etwa 10 Kubikmeter pro Person kann die Raumlüftung bei Wohn- und Aufenthaltsräumen mit natürlichen Mitteln erreicht werden.

Fensterlüftung soll nur als Stoßlüftung, kurz aber intensiv, erfolgen. Als Lüftungsregel könnte gelten:
- morgens alle Räume 20 bis 30 Minuten bei ganz offenen Fenstern oder 5 bis 10 Minuten bei Durchzuglüftung
- tagsüber je nach Nutzung drei- bis viermal für jeweils 10 bis 15 Minuten bei ganz offenem Fenster lüften.

Vergleicht man die gängigen Fensterkonstruktionen, so zeigt sich, daß sie sehr unterschiedliche Lüftungsqualitäten haben, die bei der Planung im allgemeinen wenig berücksichtigt werden.

Die Lüftungsklappe im Küchenfenster ist ungeeignet, da wohl Abluft möglich ist, aber zu wenig Zuluft. Auch der weit verbreitete Kippflügel ist aus diesem Grunde kein günstiges Lüftungselement. Das Schwingflügelfenster ist lüftungstechnisch ideal, auch der schmale Drehflügel. Die Herstellung verhältnismäßig schmaler, dafür aber hoher Lüftungsflügel mit feiner Dosierbarkeit der Lüftung ist zu empfehlen. (Siehe Abb. 54)

So wohltuend ein dosierter Wechsel sein kann, Zugluft wirkt auf den Organismus nachteilig. Bei Zugluft steht dem Organismus offenbar die Möglichkeit zum Einregulieren nicht zur Verfügung, vermutlich werden die Steuerungsorgane, die sonst den Ausgleich des Organismus anregen, nicht angesprochen. *Dr. med. Manfred Curry weist darauf hin, daß Zugluft in Sekundenschnelle den pH-Wert des Blutes verändert und dadurch Krankheitsdispositionen schaffen kann.* Neuerdings spricht man von Kapillarspasmen (Verkrampfungen der Haargefäße) durch Zugluft.

Raumluftfeuchte

Der Mensch scheidet täglich Wasserdampf über Haut und Lunge aus. Die den Menschen umgebende Luft muß diese Feuchtigkeit aufnehmen können. Je höher die Lufttemperatur ist, je mehr Feuchtigkeit kann sie aufnehmen.

Es wird deutlich, daß für ein angenehmes Innenraumklima eine Lufttemperatur zwischen 16 bis 20°C und etwa 40 % relat. Luftfeuchte, d.h. 4 bis 5 Gramm Wasser pro Kilogramm Luft, anzustreben ist. In der Natur liegt die relative Luftfeuchtigkeit meist bei 50 bis 75 %. Für die Gesundheit sind 50 % optimal. Die Luftfeuchtigkeit sollte nicht unter 40 % und nicht über 75 % liegen.

Besonders in der Heizperiode ist die Raumluft wesentlich trockener und hat neben mehr CO_2 auch höhere Staub- und Schadstoffkonzentrationen. Dies führt dann bei einer relativen Luftfeuchtigkeit unter 40% zu erheblichen Irritationen der Schleimhäute.

Eine natürliche Regulierung der Raumfeuchte gründet sich besonders auf hygroskopische Baumaterialien,

Abb. 54 Fig. 54

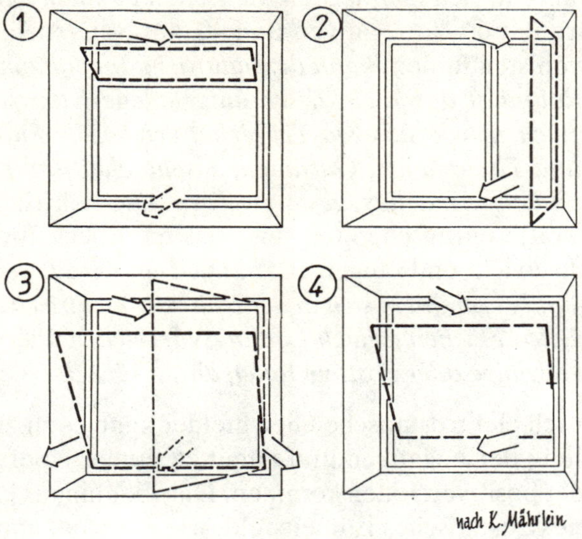

Gängige Fensterkonstruktionen
1 = Kippflügel (ungeeignet)
2 = Schmaler Drehflügel (sehr gut)
3 = Drehkippflügel (in Kippstellung nicht optimal)
4 = Schwingflügel (sehr gut)

Common window designs
1 = pivot hung window (unsuitable)
2 = narrow rotary window (very good)
3 = rotary pivot window (not optimal in tilted position)
4 = centre pivot window (very good)

Constructions habituelles de fenêtres
1 = fenêtre tomabant intérieur (inapproprié)
2 = fenêtre à ouvrant étroit (très bien)
3 = fenêtre à ouvrant étroit pivotant (en position entrouverte pas optimal)
4 = fenêtre pivotant horizontalement (très bien)

Tipos de ventanas corrientes
1 = ventanillo (inadecuado)
2 = ventana de hoja giratoria angosta (muy buena)
3 = ventana de fuelle y giratoria (no muy buena al ser usada como ventana de fuelle)
4 = ventana basculante (muy buena)

auf nicht gestörte Diffusion und Ventilation sowie auf Strahlungswärme.

Im Zimmer können auch Pflanzen, dadurch daß sie Wasser verdunsten, zu einer höheren und angenehmeren Luftfeuchte beitragen und auch die Raumluft verbessern.

Pflanzen im Raum

Pflanzen leisten nicht nur einen Beitrag zur Luftfeuchtigkeit, sie können auch zu einem erheblichen Teil den Sauerstoffgehalt der Raumluft heraufsetzen, allerdings nur tagsüber. Nachts brauchen sie selber Sauerstoff, aber niemals so viel, daß sie den Menschen in seiner Sauerstoffversorgung gefährden. Außerdem sind Pflanzen in der Lage, Luftschadstoffe und Staub zu binden.

Nach Dipl.Biologin Angelika Weber sind besonders die Grünlilie (Chlorophytum comosum), die Efeutute (Epipremum aureum), die Purpurtute (Syngonium podophyllum) und auch die Spinnenpflanze (Cleome spinosa) fähig, verhältnismäßig viel davon aufzunehmen. Eine ausgewachsene Grünlilie soll 5 bis 10 m³ Luft von Formaldehyd freihalten können. Wichtig ist, daß die Pflanzen optimale Bedingungen und eine natürliche Belichtung haben. An Südfenstern sollten nur Pflanzen sein, die viel Sonne vertragen wie z.B. Kakteen. Nord-, West- und Ostfenster sind dann für Pflanzen, die weniger hohe Ansprüche an das Sonnenlicht stellen.

Der Ionengehalt der Raumluft

Der Mensch benötigt nicht nur Luftsauerstoff und Luftfeuchte, sondern auch eine gemischte elektrisch geladene Luft aus verschiedenen Ionen, damit seine Gesundheit erhalten bleibt.

Die Luftionisation wird durch die natürliche Radioaktivität fester und gasförmiger Stoffe sowie durch die kosmische Höhenstrahlung, aber auch durch künstliche Anlagen erzeugt.

Ionen sind positiv oder negativ elektrisch geladene Atome oder Molekülteile. Sie sind sehr aggressiv und lagern sich fast stets an größere Partikel wie Staub, Geruchsteilchen oder Mikroben an.

Einen großen Einfluß auf das Behaglichkeitsempfinden, sowohl in der freien Natur, als auch in einem geschlossenen Raum haben diese Luftionen, welche als Folge der Potentialdifferenz zwischen Erd- und Ionosphäre einen ständigen Ionenstrom aufrechterhalten. Man unterscheidet positiv und negativ geladene Ionen und nach der Größe Klein-, Mittel- und Großionen. Biologisch wirksam sollen vor allem die beweglichen Kleinionen sein.

Vor oder während einem Gewitter ist die Ionenkonzentration groß. Das Klima wird drückend empfunden, die Plus-Ionen haben das Übergewicht. Die Dichte ändert sich beim folgenden Regenfall, und die Minus-Ionen gewinnen an Übergewicht. Man empfindet es als erfrischend, wobei allerdings auch noch Ozon mitspricht. Größere Ionenverdichtungen entstehen bei Föhn und Durchgang von Wetterfronten mit Übergang zu Tiefdruckgebieten.

Während sich die meisten Menschen in einer Atmosphäre mit 60 % negativen und 40 % positiven Ionen am wohlsten fühlen, *kann der natürliche Ionenhaushalt der Raumluft durch elektrisch aufgeladene Kunststoffoberflächen, wie sie etwa Teppiche, versiegelte Fußböden und Tischplatten, Gardinen, Tischtücher und Kleidungsstücke darstellen, gestört werden.* Die elektrischen Feldkräfte entmischen teilweise das natürliche Ionengleichgewicht und saugen es ab. *Die Luft wird ionenärmer, und es sammeln sich in der Nähe der elektrisch aufgeladenen Flächen je nach Ladungsvorzeichen überwiegend negative oder positive Ionen an.*

Durch elektrostatische Gleichfelder kann es zu einer Bindung der negativen und damit zu einem Überwiegen der positiven Ionen kommen. Darüber hinaus kann ein elektrostatisches Einheitsfeld, wie es im bekannten 'Faraday'schen Käfig' herrscht (Stahlbetonkonstruktionen), ein völliges Absinken der gesamten Luftionenkonzentration mit biologisch negativen Konsequenzen verursachen.

Es besteht ein gegenseitiges biologisches Wirkungsverhältnis zwischen negativen Ionen und dem Sauerstoff einerseits sowie positiven Ionen und Kohlendioxid andererseits. Das bedeutet, daß der Austausch von Sauerstoff und Kohlendioxid in den Lungen mit dem Gehalt an Luftionen korrespondiert.

Durch Verwendung von Kunststoffen als Kleidung, als Raumausstattung oder Einrichtungsgegenstände bewegt sich der Mensch im Rauminnern gleichsam in einem künstlich erzeugten Gewitterfeld mit überwiegend positiven Luftionen.

In der freien Atmosphäre gibt es keine elektrostatischen Aufladungen. Die negativ geladenen Sauerstoff-

Abb. 55 Fig. 55

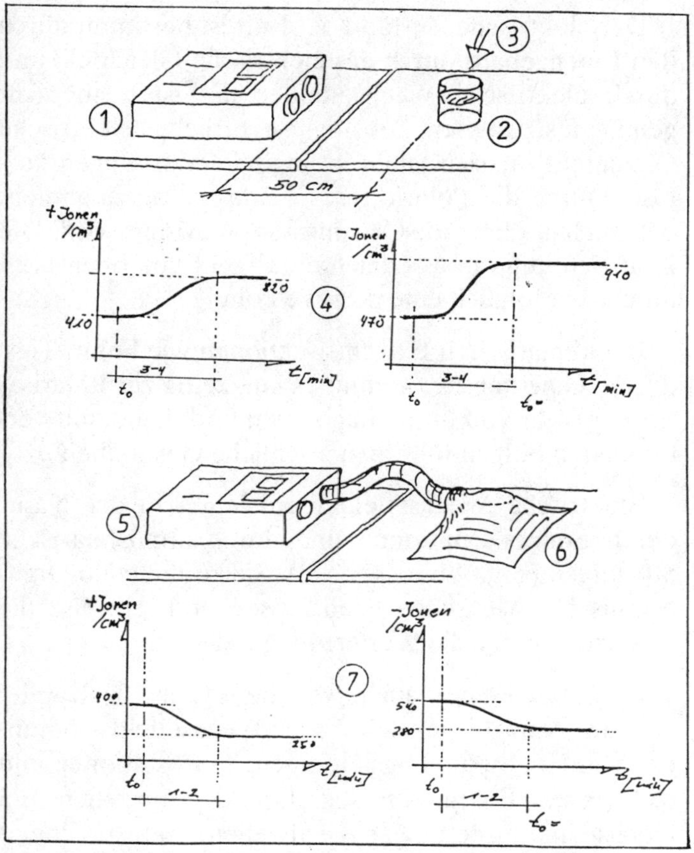

Versuch einer Bestimmung der Ionisation durch eine Salzlösung

1 = Ionometer 2 = Desionisiertes Wasser 3 = Kochsalzzugabe

4 = Ionenanstieg (Zugabe von Kochsalz bewirkt eine Zunahme der Ionen in der umgebenden Luft)

5 = Ionometer 6 = Abschirmung

7 = Desionisation (Abschirmen des ionisierten Wassers bewirkt eine Desionisation der Luft innerhalb der so entstandenen Ionisationskammer

t_0 = Zeitpunkt der Salzzugabe bzw. der Abschirmung

(Messungen: Prof. Lotz)

Experiment to determine the ionization caused by a salt solution

1 = ionometer 2 = deionized water 3 = addition of salt

4 = ion increase (addition of salt causes an increase of ions in the surrounding air)

5 = ionometer 6 = screen

7 = deionization (screening of the ionized water causes deionization of the air within the ionization chamber which is formed)

t_0 = time of addition of salt or screening

(measurements: Prof. Lotz)

Essai d'une détermination de la ionisation par une solution saline

1 = ionomètre 2 = eau désinisée 3 = addition de sel de cuisine

4 = augmentation des ions (l'addition du sel de cuisine influence l'augmentation des ions dans l'air ambiant)

5 = ionomètre 6 = blindage

7 = désionisation (blindage de l'eau ionisée influence la désionisation de l'air à l'intérieur de la chambre d'ionisation ainsi crée.

t_0 = l'instant de l'addition du sel, respectivement du blindage

(mesurage: Professeur LOTZ)

Ensayo para determinar la ionización mediante una solución de sal

1 = ionómetro 2 = agua desionizada 3 = adición de sal común

4 = aumento de la cantidad de iones (la adición de sal común provoca el aumento de la cantidad de iones en el aire ambiente)

5 = ionómetro 6 = apantallamiento

7 = desionización (al apantallar el agua ionizada se produce una desionización del aire en la cámara de ionización así formada)

t^0 = momento de la adición de la sal y del apantallamiento, respectivamente

(mediciones: Prof. Lotz)

ionen sind im Übergewicht. Schwedische Forschungsarbeiten über die Ionisation der Raumluft haben ergeben, daß in einem Holzhaus pro Sekunde und Kubikzentimeter 0,4, im Ziegelhaus 10 und nach anderen Angaben im Betonhaus mit Eisenarmierung 100 bis 200 Ionenpaare entstehen.

Nicht nur elektrostatische Aufladungen haben auf den Ionenhaushalt des Raumes einen Einfluß, sondern auch verschiedene Chemikalien. Schroeder-Speck wies schon vor über 40 Jahren auf diese Erscheinung hin. Wenn er zu in ihrem Wohnklima gestörten Bewohnern gerufen wurde, untersuchte er die Häuser nicht nur nach den 'aus dem Boden' kommenden Störungen, nach Baustoff- und Elektrostörungen, sondern stets auch nach Störungen durch Salz, Rattengift, Waschmittel, Sprays oder Arzneien.

Bis jetzt konnten für diese Störursachen noch keine wissenschaftlichen Belege erbracht werden. Nun ist es durch objektive Messungen mit einem Zweikanal-Ionometer einem der Autoren gelungen, auch in dieser Richtung meßtechnisch den Nachweis zu erbringen. (Siehe Abb. 55)

Durch Zugabe von Kochsalz in desionisiertes Wasser *wurde eine Zunahme der Ionen in der umgebenden Luft gemessen.* Die Abschirmung des ionisierten Wassers bewirkte eine Desionisation der Luft innerhalb der Ionisationskammer.

Chemikalien sollten also zweckmäßig in einem entsprechend gelegenen Raum, der sich nicht in unmittelbarer Nähe von Schlaf- und Wohnräumen befindet, gelagert werden. Auch Glühbirnenvorräte und Spraydosen, besonders aus Metall, gehören dorthin, da sie gesundheitliche Störungen verursachen können.

Das Elektroklima

Der elektrische Zustand der Luft ist bestimmt durch den Ionengehalt, durch das elektrische Gleichfeld und durch elektrische Wechselfelder. Es ist noch nicht genau festzustellen, ob das natürliche elektrische Gleichfeld für sich allein biologische Wirkungen auslöst. Durch die Polarität des Feldes ist anzunehmen, daß auch der lebende Organismus polarisiert wird. Die Kraftrichtung dieses Gleichfeldes geht von oben nach unten, hat folglich eine positive Polung.

Bei klimatischen Extremsituationen wie Föhn, Tiefdruck, Gewitter etc. kommt es kurzzeitig zur Polarisationsumkehr von unten nach oben und den damit verbundenen Folgen für die menschliche Gesundheit.

Elektrische Wechselfelder entstehen in der Natur durch Sonneneruptionen und durch atmosphärische Störungen (sog. Atmospherics). Sie können den Organismus des Menschen beeinflussen und teilweise die Ursache sein für die Wetterfühligkeit.

Es können aber auch, wie bereits im 3. Kapitel erwähnt, künstliche elektrische Wechselfeldströmungen von Hochspannungsleitungen, Trafostationen und elektrischen Bahnlinien (sog. Technics) ausgehen. Bei Hochspannungsleitungen entstehen, entsprechend dem Abstand der Leitung, luftelektrische Schadensreize. *Die Umgebungsluft ist mit der von Föhnwetterlagen vergleichbar, positiv ionisiert und daher biologisch aggressiv.*

Beim Bahnstrom können Stromableitungen über die nicht isolierten Schienen kilometerbreite Wechselfelder verursachen.

Auch innerhalb der umbauten Räume unserer Häuser, die kreuz und quer mit elektrischem Strom führenden Leitungen versehen sind, treten elektrische bzw.

elektromagnetische Wechselfelder auf. Besonders von 50 Hz-Wechselfeldern sind wir alle in modernen Wohnungen umgeben.

Der Organismus ist zwar in der Lage, sich an rhythmische Vorgänge zu gewöhnen, nicht aber an arhythmische, die den Organismus zeitlich und energetisch unberechenbar treffen können.

Der Organismus spricht bevorzugt auf Signale an, die in der Größenordnung seiner körperinternen Signale liegen – er schwingt mit einer Frequenz von ca. 10 Schwingungen in der Sekunde – doch diesen arhythmischen Intensitäten ist er fast wehrlos ausgesetzt.

Wie bereits im 6. Kapitel bei der Elektroinstallation gesagt wurde, genügt ein Abschalten der Verbraucher nicht, da auch Leitungen, die unter Spannung stehen, unbiologische Wechselfelder aufbauen. Für den Gebrauch von Elektrogeräten genügt es auch nicht, nur die Kabel abzuschirmen, auch die Geräte sollen abgeschirmt sein. Heute haben viele Elektrogeräte einen Kunststoffmantel, der keine abschirmende Funktion gegenüber elektromagnetischen Feldern wahrnimmt.

Eine Hausfrau, die jeden Tag im Strahlenfeld ihres Kochgeräts steht, kann einen Strahlenschaden im Unterleib davontragen. Hier ist wichtig, daß jeder betreffs des Elektroklimas im Haus genügend aufgeklärt wird, um sich auch vor Schaden schützen zu können. Die Elektrifizierung unserer gesamten Wohnumwelt hat besorgniserregende Ausmaße angenommen. Deshalb sind angemessene Vorkehrungen und Kontrollen nötig, die auf einem grundsätzlichen Verständnis der biologischen Wirkungen elektromagnetischer Strahlungen basieren. Nachdem der Körper ein bioelektrisches System ist, kann die totale Ausrüstung unserer Häuser mit elektrischen Anlagen zu einem Elektrostreß führen. (Siehe Abb. 56)

Abb. 56 Fig. 56

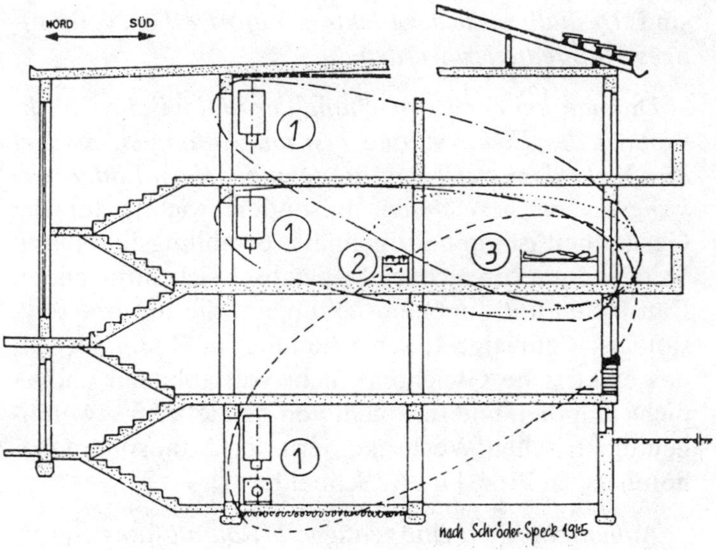

Elektrostörungen im modernen »Hartbau« ohne Isolation
1 = Elektroboiler 2 = Elektroherd 3 = Schlafraum

Electrical interference in modern »solid structure« without insulation
1 = electric boiler 2 = electric cooker 3 = bedroom

Perturbations électriques dans le »Hartbau« (= bâtiment de massif) moderne, sans isolation
1 = chauffe-eau électrique 2 = cuisinière électrique 3 = chambre à coucher

Perturbaciones eléctricas en la moderna »construcción dura« sin aislamiento
1 = termotanque eléctrico 2 = cocina eléctrica 3 = dormitorio

Das Elektroklima besteht aus einer Vielzahl von nur mit großem Aufwand meßbaren Einzelfaktoren, die in ihrer Zahl und Bedeutung noch nicht vollständig erfaßt sind. *Deshalb sollte der Elektrokomfort auf ein vernünftiges Maß reduziert werden.*

Da man bei der Erforschung der biologischen Wirksamkeit des Elektroklimas erst am Anfang steht, darf dies nicht dazu verleiten, es als unbedeutend oder wirkungslos zu bezeichnen. Besonders wichtig für die Gesundheit ist ein naturgemäßes Strahlungsfeld durch Verwendung von nicht elektrostatisch sich aufladenden Baustoffen und Inneneinrichtungen, die für eine physiologisch günstige Ionenverteilung im Raum sorgen, das elektrische Gleichfeld nicht voll abbauen und es nicht umpolen und uns nicht von den lebensnotwendigen elektrischen Wechselfeldern der Atmosphäre isolieren (nach Prof. Dr. A. Schneider).

Außerdem ist für eine genügende Raumlüftung zu sorgen, damit natürliche Verhältnisse mit ausreichender negativer Luftionisation bei möglichst schadstoffreier Luft aufrecht erhalten bleiben.

Das soziale Wohnklima

Im Laufe dieses Kapitels haben wir vor allem die biologischen Wohnbedürfnisse besprochen. Es gibt jedoch außer den biologischen auch noch psychosoziale Wohnbedürfnisse. In jeder Familienwohnung leben Menschen zusammen mit den verschiedensten persönlichen Bedürfnissen. Auf diese Bedürfnisse wird bei der Planung und Gestaltung der Wohnungen meist wenig Rücksicht genommen, zumal sich auch die Bedürfnisse im Laufe der Zeit ändern können.

Die Anordnung der Räume und die innere Organisation kann sehr viel zum Wohlbefinden beitragen und die Gesundheit positiv oder negativ beeinflussen. Wir wissen nicht, wie viele Krankheiten durch falsch geordnete Grundrisse und ungünstig proportionierte Räume entstanden sind.

Früher waren Kochen, Essen und Wohnen eine Einheit. Eigentlich gehören auch die drei Bereiche zusammen, als Drehscheibe des gesamten Familienlebens. In einer größeren Familie ist die Küche nicht nur zur Speisebereitung da, sondern auch als Kommunikationsraum, in dem die Kinder den direkten Kontakt zur Mutter haben. Die Hausfrau in der Küche soll auch nicht vom Gespräch der Familie und der Gäste isoliert oder abgeschnitten sein. Hier zeigt sich das alte positive Rezept der Wohnküche.

Eine angenehme Atmosphäre des Eßbereichs bzw. der Wohnküche hat einen positiven Einfluß auf das Wohlbefinden beim Essen und zugleich dient sie als Sammelpunkt für die Familie und stärkt das Gemeinschaftsgefühl. *Um die psychischen und physischen Kräfte zu erhalten, bedarf es besonders der häuslichen Gemeinschaft.*

Gerade das Gebiet der Wohnsoziologie, das wir hier anschneiden, ist so umfangreich, daß es den Rahmen dieses Buches sprengen würde. Der mit uns kooperierende Innenarchitekt F.W. Haeussler, Reutlingen, der in über 20jähriger Wohnraumforschung tätig ist, plant darüber ein spezielles Buch zu veröffentlichen.

Jede Wohnung sollte in einen Kommunikationsbereich und in einen Individualbereich gegliedert sein. Auch soll die Veränderbarkeit der Grundrißgestaltung mit Zuordnung der Lebensbereiche eines Familienlebens, des Werdens und Vergrößerns, des Alterns und Verkleinerns berücksichtigt werden. Die Kinder wachsen heran, und damit verändern sich ihre Bedürfnisse, oder es müssen längerfristig oder auch nur vorübergehend ein Großvater oder eine Großmutter aufgenommen werden. Das Haus bzw. die Wohnung muß sich der neuen Situation anpassen können.

Ungünstige Wohnverhältnisse können permanente Unlust und Unausgeglichenheit zur Folge haben. Menschen, bei denen der Wohntrieb nicht befriedigt ist, sind verstimmt und verbreiten auch Unmut in ihrer Umgebung. *Deshalb ist die Wohnzufriedenheit ein wichtiger Faktor.*

In der Wohnumwelt schaffen wir uns in gewissem Maße die künftigen Bedingungen unserer weiteren Entfaltung und die unserer Kinder. Die Wohnqualität ist kein übertragbarer Zustand, sondern das Ergebnis eines ganz persönlichen Prozesses der Auseinandersetzung mit dem eigenen Wohnraum.

Den heutigen Erkenntnissen zufolge sollten in Zukunft vor den ökonomischen stets die ökologischen und psychosozialen Belange berücksichtigt werden zugunsten einer langfristigen Vorsorge und Fürsorge für die natürliche Umwelt und Wohnwelt als Lebensraum des Menschen.

8. Observations on Domestic Ecology

Summary:

The walled-in space of a building surrounds the human being like a third skin. The interior layer, the surface materials on the walls, floors and ceilings, their structure and colour, all combine to relate directly with the inhabitant. Interactions exist between the human being and the environment he has built which are similar to those that exist in an ecosystem.

It is possible to establish the existence of a harmonious basic concept in the structure of matter. The correct proportioning of spaces enhances well-being. A geometric form can effect our processes of perception like a field of force: it triggers stimuli and causes energy to flow (fig. 51).

Cosmic radiation should never be screened off or interrupted by the walls of a building as it produces invigorating stimuli and encourages biochemical reactions in the body. For this reason, the perviousness of buildings to radiation under consideration of electromagnetic radiation and energy, both from the cosmos and from the earth, is very important; as is the preservation of natural light and light rhythms with their psychic and bioenergetic effects (fig. 52).

Colour, an optical phenomenon, also influences the human being, and light itself is of the highest physiological importance with respect to life. The inhabitant of a dwelling can receive impulses from his surroundings through the colour combinations in the house. If paints and papers are used, it should be regarded as a matter of course that their effects on health be checked before application. This also applies to pigments as well as to bonding agents, adhesives, dilutants and solvents.

The greater the discrepancy between the spectrum of the light source and the spectrum of the sun, the greater the disturbance caused to the hormonal system. For this reason, the light given off by the light appliances in the house should have a warm tinge. In general, flourescent lighting should be avoided due to its unfavourable light spectrum (fig. 53).

The room climate can be regarded as favourable when temperature, humidity, and the composition of the air vary only within certain ranges. The combination of gases in the room air should correspond to that of pure outdoor air.

Window ventilation should be short but intensive. Draughts can alter the pH-value of the blood in seconds, thereby encouraging susceptibility to illness. Air temperature of 16 to 20°C and a relative air humidity of approximately 40 % are desirable for a pleasant interior climate. Natural regulation of the room humidity is based especially on the use of hygroscopic building materials, on uninterrupted diffusion and ventilation and on heat radiation (fig. 54).

While most people feel best in an atmosphere with 60 % negative ions and 40 % positive ions, the natural ion content of the air can be impaired by electrically charged plastic surfaces such as carpets, sealed floors and table tops, curtains, table cloths and garments.

There is a biological interaction between negative ions and oxygen and between positive ions and carbon dioxide. That means that the exchange of oxygen and carbon dioxide in the lungs corresponds to the ion content of the air.

The ion content of the room air is not only influenced by electrostatic charges, but also by various chemicals. Chemicals should always be stored in a room which is not in direct proximity to bedrooms and living rooms. This also applies to light bulbs and aerosol cans, particularly those of metal, as these can represent a health hazard (fig. 55).

There are electric and electromagnetic alternating fields within the rooms of our dwellings. Due to their biological effects, preventive measures and controls are necessary which are based on a fundamental understanding of the effects of electromagnetic radiation. Screening or shutting down of electric cables and appliances must be carried out, especially in the sleeping areas (fig. 56).

Every dwelling should be divided into a communication area and an individual area. Alteration of the plan of the house based on the development, enlargement, ageing and reduction of a family should also be considered.

In accordance with modern scientific information, ecological and psychosocial requirements should, in the future, always have precedence over economical aspects in order to ensure long-term protection of the natural environment and the domestic environment as the biotope of the human being.

8. Refléxions sur l'écologie de logement

Résumé

L'espace circonbâtie enceint l'homme comparable à une troisième peau. La couche intérieure, les matériaux pour la surface des murs, des planchers et des plafonds, leurs structures et leurs couleurs ont un rapport direct avec l'habitant. Comme dans un écosystème, il existe des relations étroites entre l'être humain et son environnement qu'il a bâti ou construit.

Nous pouvons constater dans la matière l'existence d'une conception fondamentale d'harmonie. Les proportions correctes et convenables des pièces ont aussi une influence comparable à un champ de force sur notre perception; elle peut évoquer des stimulations ainsi qu'un flux d'énergie (Fig. 51).

Le rayonnement cosmique ne doit pas être empêché de pénétrer dans les pièces car il effectue des stimulations favorables sur les réactions biochimiques du corps humain.

Pour cette raison, et, en considerant les rayonnements électromagnétiques et les énergies provenant du cosmos ainsi que de l'intérieur de la terre, la perméabilité des bâtiments à ces rayonnements est d'une grande importance. Il en est de même pour le maintien des conditions d'éclairage naturelles et le rhythme de la lumière avec ses effets psychiques et bio-énergétiques (Fig. 52).

La couleur qui est un phénomène de la lumière influence aussi l'homme. La lumière elle-même a une signification physiologique essentielle pour la vie. Dû au coloris d'un appartement, l'habitant peut recevoir des impulsions. Lors de l'emploi de couleurs et de papiers peints, il va sans dire qu'il faut résoudre la question concernant la convenance pour la santé, ayant égard non seulement aux pigments des couleurs mais aussi aux véhicules, aux colles, aux dilutions et aux solvents.

Plus le spectre d'une source lumineuse diffère du spectre solaire, le plus le système hormonal est perturbé. Pour cette raison, la couleur de la lumière des lampes dans un appartement devrait avoir un ton chaud. En général, il faudrait éviter l'emploi de lampes fluorescentes à cause de leur spectre de lumière défavorable (Fig. 53).

Le climat dans les pièces est considéré comme agréable lorsque la température, l'humidité de l'air et la constitution chimique de l'air se trouvent dans une certaine marge. La constitution chimique du gaz de l'air dans la pièce devrait correspondre à celle de l'air extérieur.

L'aération par la fenêtre est à effectuer comme aération dynamique: court mais intensif. Le courant d'air peut, en quelques secondes seulement, altérer la valeur pH du sang et peut ainsi créer la disposition pour une maladie. Afin d'atteindre un climat intérieur agréable, une température entre 16°C et 20°C et une humidité de l'air d'environ 40% sont recommandées. Une régulation naturelle de l'humidité dans les pièces se base essentiellement sur des matériaux de construction hygroscopiques, sur une diffusion non perturbée, sur une ventilation adéquate ainsi que sur la chaleur rayonnante (fig. 54).

Tandis que la plupart des hommes se sent le mieux dans une atmosphère de 60% d'ions négatifs et de 40% d'ions positifs, le bilan ionique de l'air ambiant peut être perturbé par des surfaces en matières plastiques avec une charge électrique comme p. ex.: les tapis, les planchers et les dessus des tables vitrifiés, les rideaux, les nappes et les vêtements.

Il y a un rapport d'action biologique mutuel entre les ions négatifs et l'oxygène ainsi qu'entre les ions positifs et le dioxyde de carbone. Cela signifie que l'échange d'oxygène et de dioxyde de carbone dans les poumons correspond à la concentration des ions dans l'air.

Non seulement des charges électrostatiques, mais aussi de différentes substances chimiques influencent le bilan ionique dans la chambre. Les substances chimiques devraient être stockées d'une façon adéquate dans une pièce appropriée qui ne se trouve pas directement à proximité des chambres à coucher ou de séjour. Il en est de même pour les réserves d'ampoules et d'atomiseurs, particulièrement ceux en métal, parcequ'ils peuvent aussi causer des troubles à la santé (Fig. 55).

A l'intérieur des pièces de nos maisons apparaissent des champs alternatifs électriques, respectivement électromagnétiques. A cause de leur activité biologique, il est par conséquent nécessaire de prendre des mesures et d'effectuer des contrôles adéquates qui se basent sur la connaissance fondamentale des activités biologiques du rayonnement électromagnétique. Surtout dans les chambres à coucher, des blindages, respectivement, des déconnexions sont à effectuer concernant les câbles et les appareils électriques (Fig. 56).

Chaque appartement devrait être divisé dans une zone de communication et une zone individuelle. La conception du plan (de la section horizontale), coordinant les différentes aires où se déroule la vie familiale, la naissance et l'agrandissement, le vieillissement et la diminution, doit être modifiable.

D'après les connaissances qu'on a aujourd'hui, et, en faveur de l'aide et des précautions à long terme pour un environnement et des conditions d'habitation naturelles qui représentent pour l'homme un biotope, il faut, à l'avenir, toujours d'abord tenir compte des intérêts écologiques et psychsociales avant de prendre en considération les intérêts économiques.

8. Reflexiones sobre la ecologia de la vivienda

Síntesis

El espacio habitacional rodea al ser humano como si fuera una »tercera piel«. La capa interior, los materiales que conforman las superficies de las paredes, piso y techo, su estructura y color, están en directa relación con el ocupante de la vivienda. Al igual que en un ecosistema, existen interconexiones entre el ser vivo, o sea el hombre, y su entorno o medio ambiente arquitectónico.

En la materia podemos constatar una concepción básica armónica. Las correctas proporciones de las habitaciones influyen en el bienestar. Una forma geométrica puede actuar como un campo de fuerza sobre los procesos de percepción del ser humano; desencadena estímulos y provoca el flujo de energías. (Fig. 51)

La vivienda que, como vimos, es comparable a un tegumento, no debe apantallar ni suprimir la radiación cósmica, ya que esta última produce estímulos positivos para la función vital que desencadenan e inducen reacciones bioquímicas en el cuerpo.

Por ello es tan importante que los edificios sean permeables a la radiación, considerando asimismo las energías y radiaciones electromagnéticas que provienen tanto del cosmos como de la corteza terrestre. Igualmente reviste gran importancia mantener características lumínicas y ritmos de luz acordes con las condiciones naturales, en función de los efectos psíquicos y bio-energéticos que conllevan. (Fig. 52).

El color, un fenómeno luminoso, también influye en el ser humano; la misma luz, de hecho, es de gran relevancia fisiológica para la vida. Gracias a los colores empleados en una vivienda, el ocupante de la misma podrá recibir impulsos provenientes de su entorno habitacional. Por otra parte, demás está decir que siempre que se utilicen pinturas o se coloquen papeles pintados, se deberán tener en cuenta los efectos que los mismos podrían tener sobre la salud, considerando tanto los pigmentos colorantes como los aglutinantes, pegamentos, diluentes y solventes.

Cuanto más difiera el espectro de la fuente luminosa del espectro solar, tanto mayores son las perturbaciones del sistema hormonal. De ello se desprende que los artefactos luminosos empleados en la vivienda deberían proveer una luz cálida. Por regla general debería evitarse el uso de tubos fluorescentes ya que tienen un espectro luminoso desfavorable. (Fig. 53).

Para que las condiciones ambientales imperantes en una habitación transmitan una sensación agradable, la temperatura, humedad y composición del aire deben moverse dentro de determinados márgenes. La composición del aire ambiente debería corresponder a la del aire exterior puro.

Es recomendable la »ventilación por ráfagas«: breve pero intensa. Es un factor a tener en cuenta cuando se abran las ventanas para airear los ambientes. Las corrientes de aire modifican el valor pH de la sangre en cuestión de segundos, lo que puede provocar una predisposición a enfermedades. Para disponer de condiciones ambientales agradables en los interiores, se aconseja una temperatura del aire entre 16°C y 20°C y una humedad relativa ambiente de alrededor del 40%. La regulación natural de la humedad ambiente es producto, sobre todo, del uso de materiales de construcción higroscópicos, de una difusión y ventilación no perturbadas y del calor radiante. (Fig. 54)

La mayoria mayoría de las personas experimentan la mayor sensación de bienestar ante una atmósfera con un 60% de iones negativos y un 40% de iones positivos. El balance iónico natural del aire ambiente puede ser perturbado por superficies de materias plásticas electrizadas, tales como alfombrados, pavimentos y tableros sellados, cortinas, manteles y prendas de vestir.

Existe una interrelación biológica entre los iones negativos y el oxígeno por una parte y los iones positivos y el dióxido de carbono por la otra. Ello significa que el intercambio de oxígeno y dióxido de carbono en los pulmones está directamente relacionado con el contenido de iones en el aire.

En el balance iónico de las habitaciones no sólo inciden las cargas electrostáticas, sino también diversos productos químicos. Dichos productos deberían guardarse en un recinto convenientemente dispuesto, que no se encuentre en la cercanía inmediata de los dormitorios y demás ambientes habitables. Allí también se deben guardar focos o bombillas de repuesto y aerosoles, especialmente aquellos en envases de metal, ya que estos productos igualmente pueden provocar trastornos de la salud. (Fig. 55)

En los espacios cubiertos de nuestras casas se constatan campos alternos eléctricos o electromagnéticos. En función de los impactos biológicos de los mismos se deben tomar las precauciones y efectuar los controles que correspondan, basados en un conocimiento básico de los efectos biológicos de la radiación electromagnética. Los cables y artefactos eléctricos, sobre todo en los dormitorios, se deberían blindar o apantallar o bien desconectar. (Fig. 56)

Toda vivienda debería estar dividida en un área colectica, destinada a la comunicación, y otra individual. Asimismo debería tenerse en cuenta la posibilidad de modificar la disposición de la planta en función de los ámbitos vitales que requiera la familia en las fases de formación y crecimiento y de envejecimiento y achicamiento, respectivamente.

En conformidad con los conocimientos actuales, en el futuro siempre deberían primar los criterios ecológicos y psicosociales sobre los económicos, a favor de una previsión y mantenimiento a largo plazo del medio ambiente natural y de la vivienda como entorno y ámbito vital del ser humano.

Erdhügel-Öko-Häuser der Universität in Hohenheim

Earth hill eco-houses of the university in Hohenheim

Maisons-monticules écologiques de l'universite à Hohenheim

Viviendas ecológicas integradas en montículos de tierra, de la universidad en Hohenheim

Modell des Zweifamilien Hauses von Architekt Jaccard

Modèle de l'architecte JACCARD d'une maison pour deux familles

Model of the two-family house by architect Jaccard

Modelo de la vivienda dúplex del arquitecto Jaccard

9. Praktische Bauökologie

Modell von Architekt Jean-Patrick Jaccard, CH-6985 Curio (Schweiz)

Das nachstehende Modell, das in der italienischen Schweiz mit 7 Häusern gebaut wird, ist ein Beispiel für eine bioökologische und energiegerechte Bauweise, die kostensparend ausgeführt werden kann. *Bauökologie muß nicht teuer sein.*

Dem Architekten wurde ein Forderungskatalog vorgelegt, der ebenfalls als Muster dienen kann. Er suchte, diesen Anforderungen ökonomisch und ökologisch gerecht zu werden.

Bei diesem Modell soll keine architektonische Wertung stattfinden, sondern es soll als Beispiel dienen, ökologische Forderungen in die Praxis umzusetzen.

Bioökologische Forderungen an den Architekten:

1. Grundstück

- Nur auf ungestörten Zonen darf gebaut werden. Zonen, die durch unterirdisches Wasser, Felsspalten und Erzvorkommen eine große Deformation vom natürlichen magnetischen Feld verursachen, sind zu meiden.
- Der Abstand zwischen Bauten und Hochspannungsleitungen sowie von wilden elektrischen Strömungen sollte genügend groß sein.
- Der Untergrund darf keine in Zersetzung stehenden Materialien aufweisen.
- Das nicht bebaute Land sollte als Gemüse- und Obstgarten dienen.

2. Umwelt

- Die Bauplätze sollten sich genügend weit von stark frequentierten Verkehrsadern befinden, um nicht von Lärm und Abgasen gestört zu werden.
- Gleiche Bedingungen betreffen andere Störungen wie : Ausstreuung und Zerstäubung von üblichen landwirtschaftlichen chemischen Produkten.
- Das gleiche gilt auch für Rauch und industrielle Abgase.
- In der Nähe von Wäldern oder Grünzonen soll das Grundstück liegen.
- Die bewohnten Zonen sollten für Motorfahrzeuge nur im Notfall zugänglich sein. (Kranken-, Umzugs-, Feuerwehrwagen)
- Zugänge zu den Häusern führen über Fußwege.
- Eine Autoeinstellhalle ist vorgesehen.
- Luftschutzraum (obligatorisch) ist auch zentral angelegt.
- Ein internes Reglement beschränkt den Gebrauch von Rasenmähern, Motorsägen usw.

3. Bauten

- Die Baumaterialien müssen einfach und natürlich sein: Stein, Holz, Ziegelsteine.
- Die Bauten müssen erdbebensicher sein.
- Die Konstruktionslösungen müssen modeunab-

hängig sein und sollten eine lange Lebensdauer sichern (50 Jahre mindestens).

- Erweiterungsmöglichkeiten von Arbeitsräumen für Handel und Gewerbe.
- Haupteingang nördlich oder ausnahmsweise südlich für Reihenhäuser. Im zweiten Fall gilt der Eingang als thermische und akustische Pufferzone.
- Ost-, Nord- und Westfassaden müssen nur die nötigen Lichteinfälle aufweisen.
- Wohntrakt auf der Westseite, Schlaftrakt im Osten. Im Falle zweigeschossiger Konstruktion Wohntrakt im Erdgeschoß und Schlaftrakt im 1. Stock.
- Küche gegen Süden, mit direktem Zugang zu Terrasse und Keller.
- Im Fall von Halbetagen-Konstruktion muß die Höhendifferenz vom Terrain 1,20 m sein.
- Keller im Untergrund müssen unbeheizt und von außen zugänglich sein.
- Die Bauten müssen mit einfachen Mitteln ausgeführt werden, ohne Kran und große Baumaschinen.
- Dusche und WC müssen von außen zugänglich sein.
- Hohlräume müssen gut gelüftet werden, ohne zersetzbares Material.
- Brot- und Pizza-Backofen.
- Küchen- und Korridorböden sollten mit unebenen, gebrannten Platten belegt werden. (Reflexzonen)
- Die Installationen von Heizung, Elektrizität und Ventilation dürfen die natürliche Luftionisation nicht verändern.

4. Elektrische und magnetische Felder

- Die elektrischen Installationen müssen auf das Minimum beschränkt werden.
- Die elektrischen Leitungen müssen so geführt werden, daß die Arbeits-, Wohn- und Schlafplätze nicht den elektromagnetischen Feldern ausgesetzt sind.
- Können die obenstehenden Vorschriften nicht berücksichtigt werden, müssen Abschirmkabel, abgeschirmte Verteilerdosen mit Erdung verwendet werden. (System ENDOTRON).
- Die Beleuchtungsglühbirnen sollten abgeschirmt und geerdet sein, wenn sie sich näher als 1 m bei Personen befinden. (System ENDOTRON)
- Die elektrischen Installationen im Schlaftrakt müssen mit einem Netzfreischalter ausgestattet sein. (System ENDOTRON oder BIOLOGA).
- Die vollständig sicheren elektrischen Steckdosen müssen von Typ »MAGIC« sein. (Kindersicherheit).
- Das Netz muß mit einem 'SALVAVITA'-Sicherheitsschütz ausgerüstet sein.
- Sämtliche Metallkörper von Wichtigkeit wie Beton-Armierungen, Tür- und Fensterstürze, Stahlträger, Heizkörper aus Guß oder Stahl, Federkernmatratzen und Untermatratzen mit Spiralstahlfedern sind möglichst zu vermeiden.
- Das natürliche magnetische Feld von Arbeits- und Ruheplätzen darf nicht durch unentbehrliche metallische Körper wie Wasserleitungen, Badewanne und Waschmaschine zerstört werden.

5. Möblierung

- Die Möbel (außer Betten, Tischen und Stühlen) sollten im Haus integriert sein.
- Die Arbeitsmöbel in der Küche sollten eine Höhe von 92 cm haben.
- Küchen- und Salontisch sollten in der Höhe stu-

fenlos verstellbar sein (Bügeln).
- Wasch- und Abwaschmaschine sollten in der Küche oder nicht zu weit davon entfernt sein.
- Die Vorratskammer sollte in der nördlichen Fassade eingebaut werden; sie sollte von innen durch eine isolierte Türe zugänglich, nach außen durch Drahtgeflecht gesicherte Öffnungen gelüftet sein.

6. Wasser
- Doppelte Wasseranschlüsse (Trink- und Brauchwasser).
- Möglichkeit vorsehen, Regenwasser zu fassen (gültig nur in nichtverschmutzten Zonen).
- Sickerwasser sollte durch einen Keil aus Mergelerde von der Mauer abgehalten werden.
- Wiederaufbereitung von Gebrauchtwasser durch bakterielles System oder Max-Planck-Institut-System.

7. Energie
- Ausnützung der passiven Sonnenenergie.
- Eventuell Ausnützung der Sonnenenergie für Warmwasseraufbereitung. (Sonnenkollektoren)
- Das Haus sollte ausgerichtet sein zwischen 20° Ost und 35° West; ideale Stellung, Azymut 0.
- Pufferzonen um die Wohnräume.
- Die Neigung der nördlichen Dachseite sollte in Bezug auf den Breitengrad bestimmt sein. Somit wird jeglicher Schatten vermieden.
- Nordfassade so klein wie möglich planen.
- Küche so nahe wie möglich an Badezimmer.
- Gedeckte Südterrasse mit beweglichen Glasfaltwänden, um einen Wintergarten mit Treibhauseffekt zu bilden.
- Genügend thermische Masse im Wohntrakt, ein Minimum an thermischer Masse im Schlaftrakt.
- Verwendung von Baumaterialien mit möglichst wenig Energieverbrauch für ihre Herstellung.
- Verwendung von Materialien und Geräten mit wenig Energieverbrauch für ihren Unterhalt. (Motoren, Heizungspumpen und Servosteuerungen)
- Zusatzheizung mit kombiniertem Holzkochherd (System TIBA) oder Cheminée (Kamin) mit verglaster, schließbarer Türe.
- Wohntrakt und Bad durch Heizwände geheizt. (Hypokauste)
- Heizung des Schlaftraktes durch Heizleisten. (System VARIOTHERM).
- Angepaßte Isolation der Außenmauern, Eingangs- und Schlafzimmertüren, sowie der Innenwände des Schlaftraktes, um einen gleichmäßigen K-Wert zu erzielen.
- Schlafzimmertüren mit Schwellen.
- Dreifachverglasung der Nordfenster, Doppelverglasung an Ost-, West- und Schlaftraktfenstern, sowie an den beweglichen Faltwänden. Einfachverglasung der Wohntraktfenster gegen Süden.
- Dicke Vorhänge im Wohntrakt.
- Verzicht auf ständig laufende Warmwasser-Umwälzpumpe.
- Warmwasserboiler zwischen Küche und Bad anordnen.
- Auf Luftabzugsvorrichtungen über dem Kochherd ist zu verzichten.

Das Baukonzept des Architekten:

Das Haus wird aus zwei angrenzenden Wohnungen gebildet, die in zwei Etagen angeordnet sind: im Erdgeschoß finden wir die Tagesräume, während wir im 1. Geschoß die Schlafräume haben. Diese Anordnung ist gewollt, nicht nur aus der Überlieferung und der Lebensfunktion heraus, sondern auch, um zwei konstruktiv verschiedene Zonen schaffen zu können: massives Erdgeschoß mit Mauern aus Natursteinen von 50 cm (einschließlich der Dämmung) mit einer guten Wärmespeicherung. (Siehe Abb. 57).

Das Obergeschoß ist in Leichtbauweise vorgesehen, daher auch in Holz. Die Wahl dieser beiden Grundmaterialien befriedigt die Erfordernisse des biologischen Umweltcharakters. Die Räume zeigen sich im Süden mit großen Fenstern: im Erdgeschoß haben wir die Glaswärmefalle vor dem Wohnzimmer, im 1. Obergeschoß einfache Isolierverglasung.

Die beiden Wohnungen sind voneinander durch eine Eingangshalle getrennt und im Norden, Westen und Osten von nicht beheizten oder tempererierten Räumen umgeben wie: Keller, Lagerräume und WC.

Nicht vorgesehen sind Keller im Untergrund, mit Ausnahme der besonderen Erfordernisse des Auftraggebers, sondern nur ein belüfteter Raum, der auch als Pufferzone wirkt.

Das Dach hat eine Neigung von 21°, um keinen Schatten im Norden zu haben, er wird eine nichtsolarbeheizte Kältezone haben.

Das andere Haus hat einen leicht unterschiedlichen Aufbau als Einfamilienhaus und ist eingeschossig vorgesehen.

Dieses beinhaltet ein größeres Volumen als das erste. Wir haben mehr nicht nutzbaren Raum, der jedoch als Pufferzone fungiert.

Ein anderer wichtiger Punkt ist die Dachneigung, die dadurch gegeben ist, daß wir uns in einem Bungalow befinden, so daß sie nicht 21° sein kann, weil wir sonst zu viel Tiefe haben, daher sind wir zu einem Kompromiß gekommen, der die Dachneigung auf 45° festlegt. Im übrigen werden genau die oben angeführen Kriterien beachtet.

Konzept des Hauses

- Bestmögliche Orientierung, Azymut 0°.
- Haupteingang im Norden, eventuell im Osten oder Westen mittels einer geschlossenen oder verglasten Eingangshalle.
- West-Nord-Ost-Fassade ohne Fenster mit Ausnahme der notwendigen für die Belichtung der Innenräume.
- Wohnzimmer im Westen, Schlafbereich im Osten. Im Falle der Konstruktion in zwei Geschossen Wohnbereich im Erdgeschoß und Schlafbereich in der 1. Etage, dies, um die Wärmemassen zu differenzieren.
- bedeutende Wärmespeichermassen im Wohnbereich; Materialien mit großer Wärmespeicherfähigkeit.
- Pufferzone auf der Nordseite und über der letzten Decke als Bestandteil der Nebenräume.
- örtliche Erwärmung durch den Kamin, Holzvorrat, Anschluß an das Wassernetz.
- 'Trombe'-Wand hinter den Möbeln auf der Südseite mit äußerer Verglasung.
- Nordfassade so weit wie möglich reduziert.
- Anordnung der Pufferzone durch Senkrechtvergla-

sung für die Sonnenstrahlung während der Wintersonnenwende.
- im Winter geschlossener Dachboden, um eine Pufferzone zu bilden.
- Neigung der Nordschicht, um Schatten während der Sonnenwende im Winter zu vermeiden. (21° auf dem Breitengrad 46° LUGANO)

Rationelle Nutzung der Energie

- Nutzung der passiven Sonnenenergie für die 'Heizung'.
- Nutzung der aktiven Energie für die Warmwasserbereitung.
- Dreifachverglasung für die Fenster im Norden bei direktem Außenkontakt.
- Einfachverglasung zwischen der Wärmefalle und den beheizten Wohnräumen.
- Doppelverglasung für die Wärmefalle.
- Zusatzheizung mittels Kamin, Ofen, Gaserzeuger, d.h. mit einer Wärmezentrale, welche Holz als Brennstoff benutzt.
- Wirtschaftliche Küche für Warmwasser und Heizung (TIBA)
- Türen für Schlafzimmer mit hermetischem Abschluß und thermischer Isolierung.
- Im Falle einer Luftheizung vermeiden, daß Luft in Kontakt mit Metallteilen tritt (statische Elektrizität und positive Ionisierung) und mit Materialien, welche etwas freisetzen: Asbest, Radon etc.
- Klappe für den Rauchfang, luftdicht und isoliert.
- Abschluß der Terrasse, Wärmefalle mit Fenstern des Types Sunroom.
- Isoliervorhänge vor den Fenstern der Terrasse für die Nacht.
- Verwendung von Materialien, welche einen geringen Energieverbrauch erfordern.
- Verwendung von Materialien, die wenig Energieverbrauch erfordern für Unterhaltung und Reinigung.
- Hähne mit Schnellverschluß für Warmwasser.
- »Kühlschrank« in der Nordwand, Isoliertür im Inneren, Netz nach außen mit natürlicher Luftzirkulation.
- dicke Vorhänge, durchsichtig zum Abschluß vor allem vor den Fenstern des Wohnraums (Reflexion der Infrarot-Strahlen).
- Warmwasserleitungen so kurz wie möglich und stark isoliert.

Schmutzwässer und Pflanzenabfälle:

- doppelter Anschluß für das Wasser: Trinkwasser und Brauchwasser.
- biologische Grube mit Bakterienbehandlung. Freisetzung von Methan mit eventueller Wiedergewinnung.
- Reinigung der Schmutzwässer (Max-Planck-Institut-Verfahren).
- getrennter Müll: einerseits für pflanzliche Abfälle und andererseits für Asche.

Verschiedene Tabellen des Hauses:

Die folgenden Tabellen zeigen einige Charakteristiken, sowie den Heizenergiebedarf eines Hauses des gesamten Projektes. Diese Berechnung wurde von INFOSOLAR, Centre d'Information et de Documentation sur l'Energie Solaire, les autres Energies Nouvelles et les Economies d'Energie, CH-2013 Colombier, durchgeführt. Sie basiert auf Empfehlungen der SIA 380/1 Norm und zeigt deutlich, daß der Heizenergiebedarf von 61 MJ/m^2 sehr klein ist. Im Vergleich zum Norm-Grenzwert von 330 MJ/m^2 ist das 5,4 mal weniger.

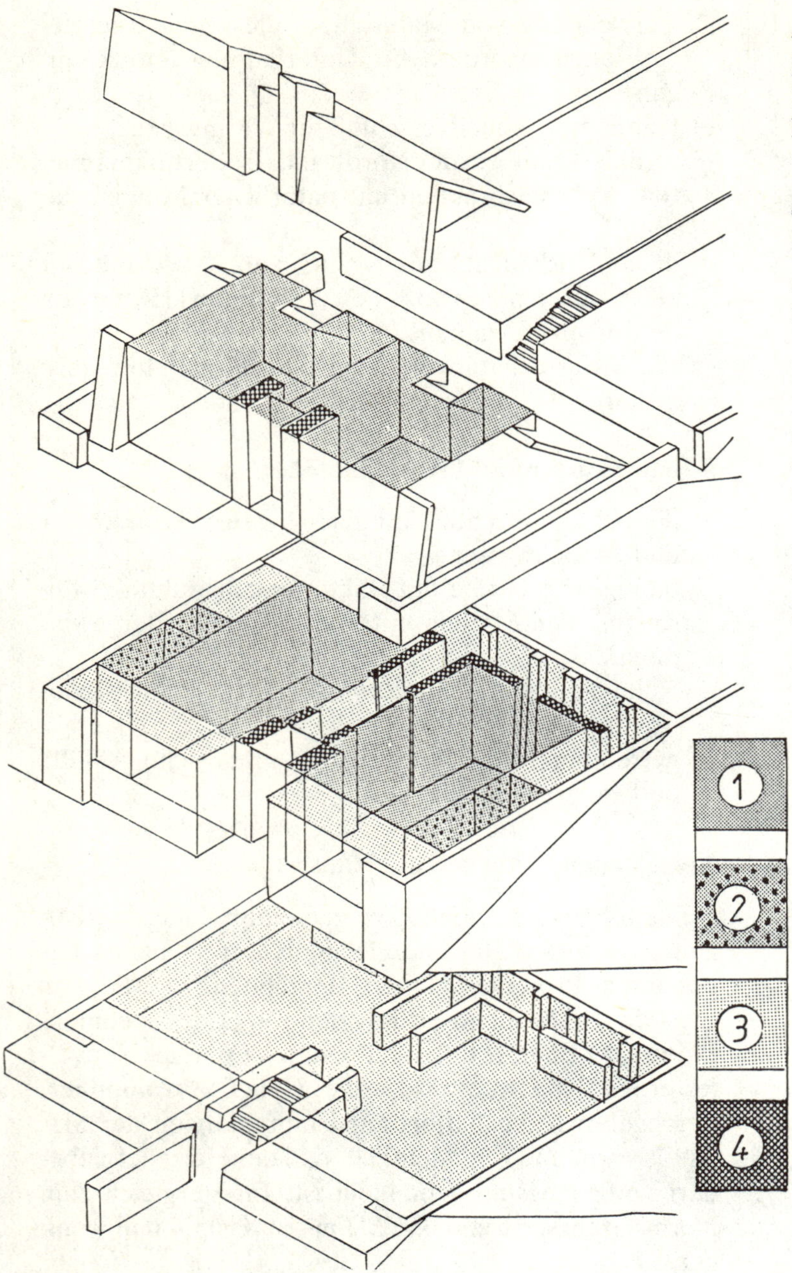

Abb. 57 Fig. 57

Zweifamilienhaus
1 = geheizte Räume 2 = temperierte Räume 3 = ungeheizte Räume 4 = thermische Masse 5 = Erdgeschoß 6 = Erster Stock 7 = Schnitt A-A 8 = Schnitt B-B

Two-family house
1 = heated rooms 2 = moderated rooms 3 = unheated rooms 4 = thermic mass 5 = ground floor 6 = first floor 7 = section A-A 8 = section B-B

La maison pour deux familles
1 = pièces chauffées 2 = les pièces tempérées 3 = pièces non chauffées 4 = la matière thermique 5 = rez-dechaussée 6 = premier étage 7 = section A-A 8 = section B-B

Vivienda dúplex
1 = ambientes calefaccionados 2 = ambientes atemperados 3 = ambientes sin calefaccionar 4 = masa térmica 5 = planta baja 6 = primer piso 7 = corte A-A 8 = corte B-B

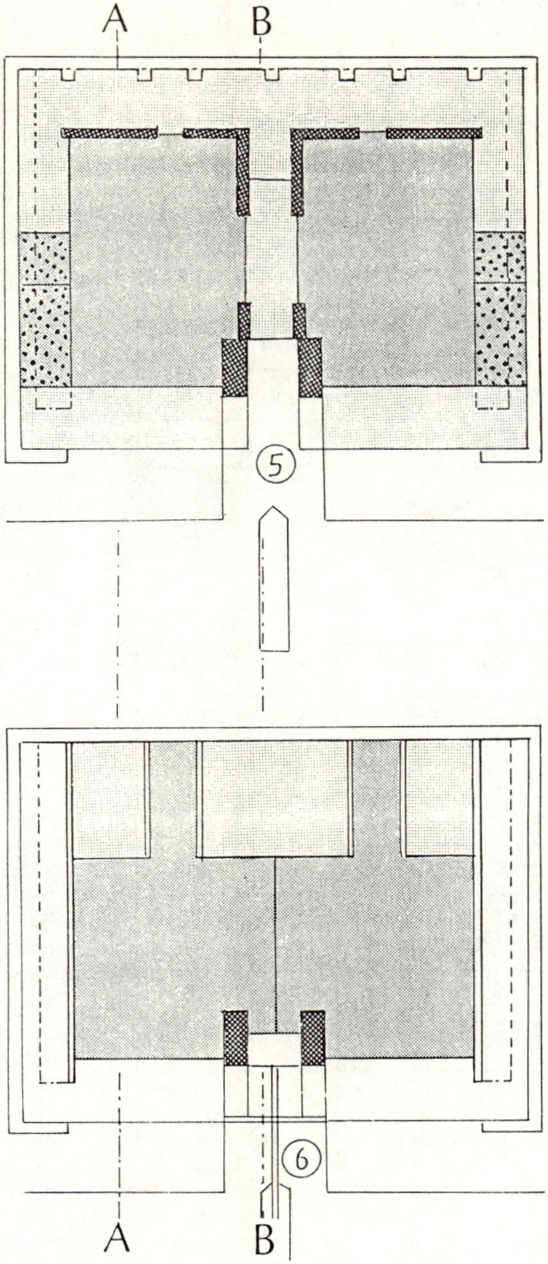
A
B
5
6
A
B

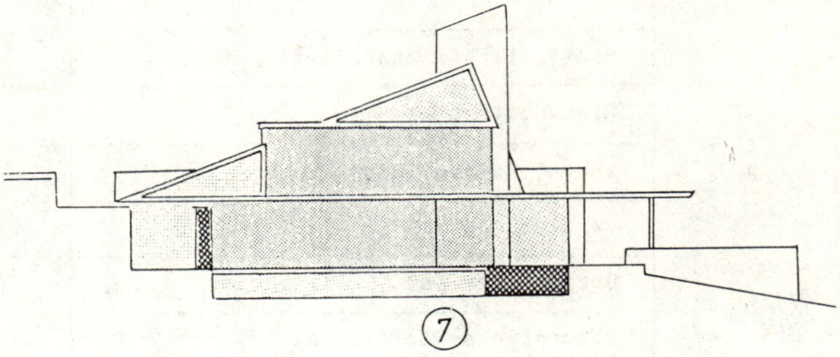
7

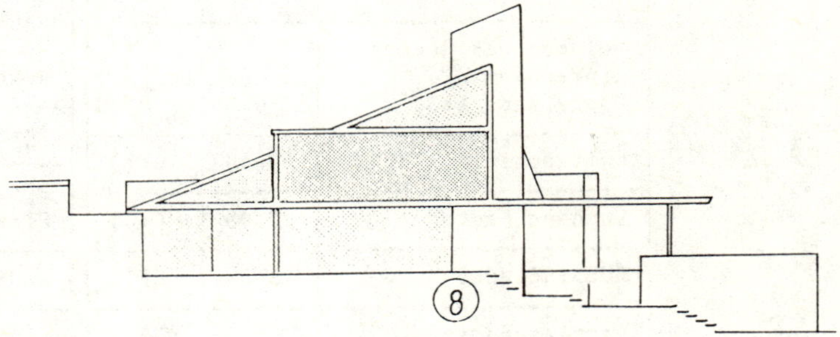
8

LESOSIA | EINGABE ODER ÄNDERUNG DES WANDKOLLEKTORS

	Süd Fassade	Ost Fassade
Bruttofläche Wandkollektor [m²]	0.00	0.00
Rahmenanteil	0.30	0.30
k-Wert Rahmen [W/m²K]	0.6	0.6
Verglasungstyp	I	I
Dicke Mauer [m]	0.20	0.20
Absorptions-Koeffizient	0.90	0.90

LESOSIA | EINGABE ODER ÄNDERUNG DER DOPPELWAND

	SÜD	OST
Bruttofläche Doppelwand [m²]	0.00	0.00
Volumen des Raumes hinter der Doppelwand [m3]	0.00	0.00
Luftwechsel [1/h]	0.50	0.50
Vorhang Faktor	0.05	0.05
AUSSERE WAND	SÜD	OST
Verglasungstyp	A	A
Rahmenanteil	0.30	0.30
k-Wert Rahmen [W/m²K]	1.90	1.90

INNERE WAND	SÜD	OST
Verglasungstyp	E	E
Rahmenanteil	0.30	0.30
k-Wert Rahmen [W/m²K]	1.90	1.90
Absorpt.Koeff.Rahmen	0.60	0.60
Beschatt. Teil des Glases (22Nov/21Jan)	0.00	0.00
MAUER	SÜD	OST
Fläche [m²]	0.00	0.00
Dicke [m]	0.20	0.20
Absorptions Koeff.	0.80	0.80

LESOSIA | EINGABE ODER ÄNDERUNG DER ZWISCHENWAND DES WINTERGARTENS

Bruttoflächen Zwischenwand (Wand + Rahmen + Verglasung)

	Brutto-fläche[m²]	k [W/m²K]	Absorptions-Koeffizient	Beschatt. Teil des Glases (22Nov/21Jan)
Wand SÜD	5.00	2.15	0.60	0.99
Wand OST	7.50	0.38	0.60	0.99
Wand WEST	0.00	0.00	0.00	0.00

Fenster der Zwischenwand

	Brutto-fläche [m²]	Beschatt. Teil des Glases (22Nov/21Jan)
Fenster SÜD	12.60	0.50
Fenster OST	0.00	0.20
Fenster WEST	0.00	0.20

Verglasungstyp: A

Rahmenanteil: 0.10

k Rahmen [W/m²K]: 1.90

Vorhang Faktor : 0.05

Volumen des Wintergartens [m3]: 42.82

Luftwechsel zwischen Wintergarten und Innen [1/h]: 0.50

LESOSIA | EINGABE ODER ÄNDERUNG DER AUSSENWAND DES WINTERGARTENS

Bruttoflächen der Aussenwand (Wand + Rahmen + Verglasung)

Geneigte Südfläche [m²] :	0.00
Vertikale Südfläche [m²] :	15.75
Vertikale Ostfläche [m²] :	0.00
Vertikale Westfläche [m²] :	5.50

Verglasung	Typ: C	Rahmenanteil: 0.10	k-Wert Rahmen [W/m²K]: 1.90

Lichtundurchlässige Teile der Aussenwand

	Brutto-fläche[m²]	k-Wert [W/m²K]	Absorptions Koeffizient	Beschatt. Teil des Glases (22Nov/21Jan)
Geneigte Südfläche	20.00	0.21	----	----
Vertikale Südfläche	6.00	0.38	----	----
Vertikale Ostfläche	0.00	0.50	0.60	0.20
Vertikale Westfläche	0.00	0.50	0.60	0.20
Boden des Wintergartens	20.00	0.42	0.60	0.05

Luftwechsel zwischen Wintergarten und Aussen [1/h] : 0.50

LESOSIA | EINGABE ODER ÄNDERUNG DER FASSADE

WEST-FASSADE			Bruttofläche [m²]	k [W/m²K]
Fassade gegen Aussenluft			9.80	0.35
Besonderes Element (z.B. Giebel)			0.00	0.00
Besonderes Element (z.B. Tür)			0.00	0.00
Fenster			0.00	
Verglasungstyp: D	Rahmenanteil: 0.35	k-Wert Rahmen: 1.90		
Vorhang Faktor: 0.05	Am 22Nov/21Jan beschatt. Teil des Glases: 0.20			
			Bruttofläche [m²]	k [W/m²K]
Wand gegen unbeheizten Raum			9.20	0.35
Wand gegen Erdreich			0.00	0.50

LESOSIA | EINGABE ODER ÄNDERUNG DER FASSADE

NORD-FASSADE			Bruttofläche [m²]	k [W/m²K]
Fassade gegen Aussenluft			6.00	0.40
Besonderes Element (z.B. Giebel)			0.00	0.40
Besonderes Element (z.B. Tür)			0.00	0.40
Fenster			6.00	
Verglasungstyp: G	Rahmenanteil: 0.20	k-Wert Rahmen: 1.90		
Vorhang Faktor: 0.05	Am 22Nov/21Jan beschatt. Teil des Glases: 0.99			
			Bruttofläche [m²]	k [W/m²K]
Wand gegen unbeheizten Raum			39.45	0.46
Wand gegen Erdreich			0.00	0.50

LESOSIA | EINGABE ODER ÄNDERUNG DER FASSADE

SÜD-FASSADE			Bruttofläche [m²]	k [W/m²K]
Fassade gegen Aussenluft			23.20	2.21
Besonderes Element (z.B. Giebel)			6.20	0.33
Besonderes Element (z.B. Tür)			0.00	0.40
Fenster			17.00	
Verglasungstyp: C	Rahmenanteil: 0.12		k-Wert Rahmen: 1.90	
Vorhang Faktor: 0.05	Am 22Nov/21Jan beschatt. Teil des Glases: 0.10			
			Bruttofläche [m²]	k [W/m²K]
Wand gegen unbeheizten Raum			0.00	0.00
Wand gegen Erdreich			0.00	0.50

LESOSIA | EINGABE ODER ÄNDERUNG DER FASSADE

OST-FASSADE			Bruttofläche [m²]	k [W/m²K]
Fassade gegen Aussenluft			29.88	0.33
Besonderes Element (z.B. Giebel)			0.00	0.00
Besonderes Element (z.B. Tür)			0.00	0.00
Fenster			0.00	
Verglasungstyp: D	Rahmenanteil: 0.40		k-Wert Rahmen: 1.90	
Vorhang Faktor: 0.05	Am 22Nov/21Jan beschatt. Teil des Glases: 0.30			
			Bruttofläche [m²]	k [W/m²K]
Wand gegen unbeheizten Raum			13.20	0.31
Wand gegen Erdreich			5.17	0.38

LESOSIA | EINGABEN ODER ÄNDERUNG: BENUTZUNGSDATEN

Beheiztes Volumen Netto [m3]: 410.00	Innentemperatur [°C]: 20.0
Luftwechselrate des Gebäudes [1/h]: 0.50	
Regelsystem: 1 (1) Innenluft mit N.A. (2) Sonne und Aussenluft mit N.A. (3) Aussenluft mit N.A. (4) Aussenluft ohne N.A. (N.A. = Nachtabsenkung)	Gebäudeart: 1 (1) Einfamilienhaus (2) Mehrfamilienhaus (3) Verwaltungsbau
Energiebezugsfläche [m²]: 343.00	
Anzahl Personen: 4	Präsenzzeit [h/j]: 15.00
Jährlicher Elektrizitäts-Verbrauch [MJ/m²] : 120.00	
Orientierung des Gebäudes (S=180°) : 180	

LESOSIA | EINGABE ODER ÄNDERUNG DES DACHES UND DES BODENS

	Bruttofläche [m²]	k [W/m²K]
Boden über Aussenluft	1.00	0.20
Boden über unbeheiztem Raum	88.00	0.20
Boden über Erdreich	0.00	0.00

	Bruttofläche [m²]	k [W/m²K]
Decke gegen unbeheizten Raum	56.00	0.53
Decke gegen Aussenluft	35.50	0.21
Fenster	1.50	

Verglasungstyp: H	Rahmenanteil: 0.30	k-Wert Rahmen: 1.90
Vorhang Faktor: 0.30	Am 22Nov/21Jan beschatt. Teil des Glases: 0.80	

LESOSIA | MONATLICHE BILANZ | 11.06.86

Projekt: ENSOFOR Meteo: LUGANO Orientierung: 180°
Beschreibung: Curio 2 (S=180°)

VERLUSTE	
VOL:	410 m3
LW:	0.50 /h
LS:	184 m3/h
RHOCP:	0.328 Wh/m3·K
Tref:	20.0 °C
H1:	125 W/K
H2:	75 W/K

INTERNE GEWINNE	
EBF:	343 m²
EEL:	120 MJ/m²
Pers:	60 h/j
IGew:	1114 W
Regelsystem: 1	

KOLL[m²]	Hor	180°	90°	270°	0°
Fen	0.06	9.59	0.00	0.00	0.03
WG	12.38	3.55	0.05	0.00	---
WK	---	0.00	0.00	---	---
DW	---	0.00	0.00	---	---
TOT	12.44	13.15	0.05	0.00	0.03

BILANZ [MJ]	BV	IG	SG	FW	AG	WG	HEB
Oktober	3842	2983	8070	11052	0.32	3581	261
November	5854	2887	5533	8420	0.60	5056	798
Dezember	7955	2983	5525	8508	0.76	6456	1499
Januar	8556	2983	6319	9301	0.75	6980	1576
Februar	7124	2694	7232	9926	0.62	6132	992
März	6450	2983	9814	12797	0.45	5736	713
April	4494	2887	10413	13300	0.32	4204	290
Mai	3039	2983	11368	14351	0.21	2982	57
TOTAL	47315	23381	64275	87656	0.47	41128	6187

Heizenenergiebedarf: 18 MJ/m²

Neg.Fläche für: WG:Zwischenw:S,Aussenw:Dach, Fass:S,

LESOSIA | JÄHRLICHER HEIZENENERGIEBEDARF (NACH SIA 380/1) | 11.06.86
Projekt: ENSOFOR Beschreibung: Curio 2
Meteo: LUGANO
Orientierung: 180° (Süd)

A GEBÄUDEHÜLLE		
1 Energiebezugsfläche	343.00	m²
2 Beheiztes Volumen netto	410.00	m3
3 Wand aussen	33.38	m²
4 Wand unbeheizt	79.52	m²
5 Dach aussen	35.50	m²
6 Dach unbeheizt	56.00	m²
7 Boden aussen	1.00	m²
8 Boden unbeheizt	88.00	m²
9 Fenster Süd	17.00	m²
10 Fenster Ost/West	0.00	m²
11 Fenster Nord	6.00	m²

B k-WERTE		W/m²K
12 Wand aussen	0.05	"
13 Wand unbeheizt	0.92	"
14 Dach aussen	0.25	"
15 Dach unbeheizt	0.53	"
16 Boden aussen	0.20	"
17 Boden unbeheizt	0.20	"
18 Fenster Süd	2.78	"
19 Fenster Ost/West	0.00	"
20 Fenster Nord	1.53	"
21 g-Wert Fenster	0.65	-
22 Glasanteil	0.86	-

C KLIMADATEN		
23 Heizgradtage	2597	K·Tag
24 Globalstrahlung Süd	1875	MJ/m²
25 Globalstrahlung Ost/West	862	MJ/m²
26 Globalstrahlung Nord	399	MJ/m²
27 Länge der Heizperiode	176	Tage

D BENUTZUNG		
28 Personenzahl	4	-
29 Präsenzzeit	15.00	h/Tag
30 Elektrizitäts-Verbrauch	120	MJ/m²
31 Luftwechsel	0.45	1/h

LESOSIA | JÄHRLICHER HEIZENENERGIEBEDARF (NACH SIA 380/1) | 11.06.86
Projekt: ENSOFOR Beschreibung: Curio 2
Meteo: LUGANO
Orientierung: 180° (Süd)

E JÄHRLICHE TRANSMISSION		
32 Wand aussen	406	MJ
33 Wand unbeheizt	12253	MJ
34 Dach aussen	1955	MJ
35 Dach unbeheizt	4965	MJ
36 Boden aussen	45	MJ
37 Boden unbeheizt	2944	MJ
38 Fenster Süd	10604	MJ
39 Fenster Ost/West	0	MJ
40 Fenster Nord	2063	MJ
41 Summe Transmission	35234	MJ

F JÄHRLICHE TRANSMISSIONS-WÄRMEBEDARF		
42	103	MJ/m²

G JÄHRLICHE WÄRMEBEDARF FÜR LÜFTUNG		
43	39	MJ/m²

H JÄHRLICHE BRUTTOENERGIEBEDARF		
44 HEIZUNG	142	MJ/m²

I JÄHRLICHE WÄRMEGEWINNE		
45 Abwärme Elektrizität	41	MJ/m²
46 Abwärme Personen	9	MJ/m²
47 Sonnenstrahlung durch: Fenster + Systeme Süd	83	MJ/m²
48 Fen.+syst. Ost/West	0	MJ/m²
49 Fen.+syst. Nord	3	MJ/m²
50 Summe Strahlung	86	MJ/m²
51 Freie Wärme	136	MJ/m²
52 Ausnutzungsgrad	0.60	-
53 Wärmegewinn	81	MJ/m²

K JÄHRLICHE HEIZENENERGIEBEDARF		
54	61	MJ/m²

L GRENZWERT Hg		
55 Hg	330	MJ/m²
55 Grenzwert Hg erfüllt?	Ja	-

9. Practical Building Ecology

Summary:

The architect Jean-Patrick Jaccard, CH-6985 Curio, Switzerland, presents a model project.

The model with 7 houses which is built in Italien Switzerland, is an example of a bioecological and energy-saving construction which can be carried out at low cost. Building ecology does not have to be expensive (fig. 57).

The architect was presented with a catalogue of requirements which can also serve as a model. He attempted to fulfill these requirements both economically and ecologically.

An architectonic evaluation of this model shall not be carried out. It shall serve merely as an example of how ecological requirements can be realized practically.

9. L'écoconstruction en Pratique

Résumé

L'architecte Jean-Patrick JACCARD, en CH-6985 CURIO (Suisse), présentera un projet-modèle.

Le modèle qui sera construit dans la partie italienne de la Suisse, sera constitué de 7 bâtiments. Ce modèle est un exemple pour une construction bio-écologique qui répond aux exigences au point de vue de l'énergie et qui peut être réalisé en épargnant de dépenses. L'écoconstruction ne doit pas coûter cher (Fig. 57).

Un cahier de charges, pouvant aussi servir de spécimen, fut soumis à l'architecte. Il chercha de répondre à ces exigences en premier lieu au point de vue écologique et économique.

Ce modèle ne sera pas soumis à une évaluation architectonique. Il doit servir d'exemple pour la réalisation des exigences au plan écologique en pratique.

9. Construccion ecologica en la practica

Síntesis

Se presenta un proyecto modelo del arquitecto Jean-Patrick Jaccard, CH-6985 Curio (Suiza).

El modelo, que se está construyendo con 7 casas en el Ticino, Suiza, es un ejemplo de la construcción según criterios bio-ecológicos y de ahorro de energía y que, al mismo tiempo, es económica. La construcción ecológica no tiene que ser cara. (Fig. 57).

El arquitecto se basó en un catálogo de exigencias que a la vez puede servir de modelo. Centró sus esfuerzos en lograr soluciones económica y ecológicamente acordes con dichas exigencias.

Este modelo no supone una valoración arquitectónica, sino que pretende ser un ejemplo de cómo llevar a la práctica las exigencias ecológicas.

Abschließende Empfehlung

Beim Bau von Häusern, die nach bioökologischen Gesichtspunkten erstellt wurden, ergab sich leider folgende negative Erfahrung: In einzelnen Fällen glaubten Handwerksmeister und Firmen für ihre biologisch-ökologischen Gewerke auf Anforderung keine Kostenvoranschläge geben zu können. Sie vertrösteten die Bauherrschaft damit, später günstige Preise zu berechnen. Dies war jedoch nicht der Fall, sondern es kam später der Schock unerwartet hoher Rechnungen.

Daher unsere dringende Empfehlung: Keine Aufträge erteilen ohne vorausgehenden Kostenvoranschlag!

Wie das im letzten Kapitel dieses Buches von Architekt Jaccard aus Curio (Schweiz) vorgestellte bauökologische Konzept zeigt, muß Bauen nach ökologischen Gesichtspunkten keineswegs teurer sein als herkömmliches Bauen.

Literaturnachweis

(Das folgende Verzeichnis bringt eine Auswahl der benutzten bzw. zitierten Literatur.)

Albrecht/Paker/Rehberg/Reimer: Umweltentlastung durch ökologische Bau- und Siedlungsweisen. Herausgegeben vom Umweltbundesamt. Band 1 und Band 2 – Bauverlag GmbH, Wiesbaden u. Berlin, 1984

Anders leben, Heft 6/86: Wird Windkraft den Antrieb liefern? Holland: Lieber kleine Anlagen, Sonne und Wind im Auftrieb.

Andritzky/Burckhardt/Hoffmann: Für eine andere Architektur. Band 1, Fischer Taschenbuch-Verlag, 1981

Angerer/Hartmann/König/Purner/Schmitz-Petri/Ott: Mensch, Wünschelrute, Krankheit. MdT Edition, Astroterra, 1985

Arch + Zeitung Heft 80/85: Leichtlehm, unübertroffen, trotzdem billig. Perspektiven des Lehmbaus in Deutschland. Das Gründach.

Aschoff, D., Dr.: Neue grundlegende Erkenntnisse über Wirkmechanismen physikalischer Phänomene und ihre biologischen Wirkungen über Reizzonen und Gitternetz-Kreuzungen. Vortrag 4.–6.86.

Aschoff/Mersmann/Müller: Überprüfung von Rutengänger-Angaben durch physikalische Messungen. Sonderdruck aus 'Erfahrungs-Heilkunde', Karl Haug Verlag, 6900 Heidelberg.

Bachler, Käthe: Erfahrungen einer Rutengängerin. Veritas Verlag, 1979

Bayer, Gert: Renovieren, natürlich und einfach. Schriftenreihe gesundes Wohnen. Institut für Baubiologie und Ökologie, 8201 Neubeuern, 1985

Bernatzky, Aloys, Dr.: Grünplanung in Baugebieten. Deutscher Fachschriften-Verlag, 1972

Bossel, H.: Energie richtig genutzt. Verlag C.F. Müller, Karlsruhe, 1976

Bund für Umwelt und Naturschutz: Umweltfreundliches Bauen, Infoblätter, 1985

Cobarg, C.C.: Sonnenkraft für jedermann. Verlag Frech, 7000 Stuttgart, 1977

Curry, Manfred, Dr. med.: Curry-Netz. Herold Verlag, 8000 München, 1978

Das Beste aus Readers Digest Dezember 1985: Gesünder Wohnen mit Baubiologie.

Das Haus, Spezial: Alles über Haus-Technik. Verlag Burda-Druck, 7600 Offenburg

Das Haus, Spezial: Häuser für die ganze Familie. Burda-Druck. 7600 Offenburg.

Das Haus, Spezial: Heizen und Sparen heute und morgen. Verlag Burda-Druck, 7600 Offenburg.

Das Haus, Spezial: Natürlich bauen, natürlich wohnen. Burda-Druck, 7600 Offenburg.

Danielewski, G.: Geschäfte mit der Angst. Beton-Verlag, Düsseldorf, 1981

Dauerhafte Energiequellen: Thomas Rotarius, 3550 Marburg, 1978

Deubner, H. J.: Das Humusklosett. W + G Heft 19, 7/83.

Die Haustechnik im Bio-Haus: Nr. 3/4/1981, Bauen und Fertighaus. Fachschriften-Verlag, 7012 Fellbach.

Dietrich, Richard J.: Das naturgemäße Haus, Praxis einer symbiotischen Architektur. 'bauen', 10/11 + 12/1 80–81, 7000 Stuttgart.

Doernach/Heid.: Biohaus, Fischer Taschenbuch-Verlag, 1981

Doernach/Heid.: Das Naturhaus. Wolfgang Krüger Verlag, 1982

Doernach, Rudolf: Handbuch für bessere Zeiten, Nahrung, Tiere, Energie, Bio-Mobile. Verlag Ernst Klett, 7000 Stuttgart, 1983

Doernach, Rudolf: Handbuch für bessere Zeiten, Wohnen, Kleidung, Handwerke, Wasser, Verlag Ernst Klett, 7000 Stuttgart, 1983

Endrös, Robert: Die Strahlung der Erde und ihre Wirkung auf das Leben. Paffrath Verlag, 5630 Remscheid, 1980.

Energiebewußt planen und bauen: Nr. 3, Fachschriften-Verlag, 7012 Fellbach.

Energie selbst gemacht: Herausgeber Arbeitsgemeinschaft Sanfte Energie, 3257 Springe Eldagsen, 1981.

Es geht auch anders: Ein Katalog über Energie-Alternativen. Energie und Umweltzentrum, 3257 Springe Eldagsen, 1983

Faskel, Bernd: Die Alten bauten besser. Eichborn Verlag, 6000 Frankfurt/M, 1982

Fischer, H., Dr.: Farbe, Glanz und Duft des Lebendigen. W + G Heft 20, 6/81

Fischer, R.: Mensch und Farbe. W + G Heft 18, 5/83

Fischer, R.: Mensch und Farbe II. W + G Heft 19, 7/83

Forschungskreis Elektrobiologie: W + G Heft 18, 5/83

Forschungskreis Elektrobiologie: Elektrostreß, W + G Heft 22, 2/84.

Forschungskreis Elektrobiologie: Hochspannungsleitungen und elektrosensible Risikopersonen. Heft 28, 10/84

Geller, Gunter: Abwasserentsorgung für baubiologische Einzelbauten und Siedlungen. W + G Heft 15, 10/82.

Gesünder wohnen: Nr. 1, Verlag Arbeitskreis biologisch wohnen und leben, 1985/86

Gesundes Bauen, Gesundes Wohnen: Forschungskreis Geobiologie, 2. Auflage. Herold Verlag, 8000 München, 1974.

Gesundes Wohnen: Elektrostatische Aufladung der Baustoffe. Verlag Gesundheit und Wohnumwelt, 8210 Prien.

Gimbel, Hans-Hermann: Gesundes Wohnklima durch Strahlenheizung. Gesundes Wohnen 9/84. Institut für Baubiologie-Ökologie, 8201 Neubeuern.

Gimbel, Hans-Hermann: Ökologie und Landschaftsnutzung. W + G Heft 22, 2/84

Graves, Tom: Radiästhesie. Hermann Bauer Verlag, Freiburg.

Gruhl, Herbert: Kreisläufe und Vernetzungen in der Natur und die Umsetzung in die Politik. Heft 28, 10/84

Gundenus, C.H.: Erläuterungen zum Begriff des hygienischen Strahlungsklimas. W + G Heft 16, 12/82.

Häussler, F.W.: Die psychologische Bewältigung von Zivilisationskrankheiten mit Hilfe der räumlichen Umgebung. Referat vom 19.12.1982 in Wien beim Kongress 1982 der internationalen Gesellschaft zur Erforschung von Zivilisationskrankheiten und Umwelt.

Räume können heilen. Sonderdruck aus ärztlicher Praxis vom 23.5.1981, Nr. 41

Wohnraum, Entwicklung im Industriezeitalter unter soziologischen und klimatischen Bedingungen. Referat in Teheran 1976 im Goethe-Institut in Teheran.

Haider/Schneider: Abwasserreinigung durch Pflanzen. Verlag Gesundheit und Wohnumwelt, 8210 Prien, 1982

Hamesse, J.E. Baubiologie muß nicht teuer sein. W + G Heft 30, 6/80.

Hinzen/Bock/Castro/Grzella/Heikenfeld/Mühlen: Umweltqualität und Wohnstandorte, Ratgeber für die Bebauungsplanung, Herausgeg. vom Umweltbundesamt. Bauverlag GmbH, Wiesbaden und Berlin, Band 1 und Band 2.

Hirschmann, Ferry: Strahlen, die gesunde Energie. Goldmann Verlag, 1985.

Hollwich/Dieckhues/Meiners: Die physiologische Bedeutung des Lichtes für den Menschen. Sonderdruck aus Licht-Technik Nr. 10/1975

Hollwich, F: The Influence of Ocular Light Perception on Metabolism in Man and in Animal. Springerverlag New York, Heidelberg, Berlin, 1979.

Ingenieurblatt Baden-Württemberg: Nr. 10/85 – Ökologisches Bauen.

Institut für Baubiologie und Ökologie, Neubeuern: Baubiologische Forschung. W + G Heft 22, 2/84

Jaccard, Jean-Patrick: Case solari passive a Curio. Selbstverlag, CH-6985 Curio

Jahnke, Herbert: Elektromagnetische Probleme in Medizin und Biologie. Therapie Verlags-Gesellschaft, Kaufbeuren, 1984

Katalyse Umweltgruppe und Gruppe f. ökol. Bau- und Umweltplanung: Das ökologische Handwerkerbuch. Rowohlt Verlag, Reinbeck bei Hamburg, 1985

Kaufmann, Werner, Dr.: Wasseradern, Wünschelrute, Wissenschaft und Wirklichkeit. Eigenverlag, Gießen/Lahn, Neustadt – 4.

Kludas: Wärme aus Kälte und Sonne. Falken Verlag, 6272 Niedernhausen, 1978.

König, Eberhard: Praktische Baubiologie. Ges. f. prakt. Baubiologie, 8501 Schwarzenbrück, 1982.

König, Herbert L.: Unsichtbare Umwelt. Heinz Moos Verlag, 8000 München, 1975

König, Holger: Wege zum gesunden Wohnen. Ökobuch Verlag, Freiburg, 1985

Koch, Helmut: Die Erdmagnetfeldmessung. W + G Heft 31, 8/85

Kolb, Bernhard: Beispiel Biohaus. Blok Verlag, 8000 München, 1984

Kolb, Bernhard: Handbuch für natürliches Bauen. Blok Verlag, 8000 München, 1983

Kollmar/Liese: Die Strahlungsheizung. R. Oldenburg, 8000 München, 1957.

Kreitz, Hanjo: 40% weniger Kranke mit Hilfe der Radiästhesie. Herold Verlag, Dr. Wetzel, 8000 München, 1979.

Krusche/Althaus/Gabriel: Ökologisches Bauen. Bauverlag GmbH, Wiesbaden u. Berlin, 1982

Künzel, Manfred: Krafterzeugung durch Sonnenenergie. Verlag C.F. Müller, Karlsruhe, 1978.

Kumpe, Walter: Machen uns unsere Häuser krank? Paffrath-Druck, 5630 Remscheid

Kur, Friedrich: Bauen und Wohnen mit Naturbaustoffen. Compact-Verlag, 1985

Lahnstein/Elferl/Löffler: Energie sparen. Bundesverband Energie, Schriftreihe des Energiebeirats, 1982

Lehmann, Paulus I., Dipl.-Ing.: Gesunde Kleidung. Verlag Gesundheit und Wohnumwelt, 8210 Prien, 1982

LOG ID: Grüne Archen. Fricke Verlag, 6000 Frankfrut/M.

LOG ID Symposium: Solar Architektur in der Stadt. Fricke Verlag, 6000 Frankfurt/M, 1984

Lotz/Endrös: Ungeklärte schwerste Autounfälle. Paffrath-Verlag, Remscheid.

Lotz, K.E., Prof.: Das Stadtklima, seine Bedeutung und Beeinflußbarkeit durch den Menschen. Vortrag in Brüssel 1979, Kongreß der internationalen Gesellschaft zur Erforschung von Zivilisationskrankheiten.

Lotz, K.E. Prof.: Willst du gesund wohnen? Paffrath-Verlag, Remscheid, 1977.

Lübkert, Ernst-Joachim: Biologisch bauen und wohnen. Econ-Verlag, Düsseldorf, 1982

Mährlein, Karl: Lüftung. Deutsche Bauzeitung Nr. 2, Feb. 82, DVA Stuttgart.

Mathey, Kosta: Umweltbewußtes Bauen in verschiedenen geographischen Regionen Band I. T.H. Darmstadt, 1982

Mersmann, Ludwig: Geopathologie, Sonderdruck aus Raum und Zeit. Postfach 1105, 3007 Gehrden, Heft 7, 4/1983

Mettler, E: Das Globalnetzgitter. RGS Verlag, CH-9004 St. Gallen, 1982

Minke, Gernot, Prof. Dr.-Ing.: Bauen mit Lehm. Ökobuch Verlag, 3523 Grebenstein, 1984

Minke, Gernot: Fassadenbegrünung. W + G Heft 19, 7/83.

Natur-Sonderheft: Bauen und Wohnen. Ringier Verlag, 8000 München, 1985

Niemeyer, Richard: Der Lehmbau. Öko-Buchverlag, 3523 Grebenstein, 1982

Ökotopolis: Bauen mit der Natur. Kölner Volksblatt Verlags-GmbH, 5000 Köln, 1981

Ohlwein, Klaus: Dachbegrünung. W + G Heft 28, 2/85.

Overmann, Michael: Wasser. Deutsche Verlagsanstalt, 7000 Stuttgart, 1971.

Perger, Felix: Wechselwirkung zwischen dem lebenden Organismus und seiner baulichen Umgebung. IBO Österreichisches Institut für Baubiologie, Wien, 1982.

Pistulka/Wagner: Baukonstruktionen und Baustoffe. Baubiologie Bonn, 5300 Bonn Bad Godesberg, 1982

Pistulka, W.: Hinweise zum gesunden Schlafbereich. IBO Österreichisches Institut für Baubiologie, Wien, 1983.

Pistulka, W.: Beurteilung von Baustoffen anhand neuerer medizinischer Diagnoseverfahren. W + G Heft 28, 2/83.

Preuser, Rudolf: Gesundheit und gebaute Umwelt. DVA Stuttgart, 1979

Priller, Roland: Erfüllt der Baustoff Ziegel die Forderungen der Baubiologie? W + G Heft 32, 10/85

Radiästhesie: Nr. 173 Heft 3 1985. Verlag RSG, CH-9001 St. Gallen.

Rose, Wulf-Dietrich: Wohngifte, Edition Wandlungen, Oldenburg 1984.

Rotarius, Thomas: Mit Alternativenergie leben. Thomas Rotarius Verlag, 3553 Cölbe, 1983

Sabady, P.R.: Haus und Sonnenkraft. Helion Verlag, Zürich, 1975

Sabady, Pierre Robert: Solar Architektur Praxis. Helion Verlag, Zürich, 1981

Sabady, P.R.: Wie kann ich mit Sonnenenergie heizen? Helion Verlag, CH-8002 Zürich, 1977.

Schlipköfer, H.W.: Beobachtungen über Umwelteinflüsse im Rahmen der ärztlichen Tätigkeit. W + G Heft 32, 10/85.

Schmid, Peter: Bio-logische Architektur. Verlagsges. Rudolf Müller, Köln Braunsfeld, 1982

Schnaase, Siegfried: Der praktische Baubiologe. Selbstverlag, Prien 1982.

Schneider, Anton, Dr.: Bauen und wohnen wir uns krank? Wohnung + Gesundheit Heft 8, 12/1980.

Schneider, Anton, Dr.: Wohnklima und Wärmedämmung. Institut für Baubiologie und Ökologie, Neubeuern, 6/82.

Schneider, Anton, Prof. Dr.: Baubiologie in Frage und Antwort. Schriftenreihe gesundes Wohnen. Institut für Baubiologie + Ökologie, Neubeuern, 1985

Schneider, Anton, Prof. Dr.: Gesünder Wohnen durch biologisches Bauen. Heft 6, Schriftenreihe. Institut für Baubiologie, Neubeuern, 1979

Schneider, Anton, Prof. Dr.: Wohnklima und Wärmedämmung. Schriftenreihe für Baubiologie und Ökologie, 8201 Neubeuern.

Schneider, Anton, Prof. Dr.: Gesundes Wohnklima durch Bienenwachs. G + W Schriftenreihe Nr. 10010.

Schneider, Anton, Prof. Dr.: Gesundheitsvorsorge und Heilung durch biologisches Bauen. W + G Sonderheft, 5/82.

Schneider, Reinhard: Leitfaden und Lehrkurs der Ruten- und Pendelkunst. Oktogen Verlag, Wertheim.

Schneider, Rolf: Wohn-Bau-Ökologie. Verlag C.F. Müller, Karlsruhe, 1986

Schull/Pettit: Die geheimnisvollen Kräfte der Pyramide. Wilhelm Heyne Verlag, 8000 München, 1975

Schröder-Speck, Ludwig: Baumethoden und Gesundheit. Verlag Elès (L. Scheidegger, Genf), 1948

Schulte-Uebbing, Claus: Geobiologie. Eigenverlag, 8000 München.

Schulte-Uebbing, Ernst-Eugen, Dr.: Das polare Netzgitter der Erde. Zeitschrift für Radiästesie, Heft 4/1982. Herold Verlag, Dr. Wetzel, 8000 München.

Schulze, Rudolf: Strahlenklima der Erde. Dr. Dietrich Steinkopf Verlag, Darmstadt, 1956

Schwabe/Rother: Angewandte Baubiologie. Felicitas Hübner Verlag, Waldeck, 1985

Schweizer, Paul: Neue Erkenntnisse zum Verständnis der Geopathie. Haug-Verlag, Heidelberg, 1984

Sonnenenergie Heft 6/85: Biogas vom WC + Sonnenkollektoren sind besser als ihr Ruf.

Sonnenenergie solaire: Handbuch für Alternativen. Verlag Sonnenenergie, CH-8050 Zürich, 1984

Stork, Alois: Versorgung und Naturstrom. W + G Heft 32, 10/85

Steinig, Heinz: Leiden und Siechtum an Hochspannungsleitungen. W + G Heft 30, 6/85.

Taylor, John S.: Bauen mit gesundem Menschenverstand. Bauverlag, Wiesbaden – Berlin, 1985

Tellurische Strahlen und ihr Einfluß auf alles, was lebt: Europ. Forschungskreis für Geobiologie, CH-1803 Chardonne.

Tier- und Naturheilkunde: Nr. 2/1986. Erdstrahlen, Reizzonen.

Trykowski, Michael: Grundlagen für biologisches Bauen. Verlag C.F. Müller, Karlsruhe, 1984

Ulmer, Günter A.: Ernährung mit Vernunft. G.A. Ulmer Verlag, Postf. 1206, 7036 Schönaich, 1985

Ulmer, Günter A.: Unser Wald darf nicht sterben. G.A. Ulmer Verlag, Postf. 1206, 7036 Schönaich, 1983

Varga, A.: Elektro-Bio-Klimatologie. Verlag für Medizin, Dr. Ewald Fischer, Heidelberg, 1981

Volker, Adolf: Können Wände atmen? Zeitschrift Arch Heft 83, 12/1985.

von Pohl, Gustav, Freiherr: Erdstrahlen als Krankheits- und Krebserreger. Fortschritt für Alle-Verlag, 1978

Wagenfeld, Horst: Stadtgrünplätze. Bauverlag Wiesbaden und Berlin, 1985

Wanner, H.V.: Schadstoffe in der Raumluft. W + G Heft 15, 10/82.

Was sie schon immer über Umweltchemikalien wissen wollten:	Herausgegeben vom Umweltbundesamt
Weber, Angelika:	Zimmerpflanzen. W + G Heft 31, 8/85.
Weissenfeld, Peter:	Holzschutz ohne Gift. Ökobuch Verlag, Grebenstein, 1983
Werner, A., Dr.:	Gesundheitsrisiko durch PVC. W + G Heft 23, 4/84
Windisch, Hans Walter:	Bauen mit der Natur. W + G Heft 8, 12/80.
Winzer, Rudi:	Leben durch Licht. W + G Heft 31, 8/85.
Wohnanlage 'Schafbrühl', Tübingen:	Information der Karlsruher Lebensversicherung AG. 18.10.85.
Wright, David:	Sonne, Natur, Architektur. Verlag C.F. Müller GmbH, Karlsruhe, 1984
Zeitung Arch,	Gut gedämmt ist halb geheizt. Heft 82, Okt. 85:
Anmerkung:	W + G = Zeitschrift 'Wohnung + Gesundheit' 8210 Prien

Register

Im gleichen Verlag erschienen:

G.A. Ulmer **Ernährung mit Vernunft**

Jeden Tag stellt sich für uns die Frage nach einer geeigneten Ernährung, die unserem Körper die notwendigen »Betriebsstoffe« liefert, um alle Lebensfunktionen so zu erhalten, daß wir gesund bleiben, uns wohlfühlen und den körperlichen wie den geistigen Anforderungen leicht nachkommen.

Die Nahrung bestimmt die Zusammensetzung unseres Blutes, und das Blut wiederum versorgt die Zellen unseres Körpers. Deshalb ist es sinnvoll, Wichtiges über die Zusammensetzung der Nahrungsmittel, über den Stoffwechsel und die Verdauung zu erfahren.

In diesem Buch werden jedem Grundlagen und Anregungen in die Hand gegeben, um die für sich selbst und seine Familie gesunde Ernährung herauszufinden. Darüber hinaus zeigt es einen Weg zu einem verantwortungsbewußten, ganzheitlichen Denken und Handeln, das die Ernährungsbedürfnisse aller Menschen mit einbezieht.

Wer nach einer gesunden Ernährung strebt und sich darüber Klarheit verschaffen will, sollte dieses Buch lesen.

208 Seiten, brosch., 18 Graph., 11 Abb.
ISBN 3-924191-12-3 DM 16.80

Im gleichen Verlag erschienen:

G.A. Ulmer **Vom wahren Sinn des Lebens**

Die Frage nach dem wahren Sinn des Lebens stellt sich heute brennender denn je. Die Menschheit steht vor den Gefahren einer Vernichtung durch nukleare, chemische und biologische Waffen, großer Umweltkatastrophen, der Hungersnot und der Umwelt- und Inweltvergiftung.

Gibt es aus dieser beängstigenden Lage überhaupt eine Aussicht auf Befreiung? Wo ist der Ausweg? Worin liegt noch der eigentliche Sinn unseres Daseins? Worin gründet eine Hoffnung für die Zukunft?

Vor über vierzig Jahren erkannte Professor Albert Einstein, daß in unserer heutigen Zeit ein neues Denken eingreifen müsse, da die Atomenergie alles verändert habe, nur unsere Denkweise nicht. Eine grundlegende Umerziehung menschlichen Denkens sei nicht zu umgehen.

In diesem Buch wird anhand biblischer Beispiele der Versuch unternommen, ein Modell für ein neues Denken zu zeigen, das ökumenisch und ökologisch sein muß und die Grundlage für eine Zukunft des Friedens bietet.

128 Seiten, brosch., 17 Abb.
ISBN 3-929191-03-4 DM 16.80